헌법을 준수하는 국군, 헌법을 수호하는 국군

군대와 법

군대와 법
헌법을 준수하는 국군, 헌법을 수호하는 국군

초판 1쇄 발행 2020년 2월 24일
2쇄 발행 2020년 5월 29일
3쇄 발행 2022년 4월 8일
4쇄 발행 2023년 1월 5일

지은이 홍창식
펴낸이 장길수
펴낸곳 지식과감성#
출판등록 제2012-000081호

디자인 박예은
편집 윤혜성, 박예은
교정 정은지
마케팅 정연우

주소 서울시 금천구 벚꽃로298 대륭포스트타워6차 1212호
전화 070-4651-3730~4
팩스 070-4325-7006
이메일 ksbookup@naver.com
홈페이지 www.knsbookup.com

ISBN 979-11-6275-997-4(03390)
값 17,000원

ⓒ 홍창식 2020 Printed in Korea

잘못된 책은 구입하신 곳에서 바꾸어 드립니다.
이 책의 전부 또는 일부 내용을 재사용하려면 사전에 저작권자와 펴낸곳의 동의를 받아야 합니다.

홈페이지 바로가기

군대와 법

헌법을 준수하는 국군,
헌법을 수호하는 국군

홍창식

지혜와감성

목차

추천사 6
서문 8

제1장 헌법과 국군

1. 헌법과 국군 16
2. 헌법을 수호하는 국군 25
3. 국군 임무의 한계 32
4. 국군과 평화주의 38
5. 북한의 법적 지위 46

제2장 군대와 법치주의

1. 군대와 법치주의(法治主義) 58
2. 法, 아는 것이 힘이다 63
3. 군사 관련 법령 69
4. 전쟁법 준수 의무 76
5. 적법절차의 원리 85
6. 군사활동과 비례의 원칙 91

제3장 군인의 길

1. 군인의 법적 지위 100
2. 군인의 책임 109
3. 상관의 위법한 명령, 어떻게 해야 하나? 114
4. Honesty is the best policy 123
5. 수의를 입고 사는 사람, 군인 129
6. 군인의 길 135
7. 군인의 말 141
8. 군인과 술 147
9. 군인의 공(公)과 사(私) 160
10. 군인과 비밀유지 의무 169

제4장 군대와 인권

1. 군대와 인권 — 178
2. 군인과 종교의 자유 — 190
3. 군인, 건강은 자신이 지켜야 한다 — 196
4. 부대 내 인권침해와 부패행위에 대한 처리 — 201
5. 군대와 성폭력 — 211

제5장 군대와 처벌

1. 군대와 형사 사법절차 — 230
2. 형사처벌의 불이익 — 245
3. 징계처분이 미치는 불이익 — 249
4. 형사처벌 외에 징계처분까지 한 것은 이중처벌인가? — 255
5. 어떻게 사과할 것인가? — 259

부록 군 간부가 반드시 알아야 할 법령

대한민국헌법 — 268
세계인권선언 — 284
군인의 지위 및 복무에 관한 기본법(약칭: 군인복무기본법) — 287
군보건의료에 관한 법률(약칭: 군보건의료법) — 297
군형법 — 302

추천사

豫) 대장 김 용 우
前 육군 참모총장

　군대는 역사상 가장 오래된 국가조직입니다. 군대의 역사가 오래된 만큼 전쟁의 역사도 오래되었고, 인류는 평화를 원하지만 이 시간에도 지구촌 곳곳에는 무력분쟁이 이어지고 있습니다. 그래서 군대는 늘 전쟁을 대비해야 하는 국가안보의 마지막 보루입니다. 전쟁이라는 절체절명의 상황에서 군대는 국운을 걸고, 군인들은 목숨을 걸고 임무를 수행합니다. 이러한 상황에서 당연히 군사적 필요(Military Necessity)가 우선될 수밖에 없습니다.

　그러나 군인은 군인이기 이전에 먼저 존엄한 인격체를 가진 인간입니다. 군사적 필요도 중요하지만 인류보편적 가치를 결코 우선할 수 없습니다. 또한 군은 헌법에 기반을 두고 헌법이 부여한 임무, 즉 헌법의 기본질서를 적으로부터 수호하는 임무를 수행합니다. 그러므로 군은 헌법 원칙인 법치주의를 도외시할 수 없습니다. 전쟁 중에도 전쟁법을 준수해야 하고, 평시에도 국가의 헌법과 법률을 준수해서 임무를 수행해야 합니다. 이럴 때 군인의 의무는 신성하고 그 직무는 명예로운 것입니다. 그렇지 않을 경우 군대는 국내외의 지지와 신뢰를 받을 수 없습니다. 신뢰와 지지를 잃은 군대는 전쟁에서도 승리할 수 없습니다.

　4차 산업혁명으로 표현되는 과학기술의 비약적인 발전으로 무기체계는 첨단화되었습니다. 전장양상은 더욱 복잡해졌고 작전을 수행하는 지휘관은 더욱 많은 것을 고려하게 되었습니다. 고려해야 할 요소, 중요한 요소가 법적인 사항입니다. 그래서 누군가는 현대전장을 'Warfare'가 아니라 'Lawfare'라고 칭하기도 합니다. 법치주의 준수가 현대전 수행에 있어서 무엇보다 중요하게 된 것입니다.

결국 군은 구성원인 개개 장병의 기본권이 보장되면서도 군사적 필요라고 할 수 있는 군기강 확립과 전투준비태세 완비라는 덕목이 서로 조화를 이루어야 합니다. 이러한 조화와 균형은 군인이 군과 법에 대한 지식을 조화롭게 겸비할 때 이를 구현할 수 있습니다.

그동안 군의 간부들에게 군과 법에 대한 감수성을 일깨워줄 수 있는 적절한 책이 부재했습니다. 저자인 홍창식 변호사는 육군 법무실장과 고등군사법원장 등 군사법조직의 최고직위를 역임했습니다. 저자는 군 생활 동안의 경험과 법률지식을 바탕으로 간부들의 갈증을 충족시키고자 이 책을 발간했습니다. 헌법에 바탕을 둔 부대지휘, 군인의 권리와 의무에 대한 법적 근거, 장병들을 위한 배려, 군인 자신의 권익보호 방법 등에 대해 자세히 설명하고 있습니다. 저자가 군 복무하면서 이 부분에 대해 얼마나 고민을 했는지 엿볼 수 있었습니다.

그런 의미에서 홍창식 장군이 펴낸 이 책은 가뭄의 단비와도 같이 소중합니다. 저는 이 책이 저자가 소망하는 바와 같이 '헌법을 준수하고, 헌법을 수호하는 정예 국군'으로 발전하는 데 도움이 될 것임을 믿어 의심치 않습니다. 바쁜 가운데서도 군을 사랑하는 마음에서 시간을 내어 연구하고 책을 발간한 저자의 열정에 경의를 표합니다.

서문

 필자는 1993년 2월 20일 영천에 있는 육군3사관학교에 군법무관 임관을 위해 입교했고, 그해 5월 15일 중위로 임관했다. 이때부터 제복 입은 법률가로서 2018년 12월 31일 전역할 때까지 26년여 복무했다. 그 전에 병(兵)으로 복무한 것까지 합하면 28년이 넘는다. 이 기간 동안 국가를 위해 헌신하는 군인과 그 집합인 국군을 위해 복무했다. 복무하면서 느낀 점이나 후배 군인들이 꼭 알았으면 하는 내용을 글로 남겨야 군에서 받은 혜택을 조금이라도 갚는다는 나만의 부채의식이 있었다. 그래서 전역을 전후하여 이 책을 쓰게 되었다.

 앨빈 토플러는 제3의 물결에 부합하는 군인을 "새로운 군대가 요구하는 군인은 두뇌를 사용하고 다양한 민족이나 문화와 어울릴 수 있는 군인, 애매모호한 상황을 참아 내고 창의력을 발휘하며 명령권에 대해서도 의문을 가질 정도로 질문하는 군인"이라고 정의하였다.

 군인이 의문을 가지고 질문할 수 있는 수준에 이르기 위해서는 국제사회와 그 나라의 컨센서스인 조약과 법률에 대한 지식이 있어야 한다. 최근 군대와 군인들이 법령을 알고 준수해야 할 필요성은 점점 더 커지고 있다. 과거에는 법은 법률가들이 알아야 하는 것이고 군인은 몰라도 된다는 생각도 있었다. 그러나 지금은 법을 모르고서는 부대를 지휘할 수 없고 자신의 권익을 지킬 수 없을 뿐만 아니라 법적 책임으로부터 안전할 수 없다. 그만큼 법치행정의 필요성이 커졌고 장병의 기본권 의식이 신장했다. 당연히 군인의 법 지식 함양의 필요성도 커졌다.

필자는 1995년 군법무관으로 임관한 후 전후방 각지에서 군인들의 법률지식 함양을 위해 노력하였다. 초기에는 병들의 범죄 예방과 군 기강을 확립하는 데 주안을 두고 교육을 하였다. 흔히 말하는 군법교육을 많이 하였다. 양구 2사단에서 월요일에는 신병교육대, 화요일은 양구축선, 목요일에는 인제축선에 있는 연대에 가서 중대 단위로 군법교육을 했고 장병들의 법률상담에 응했다. 물론 야전에서 법무참모를 하면서 군 간부들이 알아야 할 법 지식을 상황회의 시간에 요약해서 간부교육도 하였다.

필자가 간부교육의 필요성에 대해 눈을 뜨게 된 것은 2003년 수도방위사령부 법무참모로 근무할 때이다. 후일 국방부 장관이 되셨던 김태영 사령관께서 중령·대령을 소집한 사령부 워크숍에서 1시간 정도 이들에게 법규교육을 하라고 지시하셨다. 교육에 앞서 당신 앞에서 연구강의할 것도 덧붙이셨다. 군법교육을 많이 했지만 지휘관으로부터 평가를 받아 본 적이 없었기 때문에 많은 부담이 됐고, 야근을 하면서 교육자료를 만들었다. 사령관께서는 연구강의를 들으시고 "시간과 교육받는 간부들의 수준과 필요를 고려해서 교육하라"는 친절한 조언을 해 주셨다. 이후 간부교육을 할 때는 늘 이 지침을 염두에 두고 교육을 했다. 떨리는 마음으로 교육을 했는데 참석했던 분들이 "공감되는 내용, 유익한 교육이었다"는 덕담을 해 주셨다. 사령관께서도 강의가 훌륭했다고 격려해 주셨다. 무사히 교육을 마쳤다는 생각에 연말연시를 홀가분하게 보냈던 기억이 난다. 이때 만든 슬라이드 40여 장 분량의 교안이 간부 법규교육을 위한 기본 자료가 되었다.

그 후 법무병과 장교와 부사관의 직무교육을 책임지는 종합행정학교에서 법무학처장을 직책도 수행했다. 병과원교육뿐만 아니라 군 간부들에 대한 법규교육의 필요성을 절실히 느꼈다. 이 책은 그때 구상했으나 차일피일하다가 이제야 출판하게 되었다. 2006년부터 2009년 연말까지 육군본부 법무실에서 법제과장, 군사법원장, 법무계획과장 직책을 수행했다. 이때 자운대에 있는 육군대학에서 중령 및 대령 진급자들에 대한 법규교육을 할 기회가 있었다. 2015년에는 육군본부 법무실장으로서 대령 진급자 및 육군의 지휘관으로 나가는 장성을 상대로 법규교육을 하였다. 특히 대령들에 대해서는 하루 8시간 온전히 '법규에 따른 부대 지휘'라는 제목으로 강의하였다. 2014년 있었던 소위 윤일병사건, 임병장 사건 그리고 고급 장교들의 성폭력 사고의 여파 때문이었다. 법규에 따른 부대지휘는 결국 법치행정을 강조한 것이고, 그 핵심은 고급 간부가 먼저 법에 대해서 알아야 하고 솔선수범해서 준수해야 한다는 것이었다. 강의는 사례를 제시하고 질문과 토론, 강평 및 결론 순으로 이어졌다. 8시간이 어떻게 지나갔는지 모를 정도로 교육받는 장교들의 관심과 참여 열의가 대단했다. 계룡대로 복귀하는 동안 차량 뒷좌석에서 행복한 피곤함으로 눈을 붙였다. 법무실장 시절 간부들과 장병들이 군인으로서 필요한 법규를 이해하고 사고 예방을 위해 매주 『주간 법규교육』이라는 팜플렛을 만들어 전군에 배포하여 사고 예방과 법치행정을 위한 간부들의 법 감수성을 높이는 데 주력하기도 했다.

26년 군 복무를 하면서 헌법이 국군을 어떻게 보고 있는가를 많이 생각했다. 헌법 제5조는 국군에게 '국가안전보장'과 '국토방위'라는 책무를 부여하였다. 사람이 육체와 정신(영혼)으로 구성된다면 국가도 육체에 해당하는 국민, 국토와 이를 움직이게 하는 정신인 헌법으로 구성되어 있다. 필자는 헌법을 '정신적인 국가 그 자체'라고 정의한다. 따라서 국가 조직인 군대는 정신적인 국가인 '헌법 정신'을 실천해야 한다. 법치행정을 펼쳐야 하고 국민의 기본권, 나아가 장병의 기본권도 존중해야 한다. 외적으로는 헌법질서를 파괴하는 적으로부터 헌법질서가 유지될 수 있도록 이를 수호해야 한다. 그래서 필자는 이 책의 부제를 '헌법을 준수하는 국군, 헌법을 수호하는 국군'으로 정했다.

우리나라가 평시 상황이 지속되다 보니, 국가안전보장 및 국토방위 외에도 군에 여러 임무가 부여되었다. 그에 따른 법적 책임이 애매한 점도 있었다. 군이 정치적 중립을 훼손했다는 비난을 받은 적도 있었다. 따라서 고급 지휘관들은 이러한 임무를 수행할 때 헌법과 법률이 해당 사안에 대해 어떻게 규정하고 있는지와 군이 어떠한 책임을 져야 하는지를 알고 결심하고 임무를 수행할 필요가 있다. 군에서 대민지원이라고 병력을 지원했는데 나중에는 위법한 행위 또는 정치적 중립을 해친 행위로 오해를 받을 수 있기 때문이다.

그 동안 군대는 어쩌면 체력이 강하고 의리 있고 상관에게 충직한 부하를 이상적인 군인으로 생각했다. 그런데 이제는 사회, 군의 작전상황과 구성원의 의식구조도 복잡하고 애매해졌다. 이러한 상황에서 사안의 본질을 꿰뚫어 보고 합법적인 판단을 내리는 지혜로운 군인이 필요하다. 군인들이 합법적인 판단할 수 있는데 도움을 주고자 필자는 개인적인 경험에 비춰 간부들에게 꼭 필요다고 생각한 주제 31개를 정리하였다. 군의 지휘관을 비롯한 장교, 군의 학교의 교관, 사관학교의 생도(후보생), 법무장교를 지원하려는 예비 법조인, 초급 법무장교 등이 한 번 정도 읽으면 도움이 될 것이라 의도하고 이 책을 썼다.

책을 쓰는 의도는 거창했는데 막상 글을 쓰려니 머릿속의 생각이 글로 잘 표현되지 않았다. 쉽고 간결하게 쓰려고 했는데 중언부언한 부분이 너무 많았다. 군인들이 읽기에 지나치게 복잡한 것이 아닌가 의구심도 생겼다. 출판을 하려니 자꾸 위축되었다. 그러나 용기를 내어 출판하고 비판을 겸허히 감수하기로 했다. 아무쪼록 이 책이 군 간부들의 법치행정에 대한 이해를 돕고, 우리 군이 법치강군으로 나가는 데 조금이라도 도움이 된다면 소기의 목적을 달성했다고 생각한다.

책의 각 주제마다 꼼꼼히 읽고 피드백을 해 준 이태휘 대령, 교정과 귀한 의견을 준 KIDA의 박문언 중령, 육군본부의 권도형 중령께 감사드린다. 간부 교육에 관심을 갖게 해 주시고 스트레스를 주셨던 지휘관이신 김태영 장관님께도 감사드린다. 그 외 군 생활 동안 멘토가 돼 주신 제가 모셨던 많은 지휘관님과 법무병과의 선후배님들께도 감사드린다. 자식을 위해 평생을 다 바치시고 군 복무하는 동안 공무에 방해된다고 낮에는 전화도 하지 않으시고 새벽마다 기도해 주시는 존경하는 부모님께 감사드린다. 또 군인의 아내와 자녀로 살면서도 불평 없이 묵묵히 지켜봐 준 사랑하는 아내와 늠름한 두 아들에게도 진심으로 고마움을 표하고 싶다.

산골 소년이었던 필자가 26년간 군의 법치행정을 담당하는 귀한 직책들을 감당한 것은 큰 영광이었다. 복무 중 국가의 지원으로 해외에서 공부하며 견문을 넓힐 수 있는 기회도 가졌다. 나를 품어 주고 성장토록 국가는 많은 혜택을 베풀어 주었다. 이 책을 마무리함으로 군의 혜택에 대한 빚을 조금이라도 덜었다는 생각이 든다. 무엇보다 군 생활 동안 나를 인도하시고 지켜 주신 하나님께 감사드리고 이 책을 바친다. 법치행정과 서로 간의 존중과 배려, 엄정한 기강과 충천한 사기가 넘쳐 나는 국군이 되기를 간절히 기도한다.

2020년 1월
동작동 현충원 자락에서

홍창식

제1장
헌법과 국군

1. 헌법과 국군

「군인복무기본법 시행령」은 임관 및 입영선서에서 군인의 '헌법과 법규 준수'의 의무를 규정하고 있다.(제19조) 군인이 헌법과 법률을 준수하기 위해서는 그 내용을 알고 있어야 함은 당연하다. 헌법은 '한 나라에 있어서 국민의 기본권보장과 정치체제의 조직 및 운영에 관하여 규정한 최고의 효력을 가진 법'이다. 헌법은 정치체제의 조직에 관한 것이므로 외부의 적으로부터 국가 조직을 방어하기 위해 그 구성원에게 국가를 방어할 의무를 부여하고 이를 규정할 필요가 있다. 이에 따라 우리 헌법은 모든 국민에게 국방의 의무를 지우고 있으며, 다른 한편으로 국가의 안전보장을 위해 군사조직인 국군을 편성하고, 국군이 꼭 지켜야 할 사명과 임무를 헌법의 총강에 밝혀 두고 있다. 헌법은 또 국군조직이 그 임무와 사명을 잘 수행할 수 있도록 여러 규정을 두고 있다. 군대가 군사 활동에 대해 재량권을 가지지만 중요한 군사정책에 대해서는 문민이 결정하고 또 통제하도록 하는 문민통제의 원칙은 헌법을 관통하는 원칙 중의 하나이다. 그리고 군대도 헌법과 법률에 따라 통수되고 또 모든 지휘관과 구성원도 헌법과 법률을 준수하도록 하는 법치주의 원칙이 적용된다. 군대는 국가 주권과 밀접한 관계가 있고 또 그 권한을 남용하였을 때 부작용이 크기 때문에 헌법은 다른 조직 또는 기관에 비해 군에 관해서 많은 특별 규정을 두고 있다. 아래에서는 헌법상 군과 관련된 규정을 살펴본다.

헌법 제39조는 국민의 국방의 의무를 규정하고 있다. 헌법재판소는 국방의 의무를 다음과 같이 판시하고 있다.

> 국방의 의무는 외부 적대세력의 직·간접적인 침략행위로부터 국가의 독립을 유지하고 영토를 보전하기 위한 의무로서, 현대전이 고도의 과학기술과 정보를 요구하고 국민 전체의 협력을 필요로 하는 이른바 총력전인 점에 비추어 ① 단지 병역법에 의하여 군복무에 임하는 등의 직접적인 병력형성의무만을 가리키는 것이 아니라, ② 병역법, 향토예비군설치법(현 예비군법), 민방위기본법, 비상대비자원관리법 등에 의한 간접적인 병력형성의무 및, ③ 병력형성 이후 군작전명령에 복종하고 협력하여야 할 의무도 포함하는 개념이다.

일반적으로 국방의무를 부담하는 국민들 중에서 구체적으로 어떤 사람을 국군의 구성원으로 할 것인지 여부를 결정하는 문제는 이른바 '직접적인 병력형성의무'에 관련된 것으로서, ① 원칙적으로 국방의 무의 내용을 법률로써 구체적으로 형성할 수 있는 입법자가 국가의 안보상황, 재정능력 등의 여러 가지 사정을 고려하여 국가의 독립을 유지하고 영토를 보전함에 필요한 범위 내에서 결정할 사항이고, ② 예외적으로 국가의 안위에 관계되는 중대한 교전상태 등의 경우에는 대통령이 헌법 제76조 제2항에 근거하여 법률의 효력을 가지는 긴급명령을 통하여 결정할 수도 있는 사항이라고 보아야 한다.

한편, 징집대상자의 범위를 결정하는 문제는 그 목적이 국가안보와 직결되어 있고, 그 성질상 급변하는 국내외 정세 등에 탄력적으로 대응하면서 '최적의 전투력'을 유지할 수 있도록 합목적으로 정해야 하는 사항이기 때문에, 본질적으로 입법자 등의 입법형성권이 매우 광범위하게 인정되어야 하는 영역이다. (헌재 2002. 11. 28. 2002헌바45)

국방의 의무는 남녀를 불문한 대한민국 국민의 의무이다. 그러나 「병역법」은 현역 군인으로서 군 복무할 '병역'의무는 대한민국 국민 중 남성에 대해서만 부과하고 있고, 여성은 지원에 의하여 현역 및 예비역으로만 복무할 수 있다고 규정하여 여성에게는 병역의무를 부과하고 있지 않다.(제3조) 헌법재판소는 대한민국 남자에 한하여 병역의무를 부과한 구 병역법 제3조 제1항은 평등권을 침해하지 않아 위헌이 아니라고 판단하였다. 그런데 2명의 재판관은 소수의견으로 위헌이라 판단하였다.(헌재 2010. 11. 25. 2006헌마328) 이러한 국방의 의무 및 병역의무 규정을 보면 군은 남성 중심의 조직사회이며 이에 따라 군대문화 역시 남성 위주로 형성되었음을 추측할 수 있다. 이는 여성의 사회적 지위가 상당히 향상된 오늘날 사회에서 군대가 국민의 눈높이에 맞는 조직이 되기 위해 풀어야 할 숙제이기도 하다. 한편 헌법은 병역의무를 이행함으로써 불이익을 받지 않도록 규정하고 있고, 이에 따라 군에 복무한 군인을 지원하기 위해 「제대군인지원에 관한 법률」이 제정되어 있다.

헌법은 "① 대통령은 헌법과 법률이 정하는 바에 의하여 국군을 통수한다. ② 국군의 조직과 편성은 법률로 정한다"라고 규정하고 있다.(제74조) 이 조항에 따라 제정된 법률이 「국군조직법」이다. 「국군조직법」은 국군 조직의 대강을 규정하고 있고 하위 제대의 조직과 편성은 대통령령으로 의하도록 규정하고 있다.(제2조 제3항) 「국군조직법」은 정부의 조직에 관한 법률인 「정부조직법」과는 구별되는 법률이다. 「국군조직법」은 국군의 전쟁 및 전투를 효율적이고 합법적으로 수행하기 위해 국군을 군인과 군무원으로 구성하고 있다.(제4조, 제16조) 이 구성원들은 병력형성 이후 군사작전 명령에 복종해야 할 의무를 부담한다. 반면 국방부는 국군조직이 아니라 「정부조직법」에 따른 행정 각 부 중 하나이며 그 임무는 국방과 관련된 정책을 수립하는 것이며 민간 공무원이 보임되는 것이 원칙이다. 많은 사람들이 군인이 국방부에서 근무하는 것을 당연하게 생각하고 있으나 실은 정부조직법상의 '예외' 규정이 존재하기에 가능한 것이다. 헌법은 우리나라의 군대를 '국군'이라고 명시하고 있다. 건국헌법의 초안에서는 '국방군'이라고 하였다가 논의 과정에서 이를 좀 더 포괄적인 의미를 갖는 '국군'으로 수정하여 현재에 이르고 있다.

국가와 헌법의 존립을 지키기 위한 무력조직인 국군에 대해서는 그 이념과 사명을 헌법에 명문으로 명확히 규정할 필요성이 있다. 우리 헌법은 총강에서 이를 밝히고 있다. "① 대한민국은 국제평화의 유지에 노력하고 침략적 전쟁을 부인한다. ② 국군은 국가의 안전보장과 국토방위의 신성한 의무를 수행함을 사명으로 하며, 그 정치적 중립성은 준수된다."(제5조) 그런데 헌법의 최고규범성과 추상성이라는 특징을 고려하더라도 국군의 사명은 다소 추상적이다. 헌법상 국방의 의무, 대통령의 국가원수 및 국군통수권자로서의 책무의 해석과 「군인복무기본법」에서 정한 국군의 이념, 사명 등으로부터 그 책무가 좀 더 구체화될 수 있을 것이다. 국군의 임무를 명확히 하여 군의 권한남용을 방지하고 또 군인들도 모호한 규정으로 인해 책임지는 일이 없도록 할 필요성도 있어 국군의 책무를 구체화하는 기본법을 제정하는 것도 검토해 볼 사항이다.

국군의 임무는 국가안전보장이며, 이는 외국의 적대세력으로부터 영토와 국가의 독립을 보전하는 행위이다. 따라서 군대는 국내의 치안과 관련하여 공권력을 행사할 수 없다. 즉 군대의 힘은 우리나라의 안보를 위협하는 외부의 적에 대하여 사용하는 것이지 우리 국민에 대하여 사용하는 것이 아니다. 다만 예외적으로 헌법은 "대통령은 전시·사변 또는 이에 준하는 국가비상사태에 있어서 병력으로써 군사상의 필요에 응하거나 공공의 안녕질서를 유지할 필요가 있을 때에는 법률이 정하는 바에 의하여 계엄을 선포할 수 있다"라고 규정하고 있다.(제77조) 계엄의 시행 및 해제에 관한 사항을 규정한 법률이 「계엄법」이다. 계엄이 선포된 경우에는 군대가 군사작전의 원활 및 공공의 안녕질서 유지를 위해 병력을 사용할 수 있다. 그러나 계엄은 그 요건과 필요성이 충족되어 선포되더라도 국민의 기본권에 큰 영향을 미치므로 문민인 대통령의 통제하에 시행된다. 뿐만 아니라 계엄의 선포 및 계엄업무의 수행은 비례의 원칙에 따라 국민의 기본권을 존중하여 신중하게 수행되어야 한다.

대한민국 국군은 민주주의 원칙에 근거한 문민통제와 법치주의 원칙에 따라 운영된다. 헌법상 대통령은 국가의 원수이며, 외국에 대해서 국가를 대표하며, 국가의 독립·영토의 보전·국가의 계속성과 헌법을 수호할 책무를 진다.(헌법 제66조 제1항, 제2항) 대통령은 또 헌법을 준수하고 국가를 보위할 것을 내용으로 하는 대통령의 취임 선서를 하며(제69조), 국방 기타 국가안위에 관한 중요정책을 국민투표에 부칠 권한(제72조), 선전포고와 강화의 권한(제73조), 헌법과 법률에 의한 국군통수권(제74조)을 통해서 군에 관한 권한을 행사할 수 있다. 대통령은 군사에 관한 국법상의 행위는 문서로 해야 하고, 문서에는 국무총리와 관계 국무위원(국방부장관)이 부서해야 한다.(제82조) 그리고 대통령은 군사에 관한 중요사항에 대해서는 사전 자문, 국무회의의 심의 및 국회의 동의를 받아야 한다. 이는 법치주의의 요소이기도 하며, 군사에 관한 문민의 통제를 구현하는 방법이기도 하다. 문민통제를 구현하기 위해서 현역 군인은 국무총리와 국무위원으로 임명될 수 없다. 국회의원 및 대통령과 같은 선출직 직위는 국가공무원인 군인이 그 직을 그만두어야 후보자가 될 수 있으므로 현역 군인은 국회의원 또는 대통령이 당연히 될 수 없다.

대통령이 사전 자문 및 심의, 동의를 얻어야 할 사항은 다음과 같다.
대통령의 국가안전보장에 관련되는 대외정책·군사정책과 국내정책의 수립에 관하여 국무회의의 심의에 앞서 대통령의 자문에 응하기 위하여 국가안전보장회의를 둔다.(제91조 제1항) 국가안전보장회의의 구성과 직무 범위에 관해서는 「국가안전보장회의법」이 규정하고 있다. 군사에 관해 국무회의의 심의를 거쳐야 할 사항으로 헌법은 "2. 선전·강화 기타 중요한 대외정책, 5. 대통령의 긴급명령·긴급재정경제처분 및 명령 또는 계엄과 그

해제, 6. 군사에 관한 중요사항, 16. 합동참모의장·각군참모총장의 임명"을 규정하고 있다.(제89조)

한편 국회는 군사에 관한 사항 중 안전보장에 관한 조약, 주권의 제약에 관한 조약, 강화조약, 선전포고, 국군의 외국에의 파견과 외국군대의 대한민국 영역 안에서의 주류에 대해서 동의권을 가진다.(제60조) 따라서 군인은 대통령의 위와 같은 권한 행사를 준비·보좌할 경우에 사전 절차와 이에 필요한 시간 등을 고려해서 업무를 수행해야 한다.

대한민국 헌법은 국민의 자유와 권리를 보장하면서도 일정한 경우 법률에 의해 기본권을 제한하고 있다. 헌법은 '국가안전보장·질서유지 또는 공공복리를 위하여 필요한 경우'에 법률로써 국민의 자유와 권리를 제한할 수 있도록 하고 있다.(제37조 제2항) 국가안보를 위한 일반 국민과 군인의 기본권 제한은 바로 제37조 제2항에 바탕을 둔다. 이때 유념해야 할 것은 기본권을 제한할 수 있다는 것에 방점을 둘 것이 아니라 이러한 국가안전보장의 필요가 있는 경우만 기본권 제한이 가능하고 그러한 경우에도 본질적인 자유와 권리를 제한할 수 없다는 것이다. 따라서 이 조항은 군인의 기본권 제한을 할 수 있는 근거 조항이 되기도 하지만 기본권 제한의 한계 조항이 되기도 한다. 이때 군인의 기본권 제한의 한계를 설정하는 원칙이 '비례의 원칙'이다. 군인의 기본권을 보장하고 그 제한의 요건을 명확히 하여 그 남용을 방지하는 한편 군인의 의무를 규정하는 법률이 「군인복무기본법」이다.

헌법은 제37조 외에 직접 개별 조항으로써 군과 군인의 특수성을 고려하여 군인의 기본권을 제한하는 규정을 두고 있다.

헌법은 '국민의 헌법과 법률이 정한 법관에 의하여 법률에 의한 재판을 받을 권리'를 규정하고 있다.(제27조 제1항) 그러나 "군인 또는 군무원이 아닌 국민은 대한민국의 영역 안에서는 중대한 군사상 기밀·초병·초소·유독음식물공급·포로·군용물에 관한 죄 중 법률이 정한 경우와 비상계엄이 선포된 경우를 제외하고는 군사법원의 재판을 받지 아니한다"라고 규정하여 (제27조 제2항) 군인 및 군무원에 대해서는 군사재판을 받을 수 있음을 전제하고 있다. 이 헌법 규정에 의하여 제정된 법이 「군사법원법」과 「군형법」이다. 또한 군인 및 군무원에 대한 재판에 관해 헌법은 "① 군사재판을 관할하기 위하여 특별법원으로서 군사법원을 둘 수 있다. ② 군사법원의 상고심은 대법원에서 관할한다. ③ 군사법원의 조직·권한 및 재판관의 자격은 법률로 정한다. ④ 비상계엄하의 군사재판은 군인·군무원의 범죄나 군사에 관한 간첩죄의 경우와 초병·초소·유독음식물공급·포로에 관한 죄 중 법률이 정한 경우에 한하여 단심으로 할 수 있다. 다만, 사형을 선고한 경우에는 그러하지 아니하다"라고 규정하여(제110조) 군인과 군무원, 그리고 예외적인 경우 일반 국민에 대해 군사법원의 재판권을 규정하고 있다. 이는 군사범죄의 특수성, 군대사회의 특수성, 남북관계 및 우리나라 안보상황의 특수성을 고려한 헌법적 결단이라고 할 것이다. 이 조항들은 제2차 헌법 개정 시에 최초로 규정되어 현재에 이르고 있다.

헌법은 "군인·군무원·경찰공무원 기타 법률이 정하는 자가 전투·훈련 등 직무집행과 관련하여 받은 손해에 대하여는 법률이 정하는 보상 외에 국가 또는 공공단체에 공무원의 직무상 불법행위로 인한 배상은 청구할 수 없다"라고 규정하여(제29조 제2항) 군인의 국가배상청구권을 헌법이 직접 제한하고 있다. 대신 군인의 정당한 보상에 대해서는 「국가유공자 예우 등에 관한 법률」과 「국가보훈보상 대상자에 관한 법률」 등 각종 예우 및 보상에 관한 개별 법률이 규정하고 있고 군인은 이에 따라 보상을 받는다. 그러나 실제 공무원의 불법행위가 있고, 군인 및 군무원의 손해가 있는데도 보상을 받지 못하는 경우에는 민사상 손해배상청구권을 행사하여 배상을 받을 수 있다.(대법원 1998. 7. 10. 선고 98다7001 판결)

이상 헌법 규정 중 군과 관련된 조항을 살펴보았다. 군인이 업무를 수행하면서 직접 헌법 규정을 찾아보는 경우는 많지 않을 것이다. 그러나 헌법을 준수해야 하는 군인은 늘 헌법을 가까이할 필요가 있다. 왜냐하면 헌법은 군이 준수해야 할 규범이며 또 수호해야 할 대한민국의 정신적 가치 체계이고 무형의 국가이기 때문이다. 미군이 리더십을 함양함에 있어서 헌법을 읽도록 규정한 것도 같은 이유가 아닐까 생각한다.

2. 헌법을 수호하는 국군

「군인복무기본법 시행령」은 장교의 임관선서를 다음과 같이 규정하고 있다. "○○○는 대한민국 장교로서 국가와 국민을 위하여 충성을 다하고 **헌법과 법규를 준수하며** 부여된 직책과 임무를 성실히 수행할 것을 엄숙히 선서합니다."(제17조) 장교가 법규를 준수해야 하는 것은 자명하지만 헌법을 준수해야 할 정도의 거창한 사안이 과연 군에 있을까 자못 궁금하다.

반면 미 육군의 임관 선서문은 다음과 같다.[1] "나는 미합중국 육군 소위로 임명되면서 모든 국내외의 적으로부터 미합중국 헌법을 지지하고 수호할 것, 헌법에 충실하고 충성을 다할 것과 회피할 목적 또는 정신적

---

1 I, _____ , do solemnly swear(or affirm) that **I will support and defend the Constitution of the United States against all enemies,** foreign and domestic, that I will bear true faith and allegiance to the same; that I take this obligation freely, without any mental reservation or purpose of evasion; and that I will well and faithfully discharge the duties of the office upon which I am about to enter; SO HELP ME GOD.

유보 없이 이러한 의무를 자유롭게 지고 부여된 임무를 성실히 수행할 것을 엄숙히 선서합니다. 신이시여 나를 도우소서." 우리의 선서문은 장교가 헌법을 준수한다고 규정하고 있고, 미 육군의 선서문은 헌법을 수호한다고 규정하여 두 선서문의 뉘앙스가 미묘하게 차이가 난다.

헌법은 "국군은 국가의 안전보장과 국토방위의 신성한 의무를 수행함을 사명으로 하며, 그 정치적 중립성은 준수된다"라고 규정하고 있다.(제5조 제2항) 「군인복무기본법」은 "국군은 국민의 군대로서 국가를 방위하고 자유 민주주의를 수호하며 조국의 통일에 이바지함을 그 이념으로 한다"(제5조 제1항)라며 국군의 이념을, "국군은 대한민국의 자유와 독립을 보전하고 국토를 방위하며 국민의 생명과 재산을 보호하고 나아가 국제평화의 유지에 이바지함을 그 사명으로 한다"(제5조 제2항)라며 국군의 사명을 규정하여 헌법이 정한 국군의 의무를 좀 더 자세히 설명하고 있다. 반면 국군 조직의 기본법인 「국군조직법」은 국군의 사명 또는 임무에 대해 아무런 규정을 두고 있지 않다.

국가의 구성 요소는 주권, 국민 및 영토이다. 헌법은 국가의 구성 요소인 주권의 소재, 국민의 요건, 영토의 범위에 대해서 규정하고 있다.(제1, 2, 3조) 또한 국민의 행복을 추구할 권리를 비롯한 기본권과 의무를 명시하고 있다. 국민으로부터 나오는 주권과 권력은 헌법의 규정에 따라 각 국가기관에 분배되고 국가기관에 위임된 주권과 권력은 다른 국가에 의해 방해되지 않은 채 작동되어야 한다. 이러한 국가의 요소인 주권, 국민, 국민의 권리와 의무, 영토, 그리고 권력 배분 및 통치구조를 규정한 것이 헌법이다. 즉 헌법은 무형의 국가라고 할 수 있다.

그렇다면 국가의 구성 요소를 부인하거나 침해하는 행위를 국가에 대한 공격이라고 보아야 할 것이다. 구체적으로 국민의 기본권을 부인하거나 대한민국의 영역 나아가 대한민국의 주권을 부인하거나 그 정상적인 작동을 방해하는 세력은 곧 헌법을 파괴하는 자들이다. 헌법학에서는 이렇게 헌법을 파괴하는 자들을 주로 헌법을 무시한 독재자로 상정하는 경우가 많다. 그러나 실제 이러한 국가의 구성 요소와 국가의 작동을 방해하는 대표적인 경우가 바로 적(敵)이다. 우리 「국가보안법」은 이들을 반국가단체로 규정하고 있다.

앞에서 본 바와 같이 미군은 장교로 임관하거나 병으로 입대할 때 헌법을 수호하겠다고 선서를 한다. 즉 국토와 국민의 생명뿐만 아니라 미합중국의 헌법질서를 파괴하는 세력을 적으로 규정하고 이러한 세력으로부터 헌법을 방어하는 것을 군인의 임무로 규정하고 있다. 미 육군은 과거 리더십 교범에서 장교들에게 읽어야 할 도서 목록을 제시하면서 장병들을 직접 지휘해야 하는 지휘관(자)들에게 미합중국 헌법을 읽도록 권장하는데 이를 눈여겨보아야 한다. 미군은 미국의 가치, 즉 미국의 헌법을 수호하는 것을 임무로 강조하고 있다.

헌법 제5조와 「군인복무기본법」이 정한 장교의 임관 선서 등을 살펴보면 우리 군도 가치중립적으로 국민의 생명과 재산, 국토, 국가의 자유와 독립만을 지키는 것은 아니다. 국가의 주인은 국민이다. 국가의 주인인 국민이 스스로 행복하게 살 권리와 인간답게 대우를 받을 권리를 부여하고 법치주의와 민주주의를 통해 나라가 작동하도록 결정하였다. 이것이 헌법이다. 이처럼 우리 헌법은 국민의 기본권을 보장하고 우리나라를 작동하게 하는 최고의 가치를 포함하고 있다. 우리 국군은 주권, 국민과 영토 그리고 이러한 요소들이 작동하게 하는 원리와 규범인 헌법을 또한 수호하는 것이다.

그러면 우리 헌법의 최고의 가치 또는 지도원리는 무엇인가? 헌법재판소는 자유민주적 기본질서를 지도원리로 판단하고 있다.

대한민국의 주권을 가진 우리 국민들은 헌법을 제정하면서 국민적 합의로 대한민국의 정치적 존재형태와 기본적 가치질서에 관한 이념적 기초로써 헌법의 지도원리를 설정하였다. 이러한 헌법의 **지도원리는 국가기관 및 국민이 준수하여야 할 최고의 가치규범**이고 헌법의 각 **조항을 비롯한 모든 법령의 해석기준**이며, **입법권의 범위와 한계 그리고 국가정책결정의 방향을 제시**한다.

먼저 우리 헌법은 전문에 "자율과 조화를 바탕으로 자유민주적 기본질서를 더욱 확고히 하여"라고 선언하고, 제4조에 "자유민주적 기본질서에 입각한 평화적 통일정책을 수립하고 이를 추진한다"라고 규정함으로써 **자유민주주의 실현을 헌법의 지향이념**으로 삼고 있다. 즉 국가권력의 간섭을 배제하고, 개인의 자유와 창의를 존중하며 다양성을 포용하는 **자유주의**와 국가권력이 국민에게 귀속되고, 국민에 의한 지배가 이루어지는 것을 내용적 특징으로 하는 **민주주의**가 결합된 개념인 자유민주주의를 **헌법질서의 최고 기본가치로 파악**하고, 이러한 **헌법질서의 근간을 이루는 기본적 가치를 '기본질서'로 선언**한 것이다.

결국 우리 국민들의 정치적 결단인 **자유민주적 기본질서 및 시장경제원리에 대한 깊은 신념과 준엄한 원칙**은 현재뿐 아니라 과거와 미래를 통틀어 일관되게 우리 **헌법을 관류하는 지배원리로서 모든 법령의 해석기준이** 되므로 이 법의 해석 및 적용도 이러한 틀 안에서 이루어져야 할 것이다. (헌재 2001. 9. 27. 2000헌마238)

헌법재판소는 1990년 4월 2일 당시 국가보안법 제7조 제1항의 위헌 여부에 대해 결정했다. 구 국가보안법 제7조 제1항은 "반국가단체나 그 구성원 또는 그 지령을 받은 자의 활동을 찬양·고무 또는 이에 동조하거나 기타의 방법으로 반국가단체를 이롭게 한 자는 7년 이하의 징역에 처한다"라고 규정되어 있었다. 위헌 제청인은 이 조항은 헌법상 죄형법정주의의 요소인 명확성이 결여되어 있고 그 결과 국민의 기본권의 본질적인 내용이 침해되어 위헌이라 주장하였다. 헌법재판소는 국가보안법이 근거하고 있는 헌법 제37조의 기본권 제한 사유인 국가안전보장과 헌법상 최고원리인 자유민주적 기본질서에 위해를 주지 않는 범위 내에서 국민의 표현의 자유는 보장되어야 한다면서 한정합헌을 결정하였다. 즉 헌법재판소는 "국가보안법 제7조 제1항 및 제5항(1980. 12. 31. 법률 제3318호)은 각 그 소정 행위가 국가의 존립·안전을 위태롭게 하거나 자유민주적 기본질서에 위해를 줄 경우에 적용된다고 할 것이므로 이러한 해석하에 헌법에 위반되지 아니한다"라고 결정하였다.

헌법재판소는 국가의 존립·안전을 위태롭게 하는 행위와 자유민주적 기본질서에 위해를 주는 행위에 대해 아래와 같이 설명하였다.

다만 여기에서 국가의 존립·안전을 위태롭게 한다 함은 대한민국의 독립을 위협 침해하고 영토를 침략하여 헌법과 법률의 기능 및 헌법기관을 파괴 마비시키는 것으로 외형적인 적화공작 등일 것이며, 자유민주적 기본질서에 위해를 준다 함은 모든 폭력적 지배와 자의적 지배, 즉 반국가단체의 일인독재 내지 일당독재를 배제하고 다수의 의사에 의한 국민의 자치, 자유·평등의 기본 원칙에 의한 법치주의적 통치질서의 유지를 어렵게 만드는 것이고, 이를 보다 구체적으로 말하면 기본적 인권의 존중, 권력분립, 의회제도, 복수정당제도, 선거제도, 사유재산과 시장경제를 골간으로 한 경제질서 및 사법권의 독립 등 우리의 내부 체제를 파괴·변혁시키려는 것으로 풀이할 수 있을 것이다. (헌재 1990. 4. 2. 89헌가113)

이 결정의 취지에 따라 국가보안법은 1991년 5월 31일에 개정되었다. 금품수수죄, 잠입·탈출죄, 찬양·고무죄, 회합·통신죄 등의 구성 요건에 헌법재판소의 한정합헌결정취지를 반영하여 국가의 존립·안전이나 자유민주적 기본질서를 위태롭게 하는 행위만을 처벌하도록 함으로써 입법목적과 규제대상을 구체화하였다.

「군인복무기본법」은 자유민주주의 수호를 국군의 이념으로 한다고 규정하고 있다.(제5조 제1항) 육군의 경우 그 복무신조에서 자유민주주의를 수호한다고 하고 있다.(육군규정 110 병영생활규정 제4조) 이는 결국 국군이 헌법의 가장 핵심 가치인 자유민주적 기본질서를 수호하고 있음을 밝힌 것이다. 그렇다면 장병들은 어떻게 자유민주적 기본질서 또는 헌법정신을 수호할 수 있을까.

선배 군인들은 우리나라의 자유민주적 기본질서를 수호하기 위해 이 땅에 피와 땀을 흘렸고 목숨을 바쳤다. 헌법질서를 구현함에 있어 외부의 적이 우리 헌법질서를 파괴할 경우 우리 헌법을 지켜 내는 것이 바로 국군의 사명이다. 따라서 군인은 스스로 헌법적 가치를 존중하고 헌법에 위배되는 명령을 받은 경우 이를 분별하고 건의할 수 있는 능력도 갖추어야 한다. 또한 군대 내에서 헌법의 가치인 기본권 존중을 솔선수범해야 한다. 군인은 개인에게 충성하는 것이 아니라 국가와 헌법에 충실하고 충성해야 한다. 임관선서에서 밝힌 헌법을 준수한다는 의미는 헌법적 가치가 군에서 구현되고 그 가치가 훼손되지 않도록 지키는 것이다. 이는 결국 헌법을 수호하는 것이라고 할 것이다. 그래서 국군은 헌법을 수호함을 그 사명으로 한다.

참고로 「군인복무기본법」의 전신인 「군인복무규율」이 처음 제정되었을 때에는 국군의 사명에 헌법 수호가 포함되어 있었다. "국군은 대한민국의 헌법을 수호하고 자유와 독립을 보전하며 국가를 방위하고 국민의 생명과 재산을 보호하며 나아가 국제평화유지에 공헌함을 사명으로 한다"(제4조 2호)

3. 국군 임무의 한계

드라마 〈태양의 후예〉에서 유시진 대위는 '군인인 나한테 국민의 생명보다 우선하라고 국가가 준 의무는 없다'라는 명대사를 남겼다. 그러나 군인의 임무가 그리 명쾌하지는 않다. 흔히 군인은 국민의 생명과 재산을 지키는 것이 그 임무라고 알고 있다. 헌법은 "국군은 국가의 안전보장과 국토방위의 신성한 의무를 수행함을 사명으로 하며, 그 정치적 중립성은 준수된다"라고 규정하고 있다.(제5조 제2항) 「군인복무기본법」은 "국군은 국민의 군대로서 국가를 방위하고 자유 민주주의를 수호하며 조국의 통일에 이바지함을 그 이념으로 한다", "국군의 대한민국의 자유와 독립을 보전하고 국토를 방위하며 국민의 생명과 재산을 보호하고 나아가 국제평화의 유지에 이바지함을 그 사명으로 한다"라고 규정하여(제5조) 헌법이 정한 국군의 의무를 좀 더 자세히 설명하고 있다. 그러나 여전히 추상적인 측면이 있는 것이 사실이다.

국군조직법은 제3조에서 육·해·공군 및 해병대의 주 임무를 명시하고 있다. 그 내용은 작전공간을 명시하였을 뿐 구체적인 내용은 없다. 국방백서는 국방의 목표를 외부의 군사적 위협과 침략으로부터 국가를 보위하고, 평화통일을 뒷받침하며, 지역의 안정과 세계 평화에 기여하는 것이라고 밝히고 있다.(2018 국방백서 33쪽) 결국 국군은 외부(외국)의 군사적 위협과 침략으로부터 전쟁을 억지하고 전쟁에서 승리하기 위한 것을 주 임무로 보아야 할 것이다.

국가는 유사시를 대비해서 군대를 양병한다. 군대는 병력, 무기와 장비를 보유하고 끊임없이 훈련하는 조직이다. 군대는 또한 한 나라의 주권을 힘으로 뒷받침하는 역할을 한다. 그런데 국가안보는 매우 포괄적인 개념이며 현대사회에서는 적뿐 아니라 다양한 요소에 의해 국가안보가 위협을 받는다. 이에 따라 국가안전보장을 그 임무로 하는 군대의 역할이 불명확할 수도 있다. 반면 평시에는 유휴 병력과 장비를 국가가 효율적으로 활용할 필요도 있다. 그런데 군의 국내 활동은 항상 정치적으로 민감할 뿐 아니라 국민의 생활 및 기본권에 미치는 영향이 크다. 이런 맥락에서 군대의 활용이 어디까지 허용되는가는 매우 중요한 문제이다.

국내에서 '국민의 기본권을 제한하는 법집행 및 치안'은 행정과 경찰의 영역이다. 그러므로 군이 이런 치안 또는 국민에 대한 공권력 행사 분야에서 군 병력을 활용하는 것은 원칙적으로 금지된다. 다만 예외적으로 군대가 국민에 대해 공권력을 행사하거나 국민의 기본권을 제한해야 하는 경우에는 이를 헌법과 법률에서 명시하고 있다. 헌법은 전시·사변 또는 이에 준하는 국가비상사태에 있어서 병력으로써 군사상의 필요에 응하거나 공공의 안녕질서를 유지할 필요가 있는 때에는 법률에 정하는 바에 따라 계엄을 선포할 수 있도록 하고 있다.(제77조) 여기서 말하는 법률이 「계엄법」이다. 이때 계엄사령관은 영장제도, 언론·출판·집회·결사의 자유, 정부나 법원의 권한에 대해서까지 특별한 조치를 할 수 있다.(헌법 제77조 제3항)

그 외에 군대가 국민의 기본권을 제한하거나 침해하는 행위를 하는 것은 원칙적으로 금지된다. 미국도 군인이 법 집행(law enforcement)을 하는 것을 Posse Comitatus Act(일명 민병대법)를 통해서 금지하고 있다.(18 U.S.C. § 1385)[2] 다만 법 집행을 위한 단순 병력지원 또는 장비대여 정도는 허용하고 있다.

개별 법률이 군대가 병력을 행사할 수 있도록 규정한 경우는 극히 예외적이다. 적이 우리 영토를 침투·도발할 경우에 군은 우리 영토에서 작전을 수행해야 하므로 이 경우 국민의 기본권을 제한할 필요가 있다. 이 경우를 대비해서 만든 법률이 「통합방위법」이다. 이때 작전의 원활을 위해 지방자치단체장 등이 할 수 있는 행위는 통합방위사태의 선포, 통제구역의 설정, 통제구역에 대한 출입 통제, 주민에 대한 대피명령 등이다. 이러한 민간부문의 선행행위가 있을 경우 군인은 작전 중 국민의 기본권을 제한할 수 있는 집행행위(통합방위작전)를 할 수 있다.

---

2 Whoever, except in cases and under circumstances expressly authorized by the Constitution or Act of Congress, willfully uses any part of the Army or the Air Force as a posse comitatus or otherwise to execute the laws shall be fined under this title or imprisoned not more than two years, or both.

다만 군이 국민의 편의를 위해 병력과 장비를 지원하는 것은 일반 행정응원으로서 허용되고 있다.(행정절차법 제8조) 국방부에서는 이러한 업무에 대한 기본 지침을 제공하기 위해 「대민지원활동 업무 훈령」을 두고 있다. 특별법으로는 군부대의 행정응원을 규정한 「재난 및 안전관리기본법」이 있다. 이 법률에 의하면 재난이 발생한 경우 법률에 정한 절차에 따라 중앙대책본부장 또는 시장·군수는 "동원 가능한 장비와 인력 등이 부족한 경우에는 국방부장관에 대한 군부대의 지원 요청"을 할 수 있도록 규정하고 있다.(제39조) 이 법은 또 시장·군수는 응급조치를 하기 위하여 필요하면 관할 구역 안에 있는 군부대에 필요한 응원을 요청할 수 있도록 하고, 군부대의 장은 특별한 사유가 없으면 요청에 응하도록 하고 있다.(제44조) 이 규정에 따라 태풍, 호우, 대설, 산불, 조류독감(AI), 구제역, 중동호흡기증후군(MERS), 코로나 19(COVID 19), 열차 및 화물차 파업 등에 군의 병력을 지원하였다. 한편 「작전사령부령」은 사령관이 재난 및 비상사태로 지방자치단체 등의 요구에 따라 병력을 지원할 경우 합참의장 또는 육군참모총장의 승인 또는 보고라는 절차적 통제하에서 병력지원을 할 수 있도록 규정하고 있다.(제6조) 절차적인 통제를 통해 병력 출동의 신중을 기하는 것이다.

군대의 행정응원에 관한 「위수령」이 있었다. 이는 대통령령이며, 행정기관장이 치안질서 유지를 위해 군 병력을 요청할 경우 위수사령관이 이에 응하도록 하고(제12조) 나아가 무기 사용에 관한 규정도 두었다.(제14조) 단순한 병력지원이 아니라 치안질서 유지를 위한 병력지원은 적어도 법률에 근거를 두어야 했다. 이러한 위헌적인 요소로 비판받던 대통령령인

「위수령」은 2018년 9월 18일부로 폐지되었다.

군대가 전쟁을 수행하거나 이를 억지하기 위한 작전을 수행하는 것은 당연하다. 그런데 실제로 군이 전쟁 외의 작전을 수행하는 경우가 있다. 교범상으로 전쟁 이외의 작전(MOOTW: military operations other than war)이라고 한다. 재난구호작전, 마약퇴치작전, 평화유지활동 등이 여기에 해당한다. 군사교범에 이러한 작전이 기술되어 있으니 군인은 이러한 작전을 국내에서 당연히 할 수 있다고 생각하기 쉽다. 그런데 전쟁 이외의 작전은 개별 법률이 허용하고 또 그 법률이 정한 절차에 따라 작전을 수행할 때에만 군사활동의 적법성이 보장될 수 있다.

군대의 병력 사용이 언론 및 정치권으로부터 정치적 중립 훼손, 군 본연의 임무와 관계없는 활동, 국민의 기본권 제한 등을 이유로 여러 차례 비판을 받은 적이 있다.

2003년 대구지하철 화재사건에서 행정기관의 요청을 받고 지하 선로를 청소하였다가 증거인멸 등이 이루어졌다는 비판, 4대강 공사에 공병 중장비와 병력이 동원되었다는 비판, 도시 지하철 파업에 대해 「재난 및 안전관리기본법」이 정한 재난에 해당되지 않는데도 군 병력을 파견했다는 비판, 촛불시위와 관련해서 위수령을 검토했다는 비판이 그러하다.

군대의 활동을 규율하는 규범이 다소 애매한 측면이 있다. 입법론으로는 「경찰법」 제2조[3]가 국가경찰의 임무를 7개로 명시한 것처럼 군도 「국군조직법」에 그 임무를 주된 임무와 부수된 임무를 명시하여 논란을 없애는 것이 좋지 않을까 생각해 본다. 그러나 그전에 군의 지휘관과 간부들은 국민에 대한 단순한 병력지원조차도 군의 정치적 중립, 국민의 기본권 보장, 나아가 군 본연의 임무에 미치는 영향을 고려해서 신중하게 결정해야 할 것이다.

---

3 경찰법 제2조(국가경찰의 임무)
 국가경찰의 임무는 다음 각 호와 같다.
 1. 국민의 생명·신체 및 재산의 보호
 2. 범죄의 예방·진압 및 수사
 3. 경비·요인경호 및 대간첩·대테러 작전 수행
 4. 치안정보의 수집·작성 및 배포
 5. 교통의 단속과 위해의 방지
 6. 외국 정부기관 및 국제기구와의 국제협력
 7. 그 밖의 공공의 안녕과 질서유지

4. 국군과 평화주의

인류는 20세기에 두 차례에 걸친 세계대전에서 엄청난 인명 피해를 입었다. 이 과정에서 인간의 존엄은 무시되고 인권은 철저히 유린되었다. 세계는 이러한 비이성적인 폭력에 대한 인류 차원에서의 반성으로 국제적인 조직을 중심으로 세계 평화와 안전, 인권을 존중·보호하기 위해 국제연합(UN: United Nations)을 결성하고, 그 조직과 작동에 관한 규범으로서 유엔헌장(UN Charter)을 제정하였다. 유엔헌장은 "모든 회원국은 그들의 국제분쟁을 국제평화와 안전 그리고 정의를 위태롭게 하지 아니하는 방식으로 평화적 수단에 의하여 해결한다"(제2조 제3항), "모든 회원국은 그 국제관계에 있어서 다른 국가의 영토보전이나 정치적 독립에 대하여 또는 국제연합의 목적과 양립하지 아니하는 어떠한 기타 방식으로도 무력의 위협이나 무력행사를 삼간다"(제2조 제4항)라고 규정하여 분쟁의 평화적 해결 원칙을 천명하고 무력행사를 원칙적으로 금지하고 있다.

우리 헌법 역시 국제평화주의를 천명하고 있다. 헌법은 "대한민국은 국제평화의 유지에 노력하고 침략적 전쟁을 부인한다"라고 규정하고 있다.(제5조 제1항) 원래 건국헌법은 제6조에서 "대한민국은 모든 침략적인 전쟁을 부인한다"라고 규정했고, 현재의 문구와 같은 국제평화 유지 노력 부분은 제6차 개헌 때에 추가된 것이다. 현행 헌법 전문에서는 "밖으로는 항구적인 세계평화와 인류공영에 이바지함으로써"라고 규정하고, 제4조는 평화통일원칙을 규정하여 대한민국의 평화주의 원칙을 천명하고 있다. 참고로 건국헌법 제정 당시 침략전쟁을 부인하는 규정을 둘 것인가에 대해 국회에서 논의가 있었다. 이때 제2차 세계대전 전범국 및 패전국이 아닌 우리나라는 헌법에 침략전쟁을 부인하는 규정을 명시할 필요가 없다는 이론이 제기되기도 하였으나 제1차 세계대전 후 체결된 부전조약(不戰條約)의 정신에 따라 이 규정을 두는 것이 좋겠다는 의견이 더 많아 건국헌법에 침략전쟁을 부인하는 규정을 두게 되었다.

앞에서 본 바와 같이 유엔헌장은 분쟁의 평화적 해결을 천명하고 타국에 대한 무력행사 및 협박을 금지하고 있다. 즉 원칙적으로 전쟁을 금지하고 있다. 그러나 유엔헌장은 이 원칙의 예외를 다음과 같이 규정하고 있다. 첫째, 유엔헌장은 국가는 단독 또는 집단적으로 자위권 차원의 무력행사를 할 수 있음을 규정하고 있다.(제51조) 둘째, 안전보장이사회는 평화에 대한 위협, 평화의 파괴 또는 침략행위의 존재를 결정하고 군사적 조치를 포함한 결정 권한을 가진다.(제39조, 제41조, 제42조) 유엔헌장에 의할 경우 자위권의 행사와 안전보장이사회 결의에 의한 군사적 조치만이 정당한 무력행사로 취급된다. 따라서 특정 국가 또는 여러 나라가 타국에 대해 선제적 자위권 또는 예방적 자위권을 행사하는 것이나 인도적인 간섭(Humanitarian Intervention), 보호책임(R2P: Responsibility to Protect) 등에 근거한 무력행사에 관해서는 그 적법성에 대해 논란이 있다. 한 국가의 무력행사가 적법한지의 문제는 안전보장이사회가 결정할 권한을 가지며 이는 사법기관의 판단에 선행한다.

우리 헌법의 국제평화를 위한 노력 및 침략전쟁의 부인에 대한 내용과 관련하여 무엇이 '침략전쟁'인가에 대해서는 앞에서 본 국제법 규범을 근거로 판단해야 한다. 헌법재판소는 국군의 해외 파병 및 국내 한미합동 군사연습과 침략전쟁을 부인하는 헌법 규정과의 상호관계에 대해 아래와 같이 판시하였다.

2003년 대통령이 이라크에 국군을 파병한 행위(2003년 3월 파병결정과 2003년 10월 추가 파병결정)에 대해 이라크 전쟁은 침략전쟁이며 이 전쟁에 국군을 파병한 것은 침략전쟁을 부인하는 우리 헌법 제5조에 위배되는 것이라며 현역 병사, 사회단체, 정당 등이 헌법소원을 제기하였다. 헌법재판소는 결정문에서 대통령의 파병결정은 국가안전보장회의 자문과 국무회의의 심의·의결을 받았을 뿐만 아니라 국회의 동의를 받는 등 절차적 정당성이 확보되었고, 국군의 해외 파병은 고도의 정치적 결단이므로 이는 존중되어야 하고, 이라크 전쟁이 국제규범에 어긋나는 침략전쟁인지 여부에 대한 판단은 대의기관인 대통령과 국회의 몫이라고 판단하여 이 전쟁과 파병이 침략전쟁을 부인하는지 여부에 대해 사법심사를 자제하였다.(헌재 2003. 12. 18. 2003헌마255, 256, 및 2004. 4. 29. 2003헌마814)

한편 2007년 3월 일단의 청구인들이 정부의 2007년 3월 25일부터 31일까지 한반도 전역에 걸친 한미 전시증원(RSOI/FE)연습 및 훈련 발표에 대해 이 연습은 북한에 대한 선제적 공격연습으로서 한반도의 전쟁 발발 위험을 고조시켜 동북아 및 세계 평화를 위협하므로 청구인들의 평화적 생존권을 침해한다며 헌법소원을 청구하였다. 청구인들의 구체적인 청구 이유는 전시증원연습은 북한을 상대로 한 특정 작전계획에 따른 선제적 공격훈련이 명백하며, 이는 대통령이 헌법 전문(평화적 통일, 항구적인 세계평화), 제5조(국제평화의 유지, 침략적 전쟁의 부인), 제66조 제2항(헌법을 수호할 책무)을 위반하여 국군통수권을 행사하고, 이에 따라 국방부장관 및 합동참모의장, 각군 참모총장, 해병대 사령관이 구체적·개별적인 지휘·감독권을 행사함으로써 대한민국정부가 위헌적인 연습에 참여하게 되었다는 것이다.

이에 대하여 헌법재판소의 다수의견은 '헌재 2004. 4. 29. 2003헌마814' 사건을 참고하여 '침략전쟁'과 '방어전쟁'의 구별이 불분명할 뿐만 아니라 전시나 전시에 준한 국가비상 상황에서 전쟁준비나 선전포고 등 행위가 침략전쟁에 해당하는지 여부에 관한 판단은 고도의 정치적 결단에 해당하여 사법심사를 자제할 대상으로 보아야 할 경우가 대부분이며, 평화적 생존권은 별개의 국민의 기본권으로 인정되지 않는다고 판단하였다. 반면 소수 의견은 국민의 평화적 생존권을 별개의 기본권으로 인정을 하되 국가의 전시증원연습은 한미상호방위조약에 근거하여 연례적으로 행하여진 점, 위 조약은 '외부로부터의 무력공격이 있을 것'을 전제하여 공동방위를 목적으로 하고 있는 점, 비상사태에 효과적으로 대비하기 위해 한미 합동군사훈련이 필요한 점을 들어 이 연습이 국민들에게 예측불

허의 침략적 전쟁에 휩싸이게 할 가능성, 즉 국민의 평화적 생존권을 침해할 가능성이 있다고 볼 수 없다고 판단하였다.(헌재 2009. 5. 28. 2007헌마369)

우리 헌법이 국제평화주의와 침략전쟁을 부인하였다고 해서 군대를 보유하지 않거나 교전권을 부인하는 것은 아니다. 이러한 점은 전범국인 일본의 헌법 제9조와는 차이가 있다. 그래서 우리 헌법은 제5조 제1항에 국제평화주의, 침략전쟁 부인을 명시하면서도 제2항에 평화주의와 침략전쟁 부인을 구체화한 국군의 사명을 규정하고 있고, 이 규정의 실효성을 위해 헌법의 여러 조항에서 대통령의 권한행사에 대해 사전 자문, 심의·의결, 국회의 동의를 얻도록 하여 절차적 통제를 규정하고 있다.

위 한미전시증원연습 사건에서 다수의견을 보충한 김종대 재판관은 다음과 같이 판시하였다.

> 이와 같이 국가비상사태라 할 수 있는 전쟁이 어떤 이유로든 일단 발발하게 되면 그 승패에 따라 국가의 존립을 좌우할 수밖에 없는 엄청난 결과를 초래하므로 국가는 반드시 군사훈련을 지속하는 등 전쟁에 대비한 준비를 소홀히 해서는 안 되고, 따라서 국군통수권자인 대통령은 국가의 독립·영토의 보전·국가의 계속성과 헌법을 수호할 책무를 지고 있으므로 언제 발발할지 모르는 전쟁에 대비해 평소 군사훈련, 군비확충 등으로 전력을 최고조로 유지하고 병사들로 하여금 필승의 신념으로 국가를 수호할 수 있도록 정신전력을 강화시켜 나가야 한다. (김종대 재판관 보충의견)

유엔헌장에 따르면 침략행위에 대해서는 개별 국가가 자위권을 행사하거나 안전보장이사회가 필요한 군사적 조치를 취할 수 있다. 즉 침략전쟁에 대해서는 그 행위를 한 국가에 대하여 정치·외교적, 군사적인 조치를 할 수 있다. 다만 그러한 행위를 계획하거나 실행한 개인에 대한 형사처벌을 규정하고 있지는 않다. 제2차 세계대전이 종료된 후 극동군사재판소는 '평화에 반한 죄', 즉 현재의 침략전쟁을 일으킨 일본의 전쟁 지도부에 대해 소위 A급 전범(사실 'A형' 전범이라고 하는 것이 좀 더 정확하다. 왜냐하면 '극동군사재판소 헌장' 제5조는 재판권이 있는 범죄를 a, b, c로 구분하였을 뿐 범죄의 중요도에 대한 구분은 아니기 때문이다)으로 처벌한 사례가 있기는 하다. 그러나 최근 국제형법은 이러한 침략행위를 비롯한 중대한 범죄를 범한 개인에 대한 형사처벌을 강화하는 경향이다. 그래서 국제형사재판소 로마규정은 2008년 7월 17일에 시행하면서 관할범죄를 ① 집단살해죄, ② 인도에 반한 죄, ③ 전쟁범죄, ④ 침략범죄로 정하고 각 정의규정을 두었다. 하지만 침략범죄에 대해서는 국제사회에서 그 정의에 대한 의견이 일치되지 않았고, 최근인 2018년 7월 17일에서야 비로소 그 정의규정이 효력을 발하게 되었다. 하지만 북한은 로마규정에 가입 자체를 하지 않았고, 우리나라는 로마규정은 가입했지만 침략범죄에 대한 재판권 행사에 대해서는 아직 가입하지 않은 상태이다. 따라서 남과 북 사이에는 무력충돌이 발생한다 하더라도 이를 침략범죄로 의율할 수는 없다. 개정 국제형사재판소 로마규정 제8조의 2는 침략범죄 및 침략행위를 아래와 같이 정하고 있다.

> 제1항은 이 규정의 목적상, "침략범죄"란 국가의 정치적 또는 군사적 행위를 실효적으로 통제하거나 지시하는 지위에 있는 사람에 의한, 그 성격, 중대성 및 규모에 따라 국제연합 헌장의 명백한 위반을 구성

하는 침략행위의 계획, 준비, 개시 또는 실행행위를 말한다. 제2항은 제1항의 목적상, "침략행위"란 다른 국가의 주권, 영토보전이나 정치적 독립성을 저해하거나 국제연합 헌장과 양립하지 아니하는 다른 어떠한 방식에 의한 국가의 군사력 사용을 말한다. 다음의 행위는 선전포고 여부에 관계없이 1974년 12월 14일의 국제연합 총회 결의 3314(XXIX)에 따른 침략행위이다. 그리고 7개 예시 항목을 규정해 두고 있다.[4]

한편 우리 국내법을 보면, 형법 제111조는 외국에 대해 사전(私戰)을 개시한 자를, 군형법 제18조는 지휘권을 남용하여 타 국가에 전투를 개시한 지휘관을 처벌하도록 하고 있다. 이러한 규정 역시 군의 기강 확립

4　(a) The invasion or attack by the armed forces of a State of the territory of another State, or any military occupation, however temporary, resulting from such invasion or attack, or any annexation by the use of force of the territory of another State or part thereof;
　(b) Bombardment by the armed forces of a State against the territory of another State or the use of any weapons by a State against the territory of another State;
　(c) The blockade of the ports or coasts of a State by the armed forces of another State;
　(d) An attack by the armed forces of a State on the land, sea or air forces, or marine and air fleets of another State;
　(e) The use of armed forces of one State which are within the territory of another State with the agreement of the receiving State, in contravention of the conditions provided for in the agreement or any extension of their presence in such territory beyond the termination of the agreement;
　(f) The action of a State in allowing its territory, which it has placed at the disposal of another State, to be used by that other State for perpetrating an act of aggression against a third State;
　(g) The sending by or on behalf of a State of armed bands, groups, irregulars or mercenaries, which carry out acts of armed force against another State of such gravity as to amount to the acts listed above, or its substantial involvement therein.

과 국제평화주의 및 침략전쟁을 부인한 헌법의 정신을 반영한 법률조항으로 볼 수 있다. 국가(군대)는 평화애호 정신을 견지하고, 국민들이 전쟁과 테러 등 무력행위로부터 자유로운 상태에서 평화로운 삶을 영위하면서 인간의 존엄과 가치를 향유하는 등 헌법상 보장된 기본권을 최대한 누릴 수 있도록 보장할 책무가 있다. 손자도 싸울 때마다 이기는 것은 최선의 방법이 아니며, 싸우지 않고도 적을 온전히 굴복시키는 것이 최선의 방법이라고 하였다(是故 百戰百勝 非善之善者也, 不戰而屈人之兵 善之善者也). 이것은 곧 군이 전쟁 없이 평화를 보장하는 방법이다. 이를 위해 국가, 즉 군은 평소부터 국가안전보장의 책무를 다하기 위해 항상 준비되어 있어야 한다. 김종대 재판관의 보충의견도 이를 잘 설명하고 있다. '평화를 원하거든 전쟁을 준비하라(Si vis pacem para bellum)'는 베게티우스의 격언도 같은 뜻이라고 볼 수 있다. 또한 군은 군사정책과 작전 및 해외 파병 등에 있어서 헌법 제5조 조항에 부합하도록 관심을 경주해야 한다. 그리고 위에서 본 최근 국제형법의 추세를 유념하고 언젠가는 침략전쟁에 대하여 개인에 대한 책임을 물을 수 있다는 사실도 명심해야 한다.

5. 북한의 법적 지위

국방부가 『국방백서』를 새로 발간할 때마다 북한을 주적(主敵)으로 표기할 것인지에 대해 언론과 정치권이 관심을 기울인다. 군도 장병 정신교육을 하면서 북한을 어떻게 규정할 것인가에 대해 고충이 크다. 남과 북은 같은 민족이지만 해방 후 서로 다른 이념으로 분단되었고, 6·25전쟁이라는 민족상잔을 겪었다. 이 전쟁은 완전히 끝난 것이 아니라 정전(停戰)상태이다. 이 상황에서 우리 법률과 법원은 북한을 어떻게 규정하고 있는지 살펴보고자 한다.

헌법은 "대한민국의 영토는 한반도와 그 부속도서로 한다"라고 규정하고 있다.(제3조) 그러나 대한민국의 통치권이 군사분계선 이북에까지 실효적으로 행사되지 못하고 있는 것이 사실이다. 동서가 분리되었던 서독이 기본법에 서독의 통치권이 11개 주에만 미친다고 명시한 것과는 차이가 난다. 그렇다면 헌법 제3조의 법적 효력에 대해서 법원은 어떻게 판단하고 있는가. 대법원은 헌법 제3조의 효력이 북한에도 미친다고 판단하고 있다.

헌법 제3조는 "대한민국의 영토는 한반도와 그 부속도서로 한다"고 규정하고 있어 법리상 이 지역에서는 대한민국의 주권과 부딪치는 어떠한 국가단체도 인정할 수가 없는 것이므로 비록 북한이 국제사회에서 하나의 주권국가로 존속하고 있고, 우리 정부가 북한 당국자의 명칭을 쓰면서 정상회담 등을 제의하였다 하여 북한이 대한민국의 영토고권을 침해하는 반국가단체가 아니라고 단정할 수 없다. (대법원 1990. 9. 25. 선고 90도1451 판결)

1987년 개정 헌법은 헌법 본문에 평화통일에 관해 별도의 규정을 두었다. 조국의 평화적 통일의 사명을 적시하고(전문), "대한민국은 통일을 지향하며, 자유민주적 기본질서에 입각한 평화적 통일 정책을 수립하고 이를 추진한다"라고 명시하고 있다.(제4조) 평화통일을 추진하게 됨에 따라 북한과의 접촉은 불가피하게 되었다. 1990년 남과 북은 세계적으로 냉전체제가 무너지는 분위기에 발맞춰 남북회담 등을 추진하고 남북기본합의서를 도출하였다. 과거에는 북한과의 접촉 자체가 반국가단체와 접촉하는 것으로서 문제가 될 수 있었다. 그러나 이제 이 헌법 조항에 의하여 북한과의 접촉이 합법적으로 가능하게 되었고, 이를 구체화하기 위해 「남북교류협력에 관한 법률」(1990. 8. 1. 시행)이 제정되었다. 이 법률은 군사분계선 이북 지역을 북한이라고 공식적으로 명명했다. 문제는 헌법 제3조에 따를 경우 북한은 반국가단체가 될 수밖에 없고, 헌법 제4조에 따르면 북한을 통일의 상대방으로 인정해야 하는 긴장관계가 형성된다는 점이다. 헌법 제4조에 비춰 국가보안법이 위헌이라는 주장이 대두되기도 하였다. 그래서 헌법 제3조와 제4조와의 조화로운 해석이 필요하게 되었다.

대법원은 북한을 자유민주적 기본질서에 위해를 주는 반국가단체로서 이를 국가로 보지 않고 있다. 「국가보안법」은 나아가 반국가단체에 동조하는 행위를 처벌하고 있다. 대법원은 국가보안법 규정이 헌법의 평화적 통일조항에 위배되지 않음을 밝히고 있다.

> 북한은 6·25전쟁을 도발하여 남침을 감행하였고, 휴전 이후에도 대한민국에 대하여 도발행위를 계속하고 있으며, 그 헌법과 형법에 적화통일의 의지를 드러내고 있을 뿐 아니라 막강한 군사력으로 대한민국과 대치하면서 대한민국의 자유민주적 기본체제를 전복할 것을 완전히 포기하였다는 명백한 징후를 보이지 않고 있어 우리의 자유민주적 기본질서에 대한 위협이 되고 있음이 분명한 상황에서, 대한민국의 헌법과 「남북 교류협력에 관한 법률」이 평화통일원칙을 선언하고 제한적인 남북교류를 규정하고 있다거나 우리 정부가 북한당국자의 명칭을 쓰면서 남북국회회담과 총리회담을 병행하고 정상회담을 도모하며 유엔동시가입을 추진하는 등 한다 하여 북한이 국가보안법상의 반국가단체가 아니라 할 수 없다. (대법원 1991. 4. 23. 선고 91도212 판결)

> 북한이 우리의 자유민주적 기본질서에 대한 위협이 되고 있음이 분명한 상황에서 소론과 같이 우리 정부가 북한 당국자의 명칭을 사용하고 남북 동포 간의 자유로운 왕래와 상호교류를 제의하였으며, 남북국회회담 등과 같은 회담을 병행하고, 나아가서 남북한이 유엔에 동시가입을 하였다거나 "남북 사이의 화해불가침 및 교류협력에 관한 합의서"에 서명하였다는 등의 사유가 있다 하여 북한이 국가보안법상의 반국가단체가 아니라고 할 수 없고, 또한 국가보안법은 동법 소정의 행위가 국가의 존립, 안전을 위태롭게 하거나 자유민주적 기

본질서에 위해를 줄 경우에 적용되는 한에서는 헌법상 보장된 국민의 권리를 침해하는 법률이라고 볼 수 없고, 국가보안법이 북한을 반국가단체로 본다고 하여 헌법상 평화통일의 원칙에 배치된다거나 또는 국가보안법이 죄형법정주의에 배치되는 무효의 법률이라고 할 수 없다. (대법원 1992. 8. 14. 선고 92도1211 판결)

북한이 우리의 자유민주주의적 기본질서에 대한 위협이 되고 있음이 분명한 상황에서 남·북한이 유엔에 동시 가입하였고 그로써 북한이 국제사회에서 하나의 주권국가로 승인을 받았고, 남·북한 총리들이 남북 사이의 화해, 불가침 및 교류에 관한 합의서에 서명하였다는 등의 사유가 있었다고 하더라도 북한이 국가보안법상 반국가단체가 아니라고 할 수는 없다. (대법원 1998. 7. 28. 선고 98도1395 판결)

헌법재판소도 다음과 같이 결정하였다.

이는 현 단계에 있어서의 **북한은 조국의 평화적 통일을 위한 대화와 협력의 동반자임과 동시에 대남적화노선을 고수하면서 우리 자유민주체제의 전복을 획책하고 있는 반국가단체라는 성격도 함께 갖고 있음이 엄연한 현실**인 점에 비추어, 헌법 제4조가 천명하는 자유민주적 기본질서에 입각한 평화적 통일정책을 수립하고 이를 추진하는 한편 국가의 안전을 위태롭게 하는 반국가활동을 규제하기 위한 법적 장치로서, 전자를 위하여는 「남북 교류협력에 관한 법률」 등의 시행으로써 이에 대처하고 후자를 위하여는 국가보안법의 시행으로써 이에 대처하고 있는 것이다. (헌재 1993. 7. 29. 92헌바48)

형법은 간첩죄에 대해 "적국을 위하여 간첩하거나 적국의 간첩을 방조한 자는 사형, 무기 또는 7년 이상의 징역에 처한다"라고 규정하고 있다.(제98조 제1항) 만약 국민이 북한을 위해 간첩행위를 한 경우 간첩죄로 처벌을 받을 수 있는가가 문제가 된다. 왜냐하면 적국을 위해 간첩을 해야 하는데 과연 북한이 적국이 될 수 있는가가 쟁점이 되기 때문이다. 앞에서 살핀 바와 같이 북한은 반국가단체일 뿐이고 국가로 인정되지 않기 때문이다. 대법원은 아래와 같이 판시했다. 북한의 국가성에 대한 대법원 판단은 다소 일관되지 않는 측면이 있다.

> 북한괴뢰집단은 우리 헌법상 반국가적인 불법단체로서 국가로 볼 수 없음은 소론과 같으나, 간첩죄의 적용에 있어서는 이를 국가에 준하여 취급하여야 한다. (대법원 1983. 3. 22. 선고 82도3036 판결)

헌법상 평화통일 조항과 「남북교류협력에 관한 법률」에 근거해서 남과 북은 당국자 간의 많은 회담을 가졌고 합의서를 도출했다. 그런데 이러한 합의서의 성격이 문제가 되었다. 헌법 제3조에 의할 경우 국가성이 부인되는데 이러한 단체와 맺은 협약이 어떠한 성격을 갖는지 대법원과 헌법재판소는 다음과 같이 판시하였다.

> 남북 사이의 화해와 불가침 및 교류협력에 관한 합의서(이하, 남북기본합의서라고 줄여 쓴다)는 남북관계가 '나라와 나라 사이의 관계가 아닌 통일을 지향하는 과정에서 잠정적으로 형성되는 특수관계'(합의서 전문)임을 전제로, 조국의 평화적 통일을 이룩해야 할 공동의 정치적 책무를 지는 남북한 당국이 특수관계인 남북관계에 관하여 채택한 합의문서로서, 남북한 당국이 각기 정치적인 책임을 지고 상호 간에 그 성의 있는 이행을 약속한 것이기는 하나 법적 구속력이 있는

것은 아니어서 이를 국가 간의 조약 또는 이에 준하는 것으로 볼 수 없고, 따라서 국내법과 동일한 효력이 인정되는 것도 아니다. (대법원 1999. 7. 23. 선고 98두14525 판결)

일찍이 헌법재판소는 "남북합의서는 남북관계를 '나라와 나라 사이의 관계가 아닌 통일을 지향하는 과정에서 잠정적으로 형성되는 특수관계'임을 전제로 하여 이루어진 합의문서인 바, 이는 한민족공동체 내부의 특수관계를 바탕으로 한 당국 간의 합의로서 남북당국의 성의 있는 이행을 상호 약속하는 일종의 공동성명 또는 신사협정에 준하는 성격을 가짐에 불과"하다고 판시하였고(헌재 1997. 1. 16. 92헌바6 등, 판례집 9-1, 1, 23), 대법원도 "남북합의서는 …… 남북한 당국이 각기 정치적인 책임을 지고 상호간에 그 성의 있는 이행을 약속한 것이기는 하나 법적 구속력이 있는 것은 아니어서 이를 국가 간의 조약 또는 이에 준하는 것으로 볼 수 없고, 따라서 국내법과 동일한 효력이 인정되는 것도 아니다"고 판시하여(대법원 1999. 7. 23. 선고 98두14525 판결), 남북합의서가 법률이 아님은 물론 국내법과 동일한 효력이 있는 조약이나 이에 준하는 것으로 볼 수 없다는 것을 명백히 하였다. (헌재 2000. 7. 20. 98헌바63)

한편 남과 북의 교류와 그 합의에 대해 사법기관이 법적 구속력을 부인하고 헌법 제3조와 제4조에 의한 남과 북의 관계에 대해 판례가 축적됨에 따라 국내에 논란을 방지하기 위해 남북관계 발전에 대한 기본 법률을 제정할 필요가 생겼다. 이 법률에 대한 입법취지는 다음과 같다.

남북관계가 급속하게 발전함에 따라 대북정책의 법적 기초를 마련할 필요성이 증대되고 있으며 특히 남북 간 합의서에 법적 실효성을 부여함으로써 남북관계의 안정성과 일관성을 확보하는 것이 중요한 과제가 되고 있어, 남한과 북한간의 기본적인 관계, 국가의 책무, 남북회담대표의 임명 및 남북합의서의 체결·비준 등에 관한 사항을 규정함으로써 대북정책이 법률적 기반과 국민적 합의 아래 투명하게 추진되도록 하려는 것임. (남북관계 발전에 관한 법률 제정 이유)

「남북관계발전에 관한 법률」은 "헌법이 정한 평화적 통일을 구현하기 위하여 남한과 북한의 기본적인 관계와 남북관계의 발전에 관하여 필요한 사항을 규정"함을 목적으로 밝히고 있다.(제1조) 그리고 남북관계 추진에 대해 정치권이 많은 이견이 있었음을 고려하여 이 법률은 그 기본원칙을 적시하고 있다. 이 법률은 그 기본원칙을 "① 남북관계의 발전은 자주·평화·민주의 원칙에 입각하여 남북공동번영과 한반도의 평화통일을 추구하는 방향으로 추진되어야 한다. ② 남북관계의 발전은 국민적 합의를 바탕으로 투명과 신뢰의 원칙에 따라 추진되어야 하며, 남북관계는 정치적·파당적 목적을 위한 방편으로 이용되어서는 아니 된다"라고 밝히고 있다.(제2조) 이 법은 그동안 대법원과 헌법재판소가 판시한 '남과 북의 특수한 지위'를 법률규정으로 명문화하였다. 그 관계를 "① 남한과 북한의 관계는 국가 간의 관계가 아닌 통일을 지향하는 과정에서 잠정적으로 형성되는 특수관계이다. ② 남한과 북한간의 거래는 국가 간의 거래가 아닌 민족 내부의 거래로 본다"라고 밝히고 있다.(제3조) 그 외 남북 간에 맺은 합의서의 법적 구속력을 강화하기 위해 그 합의서를 조약에 가깝게 서명, 비준, 국회 동의 등에 관한 규정을 두었다.

하지만 「남북관계 발전에 관한 법률」이 제정된 이후에도 대법원의 북한의 지위에 대한 견해는 기존의 판례와 크게 변한 것이 없다.

1991. 9. 17. 대한민국과 북한이 유엔에 동시 가입하였고, 같은 해 12. 13. 이른바 남북 고위급회담에서 남북기본합의서가 채택되었으며, 2000. 6. 15. 남북정상회담이 개최되고 남북공동선언문이 발표된 이후 남북이산가족 상봉행사를 비롯하여 남·북한 사이에 정치·경제·사회·문화·학술·스포츠 등 각계각층에서 활발한 교류와 협력이 이루어져 왔음은 상고이유에서 지적하는 바와 같고, 이러한 일련의 남북관계의 발전은 우리 헌법 전문과 헌법 제4조, 제66조 제3항, 제92조 등에 나타난 평화통일 정책의 국가목표 수립과 그 수행이라는 범위 안에서 헌법적 근거를 가진다.

그러나 북한이 조선민주주의인민공화국이라는 이름으로 유엔에 가입하였다는 사실만으로는 유엔이라는 국제기구에 가입한 다른 가맹국에 대해서 당연히 상호 간에 국가승인이 있었다고 볼 수는 없다는 것이 국제정치상 관례이자 국제법상 통설적인 입장이다. 그리고 기존의 남북합의서, 남북정상회담, 남북공동선언문 등과 현재 진행되고 있는 남북회담과 경제협력 등의 현상들만으로 북한을 국제법과 국내법적으로 독립된 국가로 취급할 수 없다. 남·북한 사이의 법률관계는 우리의 헌법과 법률에 따라 판단해야 하며, 북한을 정치·경제·법률·군사·문화 등 모든 영역에서 우리와 대등한 별개의 독립된 국가로 볼 수 없다. 남·북한의 관계는 일정한 범위 안에서 "국가 간의 관계가 아닌 통일을 지향하는 과정에서 잠정적으로 형성되는 특수 관계"(남북관계 발전에 관한 법률 제3조 제1항 참조)로서, 남·북한은 자주·평화·민주의 원칙에 입각하여 남북공동번영과 한반도의 평화통일을 추구하는 방향으로(같은 법 제2조 제1항 참조) 발전하여 나아가도록 상호 노력하여야 하고, 우리나라의 법률도 그러한 정신과 취지에 맞게 해석·적용하지 않으면 안 된다.

무릇 우리 헌법이 전문과 제4조, 제5조에서 천명한 국제평화주의와 평화통일의 원칙은 자유민주주의적 기본질서라는 우리 헌법의 대전제를 해치지 않는 것을 전제로 하는 것이다. 그런데 북한은 현시점에서도 우리 헌법의 기본원리와 서로 조화될 수 없으며 적대적이기도 한 그들의 사회주의 헌법과 그 헌법까지도 영도하는 조선로동당규약을 통하여 북한의 최종 목적이 주체사상화와 공산주의 사회를 건설하는 데에 있다는 것과 이러한 적화통일의 목표를 위하여 이른바 남한의 사회 민주화와 반외세 투쟁을 적극 지원하는 정책을 명문으로 선언하고 그에 따른 정책들을 수행하면서 이에 대하여 변경을 가할 징후를 보이고 있지 않다. 그러므로 북한이 남북관계의 발전에 따라 더 이상 우리의 자유민주주의 체제에 위협이 되지 않는다는 명백한 변화를 보이고 그에 따라 법률이 정비되지 않는 한, 국가의 안전을 위태롭게 하는 반국가활동을 규제함으로써 국가의 안전과 국민의 생존 및 자유를 확보함을 목적으로 하는 국가보안법이 헌법에 위반되는 법률이라거나 그 규범력을 상실하였다고 볼 수는 없고,

따라서 종래 대법원이 국가보안법과 북한에 대하여 표명하여 온 견해, 즉 북한은 조국의 평화적 통일을 위한 대화와 협력의 동반자이나 동시에 남·북한 관계의 변화에도 불구하고, 적화통일노선을 고수하면서 우리의 자유민주주의 체제를 전복하고자 획책하는 반국가단체라는 성격도 아울러 가지고 있고, 반국가단체 등을 규율하는 국가보안법의 규범력이 상실되었다고 볼 수는 없다고 하여 온 판시(대법원 1992. 8. 14. 92도1211, 대법원 1999. 12. 28. 99도4027, 대법

원 2003. 5. 13. 2003도604, 대법원 2003. 9. 23. 2001도4328 등)는 현시점에서도 그대로 유지되어야 할 것이다.

그러므로 원심이 같은 취지에서 북한이 반국가단체가 아니라거나 국가보안법이 그 규범력을 상실하였다고 볼 수 없다고 판단한 것은 정당한 것으로 수긍이 가고, 거기에 상고이유 주장과 같이 국가보안법 제2조에서 정한 반국가단체에 관한 법리 등을 오해한 위법이 있다고 할 수 없다. (대법원 2008. 4. 17. 선고 2003도758 판결)

대한민국의 주권은 북한에도 미치고 북한은 현재도 한반도의 휴전선 이북을 불법점령하고 정부를 참칭하는 반국가단체의 성격을 지님에는 변함이 없다. 다만 반국가단체의 성격을 영토조항에 둘 것인지 아니면 자유민주적 기본질서를 부인하고 우리나라의 자유민주적 기본질서를 위협하는지에 둘 것인지에 따라 달라질 수 있으나 국가보안법이 정한 자유민주적 기본질서를 해치는 반국가단체임에는 변함이 없다는 것이 기존 헌법재판소와 대법원의 견해이다.

한편 북한은 1950년 6월 25일 대한민국에 무력으로 불법남침하여 3년이 넘도록 전쟁을 벌였다. 그리고 전쟁은 평화협정을 통해 온전히 종식하여 평화관계 또는 평시관계를 회복하지 못했다. 기술적으로는 아직도 전쟁 중에 있다. 논리적으로는 국가가 적이라고 했을 때에는 그 적은 외국을 지칭한다. 앞에서 살핀 헌법규정과 판례에 비추어 보았을 때 북한은 국가가 아니다. 그러나 6·25전쟁 당시에도 남과 북이 모두 제네바 협약을 준수하기로 약속하였다. 적어도 북한을 교전당사자로 인정한 것으로 보인다. 따라서 종전이 아닌 상태이므로 북한을 적이라고 부를 수도 있을 것이다.

그러면 북한을 어떻게 정의할 것인가? 주적이라고 개념 정의할 것인가? 북한을 주적이라 정의한다면 북과 대치하고 있다는 것을 명확히 해서 장병의 정신전력을 도움이 되는 장점이 있다. 반면 헌법 제4조에 의하면 북한은 화해와 협력 교류의 대상이다. 이러한 대상을 주적이라고 정의하면 평화통일에 걸림돌이 될 수 있다.

대법원도 북한을 국가가 아닌 반국가단체라고 판단하면서도 간첩죄를 논함에 있어서는 적국에 준한다고 판단한 것을 보았을 때 법원의 판단도 일관성이 없다. 「남북관계발전에 관한 법률」도 북한과 남한의 관계를 통일을 향한 특수관계라고 규정하고 있으므로 국방백서에서 공연히 북한을 주적이라고 적시할 필요는 있을까 생각해 본다. 북한과는 6·25전쟁을 겪었고 아직 종전이 선언되지 않았으며 남과 북은 군사적 긴장관계에 있는 만큼 북한은 적임에는 틀림없으며 다만 남북관계의 개선을 고려해 주적이라고 국방백서에 명기할 필요는 없다고 본다. 또한 북한이 적대행위를 하거나 우리 정부가 적성을 선포한 경우에 북한은 주적 및 명시적인 적이 됨은 당연하다.

제 2 장
군대와 법치주의

1. 군대와 법치주의(法治主義)

법치주의는 국가권력은 사람의 자의적·폭력적 지배, 즉 인치(人治)를 배제하고 국민의 의사를 대표하는 의회가 제정한 법률에 의해 행사돼야 한다는 것, 즉 '법의 지배(rule of law)'를 요구하는 헌법 원리다. 또 국가권력 중 행정이 국회에서 제정된 법률에 따라야 하는 원칙을 법치행정이라고 한다. 이는 행정의 자의(恣意)를 방지하고 국민의 자유와 권리를 보장하는 데 그 취지가 있다.

우리 헌법은 대통령도 법치주의 또는 법치행정을 준수해야 함을 나타내는 명문 규정을 두고 있다. 그중 군과 관련된 내용은 다음과 같다. 대통령이 국군을 통수함에는 헌법과 법률이 정하는 바에 따라야 한다.(헌법 제74조, 국군조직법 제6조) 대통령의 군사에 관한 국법상 행위는 문서로써 해야 하고, 국무총리와 국무위원(국방부장관)이 부서해야 한다.(제82조) 선전·강화 기타 중요한 대외정책, 군사에 관한 중요사항, 합동참모의장·각 군 참모총장 임명의 사안에 대해서는 사전에 국무회의의 심의를 거쳐야 한다.(제89조) 그리고 대통령 및 국무위원이 직무집행에 있어서 헌법과 법률을 위배한 경우에는 탄핵될 수 있다.(제65조) 헌법재판소는 대통령과 법치주의의 관계에 대해 아래와 같이 판시하였다.

> 헌법 제66조 제2항 및 제69조에 규정된 대통령의 '헌법을 준수하고 수호해야 할 의무'는 헌법상 법치국가원리가 대통령의 직무집행과 관련하여 구체화된 헌법적 표현이다. 헌법의 기본원칙인 법치국가원리의 본질적 요소는 한마디로 표현하자면, 국가의 모든 작용은 '헌법'과 국민의 대표로 구성된 의회가 제정한 '법률'에 의해야 한다는 것과 국가의 모든 권력행사는 행정에 대해서는 행정재판, 입법에 대해서는 헌법재판의 형태로써 사법적 통제의 대상이 된다는 것이다. 이에 따라, 입법자는 헌법의 구속을 받고, 법을 집행하고 적용하는 행정부와 법원은 헌법과 법률의 구속을 받는다. 따라서 행정부의 수반인 대통령은 헌법과 법률을 존중하고 준수할 헌법적 의무를 지고 있다. '헌법을 준수하고 수호해야 할 의무'가 이미 법치국가원리에서 파생되는 지극히 당연한 것임에도, 헌법은 국가의 원수이자 행정부의 수반이라는 대통령의 막중한 지위를 감안하여 제66조 제2항 및 제69조에서 이를 다시 한번 강조하고 있다. 이러한 헌법의 정신에 의한다면, 대통령은 국민 모두에 대한 '법치와 준법의 상징적 존재'인 것이다.
> (헌재 2004. 5. 14. 2004헌나1)

위 헌법재판소의 결정에 따르면 국가를 대표하고 국군통수권자인 대통령이 헌법과 법률을 준수하도록 하고 있다. 대통령을 정점으로 구성되는 국군조직에게도 당연히 법치주의 및 법치행정의 원리가 적용된다. 그리고 국군 장병도 이를 준수해야 한다. 그 외에도 군인에게 법치주의 및 법치행정 원칙이 적용됨을 적시한 여러 실정법 규정이 있다. 「국가공무원법」은 공무원에게 법령을 준수해야 할 의무를 부과하고 있다.(제56조) 또한 장교 및 군인은 임관 및 입영을 함에 있어서 헌법과 법규를 준수할 것을 선서한다.
(군인복무기본법 시행령 제17조)

2021년 「행정기본법」이 제정되었다. 이 법은 "행정작용은 법률에 위반되어서는 아니 되며, 국민의 권리를 제한하거나 의무를 부과하는 경우와 그 밖에 국민생활에 중요한 영향을 미치는 경우에는 법률에 근거하여야 한다"며 법치행정의 원칙을 천명하고 있다.(8조)

군인의 기본정신을 정의하면서 군기(軍紀)를 세우는 으뜸은 법규와 명령에 대한 자발적 준수와 복종이라고도 명시하고 있다.(군인복무기본법 시행령 제2조) 같은 법은 군인에 대해 무력충돌 행위에 관련된 국제법(전쟁법)도 준수하도록 규정하고 있다.(군인복무기본법 제34조) 이러한 규정은 군인이 법률에 따른 행정을 할 것을 규정한 법령 규정이다. 또한 「군인복무기본법」은 "국군은 국민의 군대로서 국가를 방위하고 자유 민주주의를 수호하며 조국의 통일에 이바지함을 그 이념으로 한다"고 국군의 이념을 밝히고 있다.(제5조 제1항) 그런데 여기서 국민의 군대란 어쩌면 국민의 대표인 국회가 제정한 법률을 존중하고 준수한다는 법치주의 정신도 포함되어 있다고 본다.

뿐만 아니라 군인이 상급자로서 또는 간부로서 자신의 권한을 행사함에 있어서 항상 법률을 준수하도록 규정하고 있다. 즉 군인은 직무와 관련하여 명령을 내릴 때 법규 및 상관의 직무상 명령에 어긋나는 내용을 발령하지 못하도록 규정하고 있다.(군인복무기본법 제24조) 이러한 일반 규정 외에도 상관에 대해서는 동일한 의무를 다시 한번 강조하고 있다. 즉 상관은 직무와 관계가 없거나 법규 및 상관의 직무상 명령에 반하는 사항 또는 자신의 권한 밖의 사항 등을 명령해서는 아니 된다고 명시하고 있다.(군인복무기본법 제36조) 군인은 무력을 관리하는 조직이다. 법률에 따른 무력행사는 적법한 작전이 되지만 법률을 무시한 무력행사는 살인죄가 된다. 그만큼 군인은 법률을 더 잘 알고 준수해야 한다.

그러나 군대에서 지휘관 및 상급자들이 종종 오해하는 것이 있다. 지휘관들은 앞서 언급한 법률 규정과 자신의 경험을 들어 부하 장병들에게 법규 준수를 강조하고, 위반자에 대해서는 엄정한 신상필벌의 필요성을 강조한다. 이를 법치주의 또는 법치행정이라고 이해한다. 그런데 모든 장병들이 법규를 준수해야 하는 것은 법치행정이 아니라 '준법정신'이라는 시민정신이다. 엄격한 신상필벌을 이야기하는 것은 어쩌면 엄격한 군기를 논했던 고대 중국의 법가(法家) 사상적 사고이다. 그런데 사실 법치주의 및 법치행정은 지휘관 및 상급자들이 먼저 솔선수범해야 할 덕목이다. 「부대관리훈령」도 "지휘관은 부대를 지휘함에 있어 모든 법령과 규정, 제도를 준수하여야 하며 상식과 경험에 의해 부대를 지휘해서는 아니 된다"라고 규정하고 있다.(제6조) 지휘관이 먼저 법치행정에 솔선수범해야 한다. 이는 부하들에게 법규와 명령에 따를 것을 요구하는 전제라고 할 수 있다.

또 하나의 오해는 '행정규칙에 의한 행정'을 법치주의와 법치행정으로 착각하는 것이다. 부대의 지휘관은 부대 내에 적용될 규정(SOP)을 만들 수 있다. 그리고 부대 운영에 관해 상세한 규정을 만들어 두면 부대가 체계적으로 운영될 수도 있다. 그러나 이러한 규정이 상위 법령에 위배되면 효력이 없다는 것을 유념해야 한다. 또 예하 부대가 지나치게 상세하나 지킬 수 없는 규정을 제정하면 부대가 체계적으로 운영되기보다는 스스로의 발목을 잡는 책임 규정으로 바뀔 수 있음도 간과해서는 안 된다. 법치행정은 국회에서 만든 법률의 입법취지와 그 내용을 준수하는 것이다. 이것을 정확히 인식해야 수준 높은 간부 및 군인이라고 할 수 있다. 지휘관은 자신의 의지를 쉽게 부대의 행정규칙으로 발전시킬 수 있다. 그런데 엄격히 통제되지 않는 행정규칙은 사실 지휘관의 자의(恣意)를 규정화한 것에 지나지 않을 수 있음을 알아야 하며, 규정화가 곧 법치행정은 아님을 알아야 한다. 무분별한 규정화는 규정위반자를 양산하고 부대 기강을 오히려 저해할 수도 있다.

법치주의의 또 다른 측면은 군의 권력행사는 행정행위로서 사법부의 심사(재판)를 통해 결국 위법한 행정처분인지 판가름 나게 된다는 것이다. 지휘관이 내린 처분이 재판을 통해 위법한 것으로 판단되어 취소될 경우 자신과 부대의 권위가 동시에 실추된다. 그 외에도 민·형사적 책임을 져야 할 경우도 있다. 지휘관은 자신의 권한행사가 항상 사법심사를 받는다는 점을 유념해야 하며 이것이 법치주의의 핵심 요소이기도 하다. 법치주의와 법치행정은 지휘관과 간부가 솔선수범해야 할 덕목임을 항상 유념해야 한다. 이렇게 함으로써 군대가 국민의 대표가 만든 헌법과 법률을 준수하는 군대 곧 국민의 군대라고 할 수 있다. 또한 헌법과 법률을 준수하는 국군이 법치주의가 통하지 않는 북한군보다 우월한 부분이기도 하다.

2. 法, 아는 것이 힘이다

군인은 임관 및 입대하면서 헌법과 법규를 준수하겠다고 선서를 한다. 또 군인정신 중 하나인 '군기'를 세우는 데 으뜸을 법규와 명령에 대한 자발적인 복종이라고 군인복무기본법 시행령(제2조, 제17조)이 밝히고 있다. 법치주의의 원리는 군에도 적용됨이 당연하다. 그러므로 군인은 법규를 준수하기 위해서, 그리고 법치주의를 구현하기 위해서 먼저 헌법, 그리고 군대와 관련된 법률에 대한 이해와 숙지가 앞서야 한다. 즉 법률지식이 필요하다.

그런데 필자 나름의 다음과 같은 이유로 군인들의 법률지식 수준은 그리 높지 않은 것으로 생각한다.

첫째, 군인의 지위와 법에 대한 군인들의 인식이 잘못되었다. 군대가 법치주의가 적용되는 영역이라는 점과 자신이 법을 집행하는 공무원이라는 점에 대한 인식이 부족하다. 대신 훌륭한 군인은 모름지기 용감하고 충성심이 강하고 강인한 체력을 가지면 된다고 생각하는 것 같다. 상관은 지휘를 받는 장병들이 법을 잘 지키지 않는다고 화를 내면서도 정작 자신이 법대로 지휘하고 있는지는 놓치는 경우도 많다. 반면, 일반 장병들은 자신이 임무를 수행함에 있어서 소속된 조직과 맡은 업무에 관련된 최소한의 법률은 스스로 숙지하고 해석할 능력을 갖춰야 함에도 법률은 복잡하고 어려우므로 법무장교들이 적용하고 해석해야 하는 영역으로 생각하기도 한다. 짧게 의무복무를 하고 전역하는 간부들은 이러한 경향이 더욱 심하다.

둘째, 장교 및 준·부사관 임용시험에 법률과목이 없기 때문이다. 이들 간부들은 사상이 건전하고 품행이 단정하며 체력이 강건한 사람 중에 선발하도록 되어 있다.(군인사법 제10조 제1항) 그 결과 채용과정에서 위 군인사법의 기준을 중점으로 평가·확인한다. 대신 법률에 대한 지식을 평가하는 경우는 없다. 다만 예비전력 군무원을 선발할 때에는 오히려 필기시험의 전체 과목이 법률과목이다. 매우 이채롭다. 반면 공무원의 임용시험에는 대부분 법률과목이 편성되어 있다. 5급 공채시험은 헌법, 행정법, 민법 등이 편성되어 있다. 7급, 9급 공채시험도 다소 차이는 있지만 법률을 알지 못하고는 공무원이 될 수 없도록 시험과목이 편성되어 있다. 이 임용시험은 경쟁이 치열하므로 시험에 합격한 사람은 임용될 때 이미 상당한 법률지식과 소양을 갖추게 된다. 이 점이 군인과 비교되는 차이점이다. 혹자는 시험을 위한 암기식 공부가 법적 소양을 갖추는 데 얼마나 도움이 되겠는가 하고 의문을 가질 수 있다. 그러나 수험생활 중 반복된 학습에 의해 습득되는 법적 사고는 결코 무시할 수 없다고 할 것이다.

셋째, 군 간부에 대한 체계적인 법률교육이 미흡하다. 학교교육과 부대교육에 걸쳐서 모두 그렇다. 임용할 때에 법률과목을 평가하지 않았으므로 교육의 필요성이 더욱 큼에도 그러하다. 군에서도 군법, 기본권(인권), 군인복무기본법, 전쟁법 등을 교육하도록 규정화되어 있다. 그러나 군인이 헌법적인 가치관을 함양하고 군과 관련된 법률지식을 채득할 수 있는 통합적이고 체계적인 교육시스템이 마련되어 있지 않다. 그 결과, 군인들의 신분, 계급에 따라 알아야 할 법률지식의 수준이 설정되어 있지 않다. 또 학교교육 또는 부대교육에서 법률교육이 편성되어 있어도 평가가 없기 때문에 교육의 효과를 정확하게 판단하기 어렵다. 군에서는 교육을 받은 후 평가를 해야 중요한 과목이라고 생각하는 경향이 있고 또 교육의 효과도 크기 때문이다. 군 관련 법률에 대한 교육을 이수하였더라도 이를 인사기록에 반영하는 제도 역시 정립되어 있지 않다.

이와 같은 현실과 문제를 개선하기 위해 다음과 같은 제언을 한다.

첫째, 군 간부들이 바람직한 군인상(軍人像)을 가져야 한다. 군인은 전사(warrior) 또는 전투원(combatant)이다. 하지만 단순 용감하기만 한 군인이 아니라 법을 알고 스마트함을 겸비한 군인이 바람직한 군인이라는 인식을 가져야 한다. 자신이 수행하는 업무와 관련된 법률은 스스로 숙지해야 한다고 의식을 바꿔야 한다. 헌법을 비롯한 국방과 관련한 법률, 특히 자신의 직무와 직접 관련된 법률에 대해서는 잘 숙지하고 있어야 하며, 간접적으로 관련된 분야에 관해서도 어떤 법률이 있다는 정도는 대략 알고 있는 것이 좋다. 그래야 군인이 헌법적 가치관을 가지고 명예롭고 스마트한 군대로 발전시켜 나갈 수 있을 것이다. 이를 위해서는 체계적인 교육이 있어야겠지만 군인 간부 스스로도 대한민국의 핵심 가치를 규정한 「헌법」, 세계 보편적인 인권을 선언한 「세계인권선언」, 군인의 지위, 권리, 의무 등 복무에 관한 핵심 내용을 규정한 「군인복무기본법」, 군인의 보건 및 의료에 관한 기본법인 「군 보건의료에 관한 법률」, 군인으로서 처벌되는 범죄와 형벌에 대해 규정한 「군형법」, 그리고 전쟁에 관한 기본 조약인 제네바 4개 협약 정도는 1년에 일독할 필요가 있다. 이렇게 함으로 군인이 스스로의 권리와 의무를 인식하고 자신을 보호할 수 있다.

둘째, 국방부 차원에서 국방 관련한 법률을 체계적으로 교육할 수 있는 시스템을 정립할 필요가 있다. 「군인복무기본법」은 대대장 이상의 지휘관과 양성기관의 생도와 후보생들에게 헌법과 이 법에 따른 기본권 교육을 하도록 하고 있다.(제38조) 이 법은 또 군인은 전쟁법을 숙지해야 하고 또 교육을 받아야 한다고 규정하고 있다.(제34조) 「부대관리훈령」은 지휘관은 부대를 지휘함에 있어 모든 법령과 규정, 제도를 준수하여야 하며 상식과 경험에 의해 부대를 지휘해서는 아니 된다고 규정하고 있다.(제6조) 이를 위해서 군 관련 법률 교육에 대한 통합적인 교육체계를 정립해야 한다. 군인들이 신분과 계급에 따라서 꼭 알아야 할 국방 관련 법령의 주요 내용과 수준, 평가, 인사기록 반영, 교육 콘텐츠 개발, 사이버 교육, 교관양성 등이 그 주요 내용이 될 것이다. 법무부는 「법교육지원법」에 따라 법 교육을 지원하고 있는데 이를 참고할 필요가 있다.

셋째, 단기적으로 학교와 부대교육에서 법률교육을 할 경우 평가를 평가를 할 필요가 있다. 현재 학교교육에서 법률교육을 하되 평가가 없는 소개교육으로 이뤄지는 경우가 많다. 아무래도 평가를 하지 않으면 교육효과가 미흡하다. 그래서 학교교육의 경우에도 법률교육을 할 경우 평가를 할 필요가 있다. 각급 부대에서도 지휘관 및 간부들의 법률지식 수준을 평가할 필요가 있다. 지휘관에게 법과 규정에 따라 부대를 지휘하도록 규정하면서도 얼마나 법령에 대해 알고 있는지 평가를 통해 확인하지 않는 점은 문제이다. 군에서는 계급이 높으면 모든 것을 알고 있다는 착각이 있다. 필자가 각급 부대에 법규교육을 한 경험에 비춰 보면 지휘관이 교육에 솔선수범하여 참석하는 경우가 많지는 않았다. 이렇게 교육에 참석하는 지휘관은 법률에 대한 소양이 오히려 높았고 부대를 합리적으로 지휘하는 것을 느꼈다. 반면 강사(교관)와 차 한잔을 나누고 교육 잘 부탁한다고 하면서 정작 본인은 교육에 참가하지 않는 지휘관들도 있었다. 지휘관의 일정이 바쁘기 때문에 이해가 간다. 그런데 나중에 문제를 일으킨 지휘관들은 바쁘다고 교육에 소홀히 한 분들이었다. 법치주의와 법치행정은 권한을 가진 자가 실천해야 할 덕목이므로 지휘관과 주요 직위자가 먼저 교육을 받아야 하고 또 법률소양 평가도 받아야 할 필요가 있다. 지휘검열을 할 때 평가항목으로 포함시켜도 될 것이다. 간부들이 부담이 간다고 불평할 수도 있을 것이다. 기존에 군에서는 일상적으로 보안규정을 평가하고 있는데 법치주의 기본이 되는 법규평가가 이보다 중요하지 않다고 할 사람은 별로 없을 것이다.

『군대와 법(헌법을 준수하는 국군, 헌법을 수호하는 국군)』 또한 군 간부들의 법률적인 소양을 증진하기 위함이다. 최근 지휘관들과 간부들이 법률, 공보, 재정에 대한 지식의 필요성, 이들 병과의 중요성에 대해 많이 언급한다. 그런데 필수적인 내용은 군 간부가 스스로 알아야 한다. 법 없이 살 수 있는 사람이라는 말은 이제 더 이상 칭찬이 아니다. 자신뿐만 아니라 타인을 보호하고 지키려면 기본적인 법률지식과 자신의 업무와 관련된 법률지식을 갖추는 것이 필수적이다. 법을 아는 것은 법치행정의 바탕이 될 뿐 아니라 자신을 지키는 중요한 무기가 된다. 法, 아는 것이 힘이다.

3. 군사 관련 법령

　군인이 법치 군사행정을 구현하기 위해서는 자신이 담당하는 업무와 관련된 법령을 알아야 한다. 알아야 한다는 것은 업무와 관련하여 어떠한 법령이 있다는 것은 물론 그 내용을 알고 해석할 수 있어야 한다는 것이다. 정책을 입안하는 업무를 수행할 때에는 필요한 법률을 제정 및 개정할 수 있는 능력까지 갖춰야 한다. 필자가 군 생활을 하면서 지켜본 바로는 이러한 능력을 배양하기 위해 애쓴 군인들이 더 큰 임무를 수행할 수 있는 기회를 부여받았다.

　먼저 법령의 체계를 알 필요가 있다. 법령의 체계는 군의 지휘체계(chain of command)와 매우 유사하다. 법령은 헌법→법률·조약→대통령령→총리령·부령→행정규칙(훈령, 규정, 예규, 지침) 순서 또는 체계로 이뤄진다. 이는 국군통수권자인 대통령, 그리고 중간의 각급 지휘관, 마지막으로 초급 지휘자인 소대장에 이르는 지휘체계와 같다. 법률은 국민의 권리와 의무 등 핵심적인 내용에 대해 규율하고 대통령령 및 부령은 법률이 위임한 사항 또는 그 집행을 위해 만들어진다. 대통령령은 「군인사법 시행령」, 부령은 「군인사법시행규칙」과 같이 시행령 또는 시행규칙으로 표시된다. 한편 법령의 이름, 즉 제명(題名)이 긴 경우 제명과 다른 명칭의 혼란을 방지하기 위해 법령 제명은 「 」 안에 기재한다. 행정규칙은 국민의 권리의무와 직접 관련이 없는 것으로, 즉 일반 국민에 대한 대외적인 구속력은 없고 행정기관의 구성원이 지켜야 할 규범이나 기준을 제시한다. 국방부의 「부대관리훈령」, 육군규정 「병영생활 규정」, 그리고 각급 제대의 여러 예규가 행정규칙이다. 하급 지휘관이 상급 지휘관의 명령에 위배되는 명령을 내릴 수 없는 것과 마찬가지로 하위 법령은 상위 법령에 위배되어서는 안 된다. 특히 행정규칙은 상위 법령에 위배되어서는 안 된다. 군인들은 야전에서 주로 행정규칙을 참고하면서 업무를 수행하여 이른바 '규정에 의한 부대 지휘'를 하는 경우가 많다. 그런데 상위 계급으로 올라갈수록 각종 행정규칙이 상위 법령에 위배되는 점이 없는지 확인하고 법령에 의한 부대지휘를 할 능력을 배양해야 한다.

군사에 관한 법령체계를 군 조직에 관한 법령을 예를 들어 설명해 본다. 헌법은 '국군의 조직과 편성은 법률로 정한다'라고 밝히고 있다.(제74조 제2항) 이에 따라 국군조직의 기본법인 「국군조직법」이 제정되어 있다. 이 법은 육·해·공군과 해병대의 편성에 대한 근간을 밝히고, 그 외의 부대에 대해서는 대통령령으로 창설할 수 있도록 규정하고 있다.(제2조 제3항) 대통령령인 「국방조직 및 정원에 관한 통칙」은 국방조직의 기본원칙을 정하고 있다. 이에 따라 육군은 사단, 해군은 함대, 공군은 비행단급 이상의 부대를 창설할 경우 대통령령으로 정하도록 하고 있다. 이에 따라 「보병사단령」, 「해군함대령」, 「해병사단령」, 「공군공중전투사령부령」 등이 대통령령으로 제정되어 있다. 그 외 국방조직의 편성에 대한 국방부의 행정규칙은 「국방조직 및 정원 관리 훈령」, 육군규정(310) 「정원 및 편성 업무규정」이 있다. 따라서 부대의 조직·편성 업무를 하는 군인은 위와 같은 법령 및 규정을 일관하여 알고 임무를 수행해야 한다.

국가법령정보의 관리·제공 및 법제에 관한 사무를 관장하는 법제처의 국가법령정보에 의하면 2019년 12월 2일 현재 우리나라에는 헌법 1개, 법률 1,455개, 대통령령 1,705개, 총리령 86개, 부령 1,230개, 기타(국회, 대법원, 헌법재판소 규칙) 345개로서 헌법 1개와 4,821건의 유효한 법령이 있다. 법령은 법령을 관리하는 소관 기관, 기능에 따라 분류한다. 위 정보에 의하면 국방부 소관 법령은 271개이다. 기능적으로는 전체 법령은 44편으로 분류되는데 군 관련 법령은 제13편(군사), 제14편(병무), 제15편(국가보훈) 분야이다. 그동안 군에서는 이 법령들을 '국방관계법령'이라고 통칭해 왔다. 군의 참모기능별 주요 법률은 다음과 같다.

인사, 의무, 군종, 군사경찰, 법무
군인사법, 군무원인사법, 병역법, 군인보수법, 군인복지기본법, 군인복지기금법, 군인복무기본법, 군보건의료에 관한 법률, 군법무관 임용 등에 관한 법률, 군인공제회법, 군사법원법, 군형법, 군복 및 군용장구의 단속에 관한 법률, 군에서의 형의 집행 및 군수용자의 처우에 관한 법률, 군용물 등 범죄에 관한 특별조치법, 6·25전쟁 무공훈장 수여 등에 관한 법률, 군인 재해보상법, 대체역 편입 및 복무 등에 관한 법률, 군사경찰직무수행에 관한 법률

정보 및 작전

군사기밀보호법, 통합방위법, 계엄법, 지뢰 등 특정 재래식무기 사용 및 이전의 규제에 관한 법률, 군 공항 이전 및 지원에 관한 특별법, 군용전기통신법, 군사기지 및 군사시설 보호법, 군용항공기 비행안전성 인증에 관한 법률, 군용항공기 운용 등에 관한 법률, 방어해면법, 국군조직법, 국방개혁에 관한 법률, 군 책임운영기관의 지정·운영에 관한 법률, 사관학교설치법, 국군간호사관학교설치법, 육군 3사관학교설치법, 국방부 산하 각종 기관의 설치에 관한 법률(국방대학교, 국방전직교육원, 전쟁기념사업회, 국방연구원), 군용비행장·군사격장 소음 방지 및 피해 보상에 관한 법률, 국방정보화 기반조성 및 국방정보자원관리에 관한 법률

군수·전력·시설

군수품관리법, 국방·군사시설 사업에 관한 법률, 국방·군사시설이전 특별회계법, 방위사업법, 방위산업기술보호법, 국방과학연구소법, 주한미군기지 이전에 따른 평택시 등의 지원 등에 관한 특별법, 방위산업 발전 및 지원에 관한 법률, 국방과학기술혁신 촉진법, 민·군기술협력사업 촉진법

동원

비상대비자원관리법, 예비군법, 병역법, 징발법

보훈 및 기타 특별법

국가유공자 등 예우 및 지원에 관한 법률, 국가보훈 기본법, 국립묘지의 설치 및 운영에 관한 법률, 대한민국재향군인회법, 독도의용수비대 지원법, 보훈보상대상자 지원에 관한 법률, 제대군인지원에 관한

법률, 특수임무유공자 예우 및 단체설립에 관한 법률, 노근리사건 희생자 심사 및 명예회복에 관한 특별법, 특수임무수행자 보상에 관한 법률, 군 사망사고 진상규명에 관한 특별법, 고엽제후유의증 등 환자지원 및 단체설립에 관한 법률, 거창사건 등 관련자의 명예회복에 관한 특별 조치법, 5·18민주화운동 등에 관한 특별법, 5·18민주화운동 진상규명을 위한 특별법, 10·27 법난 피해자의 명예회복 등에 관한 법률, 지뢰피해자 지원에 관한 특별법, 6·25 전사자유해의 발굴 등에 관한 법률, 6·25전쟁 무공훈장 수여 등에 관한 법률, 국군포로의 송환 및 대우 등에 관한 법률, 제2연평해전 전사자 보상에 관한 특별법, 6·25전쟁 전후 적 지역에서 활동한 비정규군 공로자 보상에 관한 법률

인사·법무 분야를 규율하는 법률이 많은 점은 이 분야 업무가 군인의 권리와 의무에 관한 사항이기에 이는 법률로 규율될 사항이기 때문이다. 동원 분야 또한 군인이 아닌 일반 국민과 그 재산에 대해 의무를 부과하는 것이기 때문에 그 구체적 내용은 법률로 규정될 필요가 있기 때문이다. 반면 정보와 작전에 대해서는 부대에서의 역할은 광범위하나 법률로 규율하는 사항은 많지 않다. 군령에 관한 사항이 많고 이 분야는 군사적 필요성에 따라 군에 많은 재량이 부여되어 있다. 그리고 이 분야가 적 및 동맹국과의 관계를 다루는 분야로써 국제법의 규율을 받기 때문이다. 반면 군사작용이 국내에서 이뤄져서 국민의 권리를 제한하거나 의무를 부과하는 영역인 통합방위, 계엄에 대해서는 이를 법률로 두어 규율하고 있다. 그 밖에 국군 편성 법률주의에 의해 각종 부대 설치에 대해 법령을 두고 있는 특징이 있다. 또한 우리나라의 현대사에 있어서 군의 불법행위에 대한 진상규명과 보상에 관한 여러 특별법을 두고 있다. 이러한 법

률이 규율하는 사건에 대해서는 개개인의 입장에 따라 다양한 견해가 있는 것이 현실이다. 이러한 경우 위 특별법의 취지와 개념을 잘 인식하고 업무를 수행하면 군인의 정치적 중립을 견지하는 데도 도움이 된다. 또한 이러한 특별법을 보면서 군의 법치주의의 중요성을 다시 한번 인식할 필요가 있다.

이러한 법령들을 검색하는 것은 법률가가 아닌 사람에게는 쉽지 않다. 그러나 현재는 인터넷을 통해 법령을 검색할 수 있다. 법제처에서 관리하는 국가법령정보센터(http://www.law.go.kr)가 대표적인 사이트이다. 이곳에서 우리나라가 비준한 조약도 검색할 수 있는데 조약 및 국제법은 외교부 홈페이지를 통해서도 검색 가능하며, 외교부홈페이지(http://www.mofa.go.kr/www/index.do)→외교정책→조약·국제법에서 확인할 수 있다. 조약은 체결 당사자에 따라 양자조약과 다자조약으로 구분되고 조약번호 등을 통해서 조약을 검색할 수 있다. 법령정보센터에서는 법령뿐만 아니라 행정부의 행정규칙과 지방자치단체의 조례까지 검색할 수 있다. 법령을 3단(법률, 대통령령, 부령)으로 비교하며 검색할 수 있고, 법령이 제·개정된 연혁도 살펴볼 수 있다. 국가법령정보는 스마트폰 어플리케이션을 통해서도 검색할 수 있다. 현재 개정이 진행 중인 법률 또는 과거 제정 또는 개정된 법률의 입법 과정, 이유, 전문위원 검토보고서 등은 국회 홈페이지 의안정보(http://www.assembly.go.kr/assm/userMain/main.do)에서 검색할 수 있다.

국방부 인트라넷에서도 법령을 검색할 수 있다. 먼저 인트라넷 국방부

홈페이지 'e知샘'에서 법령과 국방부 행정규칙(훈령, 예규, 지침, 지침서) 등을 확인할 수 있다. 그리고 합동참모본부 및 각 군 본부의 홈페이지를 통해 각 군 규정을 검색할 수 있다. 국방부 훈령을 제외한 나머지 규정은 인트라넷을 통해 검색할 수 있고 인터넷을 통해서는 검색할 수 없다.

법제처에서 제공하는 법령 정보에는 법령문서의 오른쪽 상단에 소관 부서와 전화번호가 기재되어 있다. 이 법령에 대한 해석을 할 수 있는 권한을 가지고 있는 소관 부서이다. 예를 들어 군인사법을 검색하면 그 법령문서의 소관부서는 국방부 인사기획관리과로 나온다. 따라서 군인사법에 대한 궁금한 점이 있으면 이 부서에 문의를 해야 한다. 그런데 업무적으로 군인사법에 대한 해석을 해야 하는 경우라면 다소 절차가 요구된다. 예를 들어 육군본부에서 군인사법에 대한 해석을 해야 할 경우 우선 해석권한이 있는 부서는 인사참모부가 된다. 인사부서에서 해석에 대해 확신이 없으면 법무실로 법령해석을 의뢰하고 그 해석을 참고로 업무를 수행한다. 법무실에서도 그 법령을 해석하기 어렵거나 육·해·공군 공통사항인 경우에는 국방부의 해석을 받아 보도록 하고 있다. 결국 국방부 인사부서의 해석을 받아서 업무를 수행한다. 국방부 인사부서에서도 해석이 곤란한 경우 다시 국방부 법무관리관실에 문의를 하고, 그래도 해답이 나오지 않을 경우 법제처에 문의하여 법령해석을 받고 그에 따라 업무를 수행해야 한다. 결국 법령의 해석은 소관기관 및 소관 참모조직이 먼저 우선적으로 해석할 권한을 가진다.

4. 전쟁법 준수 의무

전쟁에서 패할 경우 국가가 패망하고, 전투에서 질 경우 군인은 목숨을 잃을 수도 있다. 이러한 절체절명의 상황을 법으로 규율할 수 있을까 하는 의문을 가질 수도 있다. 그런데 이러한 전쟁과 전투에도 군대와 군인이 준수해야 할 규범이 있다. 군인이 자신의 목숨을 잃을 수 있음에도 규범을 준수해야 하기 때문에 그 임무가 명예롭고 고귀한 것이다. 군인은 늘 전투준비태세를 완비하고 있어야 한다. 육체적·정신적 전투기량을 숙달하고 있어야 할 뿐만 아니라 전쟁과 전투에 관한 규범도 숙지하고 있어야 한다. 전쟁에 관한 규칙을 모를 경우 규칙위반을 범할 수 있고 이로 인해 자신은 물론 국가를 위험에 빠뜨릴 수 있기 때문이다. 이를 잘 설명해 주는 사건이 미라이 학살 사건이다. 베트남 전쟁 중 켈리 중위 등이 '미라이' 마을에서 양민을 살해하는 전쟁범죄를 범했다. 이로 인해 미군은 국민의 지지를 상실했고 그 자신은 군사재판에서 처벌을 받았다.

전투와 전쟁에 관한 규범 중 주요 개념을 살펴보면 다음과 같다. 군대가 전·평시 군사작전을 계획하거나 수행할 때 지켜야 할 전체 법체계를 작전법(Operational Law)이라 한다. 작전법은 국내법과 국제법을 모두 포함한다. 작전법 중 국내법은 군사작전을 수행함에 필요한 통합방위법, 계엄법, 예산에 관련한 법률 등 군과 관련된 법체계를 말한다. 작전법 중 국제법을 전쟁법(Law of War) 또는 무력충돌법(Law of Armed Conflict)이라 한다. 전쟁의 희생자를 보호하고 전쟁의 수단과 방법이 인도적일 것을 요구하는 시각에서는 이 법체계를 국제인도법(International Humanitarian Law)이라고 부른다. 「군인복무기본법」은 전쟁법을 "무력충돌 행위에 관련된 모든 국제법 중에서 대한민국이 당사자로서 가입한 조약과 일반적으로 승인된 국제법규"라고 정의하고 있다.(제34조 제1항)

전쟁법은 전쟁의 시간 경과 또는 전쟁법의 내용에 따라 구분된다. 전쟁을 방지하고 합법적인 전쟁이 무엇인지를 규율하는 법체계를 Jus ad Bellum(Law relating to War)이라고 한다. 다른 나라에 대한 무력의 위협 또는 행사를 금지하고 분쟁의 평화적 해결을 규정한 유엔 헌장과 각종 군비통제조약이 이 법체계에 속한다. 반면 무력행사가 합법적인지를 불문하고 무력충돌이 시작된 이상 그 희생자를 보호하고 전투의 수단과 방법을 규제하여 전쟁 중에서도 인도주의를 구현하고자 하는 법체계를 Jus in Bello(Law in War)라고 한다. 이 체계를 협의의 전쟁법 또는 무력충돌법이라고 한다.

협의의 전쟁법은 다시 제네바법과 헤이그법으로 구분된다. 이때의 법은 개별적인 법령(Act 또는 Code)을 말하는 것이 아니라 법체계(Law)를 말한다. 제네바법은 국제적십자위원회(ICRC)를 창설하고 제네바 협약을 창안한 스위스 실업가 앙리 뒤낭(Jean-Henri Dunant)에 의해 발전된 법체계이다. 그는 1859년 여행 중 이탈리아 북부 솔페리노에서 전쟁의 참상을 보고 전쟁희생자를 보호하는 중립단체의 결성과 희생자를 보호하는 조약을 제정할 것을 『솔페리노의 추억』이라는 책을 통해 제안했다. 그리고 이를 실현했다. 그는 이러한 박애정신과 평화에 기여한 공로로 1901년 노벨 평화상 초대 수상자가 되었다. 제네바법의 본질은 전쟁에서의 희생자를 보호함에 있다. 전투에서 더 이상 적대행위를 할 수 없는 부상자, 질병자, 포로 그리고 민간인, 이들을 보호하는 중립적인 의료인과 종교인을 보호하기 위한 법체계이다. 제네바 협약은 우리나라도 비준하였고 제1협약(해전에서의 상병자 보호), 제2협약(육전에서의 상병자 보호), 제3협약(포로보호와 인도적 대우), 제4협약(민간인 보호), 이를 보충하기 위한 제1, 2, 3 추가의정서로 구성되어 있다.

한편 전쟁을 수행하는 수단과 방법을 규율하기 위해 국제사회가 회합하고 규범을 도출했다. 특히 19세기 말에서 1907년까지 여러 회합이 헤이그에서 개최되었다. 이러한 관계로 이 법체계를 헤이그법이라고 한다. 그 근본정신은 전투에 있어서 공격의 대상을 전투원으로 한정하고, 그 방법도 기사도 정신과 인도주의 정신에 부합하도록 하는 것이 주된 내용이다. 작전에 있어서 표적선정, 자위권 행사 요건, 각종 무기의 규제(생물, 화학, 핵무기)에 관한 조약들이 이 법체계에 속한다. 1907년 헤이그 회의에서 의결된 많은 조약들이 그 내용을 이루고 특히 육전에서의 관습과 법에 관한 규칙(Law and Customs of War on Land)이 핵심 조약이다.

전쟁법은 광범위한 법체계이다. 전체를 정확히 알기 위해서는 깊이 있는 교육이 필요하다. 그렇지만 여기서는 전쟁법을 관통하고 있는 핵심 내용, 즉 기본 원칙을 아는 것이 중요하고 그것은 다음과 같다.

첫째, 군사적 필요성의 원칙(Military Necessity)이다. 공격행위는 군사적 필요 및 이익이 있을 때에만 해야 한다. 육전에 관한 헤이그 협약은 "전쟁 필요성에 의해 절대적으로 요구되지 않으면, 민간 재산에 대한 파괴 또는 압류는 금지된다"라고 규정하고 있는데(제23조 g호) 이 원칙을 반영한 것이다.

둘째, 구별의 원칙(Distinction)이다. 공격의 대상은 적 군대, 즉 전투원과 군사목표물에 한정되어야 하고 민간인 및 민간물자에 대해서는 공격해서는 안 되고 보호되어야 한다. 따라서 무차별적인 공격방법 및 무기수단을 사용해서는 안 된다. 제네바 협약 제1추가의정서는 "민간주민과 민간물자의 존중 및 보호를 보장하기 위하여 충돌당사국은 항시 민간주민과 전투원, 민간물자와 군사목표물을 구별하며 따라서 그들의 작전은 군사목표물에 대해서만 행해지도록 한다"라고 규정하여(제48조) 이를 반영하고 있다. 신라의 화랑도 세속오계 중 '살생유택(殺生有擇)'도 맥을 같이하는 계율이다.

셋째, 비례의 원칙(Proportionality)이다. 이 원칙은 전쟁법의 많은 영역을 지배하는 원칙이다. 자위권을 행사할 때도 적의 적대행위 또는 의도를 중지·좌절시키는 데 필요한 정도로만 무력을 행사해야 하며, 군사목표물을 공격하더라도 부수적인 민간피해가 군사적 이익에 비해 과도해서는 안 된다. 영화 〈Eye in the Sky〉에서 영국군이 자살테러리스트를 공격하려고 할 때 테러리스트 주변에 있는 민간인에게 미칠 피해 비율을 계속 산정하는 장면이 있다. 이는 바로 비례원칙을 준수하기 위한 노력이다. 제네바 협약 제1추가의정서는 "우발적인 민간인 생명의 손실, 민간인에 대한 상해, 민간물자에 대한 손상, 또는 그 복합적 결과를 야기할 우려가 있는 공격으로서 소기의 구체적이고 직접적인 군사적 이익에 비하여 과도한 공격"을 무차별적 공격으로서 금지하고 있다.(제51조 제5항 나목)

넷째, 인도의 원칙(Unnecessary Suffering or Humanity)이다. 전투와 전쟁은 군사적 필요에 따라 적을 살상하는 것이지만 불필요하게 고통을 주는 방법을 사용해서는 안 된다. 육전에 관한 헤이그협약은 "적을 살상하는 방법을 선택하는 교전자의 권리는 무제한적이지 않으며"(제22조), 특히 "불필요한 고통을 야기하기 위해 계산된 무기의 사용"을 금지하고 있다.(제23조 e목) 전쟁 중이지만 최소한의 인간의 도리를 지켜야 한다는 측면을 고려한 원칙이다.

다섯째, 기사도의 원칙이다. 전투를 행함에 있어서 적을 기만하거나 기습하는 것은 허용된다. 그러나 배신적인 행위를 통해 적을 공격해서는 안 된다는 원칙이다. 제네바 협약 제1추가의정서는 또 "적을 배신행위에 의하여 죽이거나 상해를 주거나 포획하는 것은 금지된다"라고 밝히고 있다.(제37조) 민간인으로 위장, 항복하는 것처럼 위장, 부상당하여 무력한 것처럼 위장하였다가 적이 방심하는 틈을 타서 공격하는 것은 금지된다. 이는 자신이 보호의 대상인 것으로 적을 속여 공격하지 못하도록 한 후 적을 공격하는 것을 금지하는 것이다. 이러한 원칙은 전쟁법 곳곳에 스며들어 있다.

서두에서 군인은 전투에서도 규칙을 준수해야 한다고 밝혔다. 그런데 규칙을 지키다 전쟁에 패하면 나라를 잃게 되고, 전투에서 지면 자신의 생명을 잃는데도 전쟁법을 준수해야 하는가 하는 의문이 들 수 있다. 그런데도 전쟁법을 준수해야 하는 이유는 다음과 같다.

① 전쟁법을 준수하는 것이 자국에게 유리하다. 그렇기 때문에 세계의 많은 나라가 전쟁법을 비준하고 준수하고 있다. 그리고 아군이 전쟁법을 준수할 경우 '상호주의(reciprocity)' 원칙에 따라 적도 전쟁법을 준수할 것을 기대할 수 있다. ② 전쟁법을 준수하지 않으면 전쟁에서 국내외의 여론의 지지를 얻을 수 없다. 현대전에서 국민의 지지 없이는 전쟁에 승리할 수 없다. 특히 민주국가의 국민은 자국군이 전쟁법규를 준수하는 등 한층 높은 수준의 행동준칙의 준수를 기대한다. ③ 전쟁법을 준수하지 않으면 적의 보다 강한 저항을 불러일으킨다. 항복하더라도 자신들을 학대할 것이라고 믿을 때 적은 결사적으로 싸울 것이고 절대 항복하지 않을 것이기 때문이다. ④ 전쟁법을 준수하여 적군·군사시설 등 군사목표만을 공격함으로써 아군의 한정된 전투력을 효율적으로 사용할 수 있다. 전쟁의 원칙 중 경제의 원칙에 부합한다. ⑤ 전쟁법을 준수하는 것은 군 기

강 확립에 기여한다. 바꾸어 말하면 전쟁법 위반은 군 기강을 저해하고, 나아가 임무완수에 부정적인 영향을 미친다. 결국 전쟁법 준수는 군의 기강을 확립하고 전승을 보장한다. ⑥ 전쟁법 준수는 전후 평화회복을 촉진한다. 특히 남북한은 같은 동족으로서 만약의 무력충돌이 발생하더라도 전쟁법 준수는 향후 민족 통합 및 화해를 위해 더욱 필요하다. ⑦ 마지막으로 우리 헌법이 전쟁법, 즉 국제법을 준수하도록 요구하고 있기 때문이다. 이에 대해서는 아래에서 구체적으로 살펴본다.

헌법을 비롯한 법령은 군인이 전쟁법규를 준수하도록 규정하고 있다. 군대에도 법치주의가 적용되므로 당연하다고 할 것이다. 헌법은 "헌법에 의하여 체결·공포된 조약과 일반적으로 승인된 국제법규는 국내법과 같은 효력을 가진다"라고 규정하고 있다.(제6조 제1항) 「군인복무기본법」도 "① 군인은 무력충돌 행위에 관련된 모든 국제법 중에서 대한민국이 당사자로서 가입한 조약과 일반적으로 승인된 국제법규(이하 "전쟁법"이라 한다)를 준수하여야 한다. ② 군인은 전쟁법을 숙지하여야 하며, 국방부장관은 대통령령으로 정하는 바에 따라 군인에게 전쟁법에 대한 교육을 실시하여야 한다"라고 규정하고 있다.(제34조) 그 밖에도 「전쟁법 준수에 관한 국방부 훈령」, 육군규정 177 「전쟁법 준수 보장 규정」, 유엔사 및 연합사 규정 525-8 「Law of War Compliance Regulation」은 국군에게 전쟁법을 준수하도록 의무를 부과하고 있다. 합참의 합동기본교리도 합동작전의 원칙으로 '합법성의 원칙', '절제의 원칙'을 두고 있고, 미군도 전쟁의 원칙에 이 원칙을 두고 있음은 전승(戰勝)을 위해서는 작전에 있어서의 전쟁법의 준수가 중요함을 반증하는 것이다. 참고로 제네바 협약 제1추가의정서는 군대를 다음과 같이 정의하고 있다. "자기 부하의 지휘에 관하여 동국에 책임을 지는 지휘관의 휘하에 있는 조직된 무장병력, 집단 및 부대로 구성되고, 그러한 군대는 내부 규율체계 특히 무력충돌에 적용되는 국제법의 규칙에의 복종을 강제하는 규율체계에 복종해야 한다."(제네바 협약 제1추가의정서 제43조 제1항) 즉 제네바 협약은 전쟁법을 준수하는 조직만을 군대라고 할 수 있다고 선언하고 있다. 전쟁법을 준수하지 않는 조직은 군대라고 할 수 없고 폭도와 다름이 없으며 그 구성원 개인도 전쟁법의 보호를 받지 못한다.

전쟁법을 위반한 적대행위는 정당한 행위로 인정받지 못한다. 오히려 법을 위반한 범죄행위가 된다. 예를 들면 전쟁 중에 군인이 적 전투원이 아닌 민간인을 사살한 경우 이 행위는 정당한 전투행위가 아니라 살인죄가 성립된다. 전쟁법을 위반한 범죄를 전 세계적으로 처벌하기 위해 체결된 조약이 「국제형사재판소에 관한 로마규정」이다. 이를 국내에 이행하기 위한 법률인 「국제형사재판소 관할 범죄의 처벌 등에 관한 법률」이 전쟁법을 위반한 경우 처벌받을 수 있는 범죄를 나열해 두고 있다. 그 범죄는 인도에 반한 죄, 집단살해죄, 사람과 물건에 대한 전쟁범죄 등으로 구분된다. 이러한 범죄는 국내법에 따라 처벌을 받을 뿐만 아니라 우리나라가 범인을 소추하지 않을 경우에는 국제형사재판소가 보충적으로 수사 및 재판권을 가진다. 이러한 범죄는 공소시효가 없으므로 전쟁이 끝난 후 오랜 세월이 지나더라도 처벌을 받는다는 것을 유념해야 한다.

군인은 명예로운 직업이다. 명예로운 이유는 자신이 불리하더라도 국제적인 양심과 약속인 전쟁법규를 준수하기 때문이다. 그렇지 않을 경우 국가의 위상이 추락하고, 개인도 처벌을 면할 수 없다. 전쟁법은 학문의 한 분야이기도 하고 상세히 설명하려면 책 한 권으로도 부족하다. 그러나 적어도 전투에 대한 전문가인 지휘관 및 간부들은 전쟁법을 숙지하고 있어야 하며, 작전계획과 교전규칙을 전쟁법에 부합하도록 작성해야 하고, 부하들에 대한 교육도 철저히 해야 한다. 그래야 각개 전투원을 전쟁법 위반으로부터 보호할 수 있다. 전문가는 그 분야에 대한 법규도 반드시 숙지해야 한다. 그런 의미에서 전쟁법에 대한 교육과 숙지는 국가안보를 책임지고 있는 군인에게는 미룰 수 없는 화급하고도 중대한 과제이다. 이에 대한 각별한 관심이 필요하다.

필자는 작전법 특히 전쟁법 분야를 발전시키기 위해 우리 군이 가칭 '작전법센터'를 설립할 것을 제안한다. 육해공군 및 해병대의 법률가와 작전 전문가를 함께 편성하여 연구의 실효성과 합동성을 동시에 제고할 필요가 있다. 설치 장소는 군령을 담당하고 합동작전을 책임지는 합동참모본부 또는 합동군사대학이 적절할 것이다. 이곳에서 국내 작전과 국제 무력충돌을 작전법적인 측면에서 연구하고, 국내외 전문가들과 교류하여 그 결과를 체계적으로 축적할 필요가 있다. 그리고 그 결과를 국방정책과 작전계획에 반영하는 것이다. 이로서 우리 군의 군사작전 수행에 있어서의 법치주의를 획기적으로 향상시킬 수 있을 것이다.

5. 적법절차의 원리

업무상 징계위원회, 인사소청, 행정소송 등을 담당하다 보면 처벌 또는 불이익을 입은 군인들이 그 절차에 대한 불만을 많이 토로하는 것을 들을 수 있다. 조사 및 처벌과정에서 법령이 정한 대로 공정하고 인격적인 대우를 받지 못했다는 불만이었다. 군인에게 불이익한 행정처분을 함에 있어서 그 사유가 법령에 근거하고 그 불이익의 내용이 적정했다고 하더라도 법이 정한 절차를 위반한 경우 그 결과 전체가 위법한 처분이 된다. 이러한 처분은 사법적인 심사(소송)를 거쳐 취소되고 무효가 된다. 이 경우 다시 절차를 밟음으로써 행정이 낭비됨은 물론이며 군의 신뢰에도 악영향을 미칠 수밖에 없다. 무엇보다 군이 그 구성원인 군인으로부터 신뢰를 잃게 된다. 모로 가도 서울로 가면 된다는 말이 있지만, 이 말이 행정에는 적용되지 않는다. 법이 정한 근거와 절차를 밟아야 한다. 특히 군인에게 불이익한 인사상 처분을 함에 있어서는 더욱 그러하다.

헌법은 "모든 국민은 신체의 자유를 가진다. 누구든지 법률에 의하지 아니하고는 체포·구속·압수·수색 또는 심문을 받지 아니하며, 법률과 적법한 절차에 의하지 아니하고는 처벌·보안처분 또는 강제노역을 받지 아니한다"라고 규정하고 있다.(제12조 제1항) 국민의 신체의 자유와 관련한 적법절차원리를 규정한 것이다. 적법절차의 원리는 '모든 국가작용은 헌법과 법률에 근거를 두어야 하고 법규에 따른 정당한 절차를 밟아 행해야 한다'는 원칙이다. 법치주의와 절차적 민주주의의 구체적 발현이다. '절차'란 권력행사의 과정에 따르는 기술적 순서나 방법을 말한다.(정종섭, 헌법학원론, p.502) 헌법재판소가 중요시하는 절차는 '당사자에 대한 적절한 고지, 당사자에 대한 의견 및 자료 제출의 기회부여'를 들고 있다.(헌재 2003. 7. 24. 2001헌가25)

헌법재판소는 적법절차의 원리는 헌법조항에 규정된 형사절차상의 제한된 범위 내에서만 적용되는 것이 아니라 국가작용으로서 기본권 제한과 관련되든 관련되지 않든 모든 입법작용 및 행정작용에서 광범위하게 적용되는 것으로 해석해야 한다고 밝혔다.(헌재 1992. 12. 24. 92헌가8) 학자들은 적법절차의 원칙은 형사절차적 적법성의 원칙이 행정절차적 적법성의 원리로 확장되고, 모든 공권력의 행사에 적용되는 헌법원리로 보고 있다.(허영, 한국헌법론 p.376, 정종섭, 헌법학원론, p.501)

「행정절차법」은 행정에 관한 적법절차원리를 통합적으로 규정한 법률이다. 이 법은 "국민의 행정 참여를 도모함으로써 행정의 공정성·투명성 및 신뢰성을 확보하고 국민의 권익을 보호함을 목적으로 한다"라고 밝히고 있다.(제1조) 이 법은 특히 '상대방에게 의무를 부과하거나 권익을 제한하는 처분'을 하는 경우에 상대방의 권익을 보호하기 위한 여러 가지 절차를 규정하고 있다. 불이익한 처분을 받을 수 있는 상대방에게 미리 처분을 사전에 통지할 것(제21조), 의견 제출의 기회 제공(제22조), 처분의 이유 제시(제23조), 문서 또는 상대방의 동의를 전제로 한 전자문서로 결과 통보(제24조), 처분에 대해 불복할 경우 행정심판 및 행정소송을 제기할 수 있는지 여부, 절차와 청구기간 등을 고지(제26조)하도록 한 것 등이다.

군대에서 일반 국민에게 과하는 불이익한 행정처분은 많지 않다. 대신 지휘관이 부하 장병들의 인사에 관한 처분이 불이익한 처분의 다수를 차지한다. 지휘관이 부하들에 대한 불이익한 인사처분을 하는 경우 적법절차의 원리가 적용되는 것은 당연하다. 그러나 구체적으로 「행정절차법」이 적용되는지가 문제가 된다. 「행정절차법」은 '공무원 인사 관계 법령에 따른 징계와 그 밖의 처분'에 대해서는 동법의 적용을 배제하고 있다.(제3조 제2항 제9호, 동법 시행령 제2조 제3호) 그러나 대법원은 "공무원 인사관계법령에 의한 처분에 관한 사항 전부에 대하여 행정절차법의 적용이 배제되는 것이 아니라 성질상 행정절차를 거치기 곤란하거나 불필요하다고 인정되는 처분이나 행정절차에 준하는 절차를 거치도록 하고 있는 처분의 경우에만 행정절차법의 적용이 배제된다. 따라서 군인사법령에 의하여 진급예정자 명단에 포함된 자에 대하여 의견 제출의 기회를 부여하지 아니한 채 진급선발을 취소하는 처분을 한 것이 절차상 하자가 있어 위법하다"라고 판시하였다.(대법원 2007. 9. 21. 선고 2006두20631 판결, 2013. 1. 16. 선고 2011두30687 판결) 즉 군인에 대해 특정 인사상 불이익한 처분을 할 경우 군인사법에서 특별한 절차를 규정하고 있지 않으면 행정절차법이 정한 의견 제출의 기회를 부여해야 함을 인정했다.

「군인사법」은 군인에게 불이익한 여러 인사처분에 대해 규정하고 있다. 앞 판례에서 인정한 진급예정자 명단에서 삭제하는 처분(제31조 제2항), 본인의 의사에 의하지 않는 전역(제37조), 현역복무 부적합 조사 및 심사(군인사법 시행규칙 제64조, 제65조), 징계처분(제56조 이하) 등이 이에 해당한다. 이러한 불이익한 처분에 대해서 근거와 절차를 각각 법률, 시행령, 시행규칙 또는 관련 훈령에서 규정하고 있다. 특히 징계에 대해서는 세세한 규정을 두고 있다. 그래서 징계절차에 관여하는 지휘관 및 인사·법무 실무자는 반드시 법이 정한 절차를 잘 숙지해야 한다. 뿐만 아니라 상대방인 군인들도 절차상에 보장되는 자신의 권리에 대해 잘 알아야 자신의 권리를 주장할 수 있다.

군에서 장병들에게 불이익한 행정처분을 부과하는 절차에서 다음과 같은 점을 유의해야 한다. 형사절차에서 무죄추정의 원칙이 적용되는 것처럼 행정절차에서도 불이익한 처분의 전제가 되는 사실에 대해서는 절차에 의해 확정될 때까지 기정사실로 여겨서는 안 된다. 절차상 처분의 상대방을 인격적으로 대하고 명예를 존중해야 한다. 그리고 다음과 같은 절차를 보장해 줘야 한다. '누구든지 청문 없이는 불이익을 받아서는 안 된다(No one shall be condemned unheard)'라는 법언처럼 반드시 변명의 기회를 부여해야 한다. 원활한 변명이 가능하도록 불이익 처분의 사유, 위원회 참석의 시간과 장소를 통지해 줘야 하고, 이 통지는 충분한 기간을 두고 이뤄져야 한다. 처분의 대상자가 위원회에 참석해서 의견을 진술할 때는 부담 없이 진술할 수 있도록 발언의 기회와 분위기를 마련해 줘야 한다. 상대방이 변명을 하거나 사실을 부인한다고 해서 반성을 하지 않고 있다거나 변명을 한다고 윽박지르거나 위협적인 언동을 해서는 안 된다. 사실의 인정은 증거에 의해서 결정되어야 한다. 부인하거나 반성하지 않는 점은 처분의 수위를 정할 때에 참작하면 될 뿐이다. 결과에 대해서도 문서 또는 전자문서로 명확히 통보해야 한다. 해당 부대에 통보하는 것으로 종료되는 것이 아니라 반드시 당사자에게 통보되어야 한다. 뿐만 아니라 처분에 대해 이의가 있을 때 인사소청, 항고, 행정심판, 행정소송을 할 수 있는지와 기간 등을 명시해서 통보해야 한다. 불이익한 처분의 상대방은 의견을 제시할 때 법무장교 등 법률가의 조언을 받아서 제출하는 것이 바람직하다. 또 절차상 자신이 참여할 수 있는 권리가 침해되었을 경우에는 인사소청, 징계항고, 행정소송 등을 통해 처분의 취소를 다툴 수 있다. 다만 절차상의 하자로 인해 행정처분이 취소된 경우에는 원래의 절차를 다시 밟을 수 있다는 점은 미리 알아 둘 필요가 있다.

군 행정처분에서 왜 적법절차를 준수해야 하는지는 행정절차법의 목적과도 상통한다. 군 행정처분의 공정성과 투명성이 보장되며, 대상자의 권익을 보호하게 된다. 특히 군에서 적법절차의 준수는 군의 신뢰와도 직결된다. 불이익한 처분을 받는 사람이 군인이고 대부분 부하이기 때문이다. 부하들이 부대에서 행하는 절차에서 자신이 공정하게 대우받지 못했다고 느끼거나 자신의 절차상 권리가 충분히 보장받지 못했다고 느낀다면 지휘관과 부대를 위해 충성할 리가 없기 때문이다. 군은 과오가 있는 장병에 대해 신속히 신상필벌을 할 필요성을 느낀다. 엄정히 조치하고 일벌백계를 해야 한다. 그런데 아무리 바빠도 바늘허리를 매어 쓰지는 못한다. 바쁠수록 돌아가야 한다. 아니 돌아가지 않더라도 법이 정한 절차를 따라 행정처분을 해야 한다. 그렇지 않은 처분은 위법하고, 나중에 상급부대 또는 소송에서 처분은 취소되어 지휘관과 부대의 권위가 손상되고 군의 신뢰도 손상된다. 뿐만 아니라 고의로 위법하게 절차를 진행한 경우 행정처분을 한 관계자들이 형사 및 징계처분을 받을 수 있다. 모든 행정처분은 목적과 내용도 적법하고 정당하게, 절차도 적법하고 공정해야 한다.

6. 군사활동과 비례의 원칙

 과거 DMZ에서 적의 총격 도발에 대한 자위권을 행사함에 있어 그 대응기준으로 '동종동량(同種同量)'이라는 용어가 사용된 적이 있었다. 자위권행사의 한 요건인 비례의 원칙(比例의 原則)을 장병들이 쉽게 이해할 수 있도록 사용되던 용어이다. 그런데 동종동량이라는 기준 때문에 아군이 적극적으로 자위권 행사를 하지 못했다는 비판이 있었다. 그 후 군은 적의 도발에 대해 신속·정확·충분한 대응을 할 것을 지시했다. 그런데 이러한 해석을 하게 된 배경에는 군이 자위권 또는 교전규칙에 있어서 비례의 원칙에 대한 정확한 이해가 부족했던 것으로 보인다.

 비례의 원칙은 모든 법 영역에 적용되는 법률 원칙이다. 이는 과잉금지의 원칙이라고도 불린다. 헌법, 행정법, 형법, 국제법, 작전법 전반에 적용되는 원칙이다. 중용 또는 과유불급, 형평의 원리와도 상통한다. 성경에 나오는 '눈에는 눈, 이에는 이'라는 원칙도 과도하게 보복하지 말라는 기준을 제시하는 과잉금지 원칙의 예시이다. 대법원은 "어떤 행정목적을 달성하기 위한 수단은 그 목적 달성에 유효, 적절하고 또한 가능한 한 최소 침해를 가져오는 것이어야 하며, 아울러 그 수단의 도입으로 인한 침해가 의도하는 공익을 능가하여서는 아니 된다는 헌법상의 원칙"이라고 판시했다.(대법원 1997. 9. 26. 선고 96누10096 판결)

2021년 「행정기본법」이 제정되었다. 이 법률은 비례의 원칙을 행정의 법 원칙의 하나로 규정하였다. 그 내용은 "행정작용은 다음 각 호의 원칙에 따라야 한다. 1. 행정목적을 달성하는 데 유효하고 적절할 것, 2. 행정목적을 달성하는 데 필요한 최소한도에 그칠 것, 3. 행정작용으로 인한 국민의 이익 침해가 그 행정작용이 의도하는 공익보다 크지 아니할 것"이다.(제10조)

먼저 자위권 행사에 있어서 비례의 원칙이다. 유엔헌장은 무력행사를 금지하면서도 예외적으로 자위권 행사를 위한 무력행사는 허용하고 있다.(제51조) 어떤 국가가 타국으로부터 무력공격을 받을 때 자위권을 행사하는 것은 고유의 권리이다. 형사법에 있어서 정당방위와 같은 논거에 바탕을 둔다. 다만 유엔헌장은 국가가 자위권을 행사하는 경우 그 절차를 규정하여 무력분쟁이 악화되는 것을 방지하고 있다. 국가 차원에서 대응해야 할 정도의 수준에 이르지 않는 적의 적대행위가 있는 경우 특정 부대 또는 개인 전투원도 부대와 개인 차원에서 적대행위에 대해 자위권을 행사할 수 있다. 형법상 정당방위를 허용하지만 과잉방위는 금지하고 있다. 자위권 행사에 있어서도 비례의 원칙을 통해 과도한 대응을 금지하고 있다.

자위권의 구성요소인 비례의 원칙에서 자위권 행사는 무엇에 비례해야 하는지에 대한 정확한 이해가 필요하다. 미 육군 『작전법 핸드북(Operational Law Handbook)』은 "**무력 공격 또는 위협을 격퇴 및 저지하는 데 필요한 정도의 무력**을 행사해야 하며 대응 무력행사의 강도, 범위, 공격기간 등을 제한해야 한다"고 기술하고 있다.(미 육군, 작전법 핸드북 17판, p.4)[5] 여기서 비례해야 한다는 것은 적의 적대행위와 위협을 격퇴 및 저지하는 데 필요한 정도의 무력을 행사하는 것이다. 이는 적이 적대행위의 수단으로 사용한 무기의 종류와 양에 비례해야 하는 것이 아니다. 적이 소총으로 아군 GP를 향해 3발을 발사하였기 때문에 아군도 소총으로 적 GP에 대해 3발만 응사해야 하는 것이 아니다. 적으로 하여금 다시는 도발하지 못할 정도의 적절한 무기 사용이 허용되는 것이다. 지휘관 자신이 알고 있는 정보를 바탕으로 그것을 정하게 된다. 따라서 당연히 적이 사용한 총탄보다 더 많이 사용할 수도 있고, 적이 사용한 무기보다 살상력이 큰 무기를 사용할 수도 있다. 오로지 적의 적대행위 및 위협을 중지시키는데 적절한 정도인가가 문제된다. 2010년 11월 북한의 연평도 포격도발 후 국방부가 자위권 행사 기준으로 제시한 충분한 대응이 바로 적의 적대행위와 위협을 꺾는 데 필요한 조치라고 할 것이다. 충분한 대응이라고 하는 것은 적의 적대행위를 중지시키는 데 충분한 대응을 말하며 이와 관계없이 과도하게 무력을 사용하는 것을 허용하는 것은 아

---

5 **Proportionality.** To comply with the proportionality criterion, States must limit the magnitude, scope, and duration of any use of force to that level of force which is reasonably necessary to counter a threat or attack. In the context of jus ad bellum, proportionality is sometimes referred to as "proportionate force." However, the principle does not require limiting the response to mirror the type of force constituting the threat or attack.

니다. 미 『작전법 핸드북』도 적의 공격과 위협에 대해 거울처럼 대응하는 것(mirroring)이 비례의 원칙이 아님을 밝히고 있다.

한편 전쟁 및 작전의 원칙 중에 경제(economy of force)의 원칙과 절제(restraint)의 원칙이 있다. 이는 지휘관이 작전을 수행함에 있어서 제한된 자산을 효율적으로 사용하기 위한 원칙이다. 즉 지휘관은 결정적인 작전에 역량을 집중할 수 있도록 필요한 최소한의 전투력을 할당해야 한다. 절제의 원칙은 지휘관이 작전을 위해 과도한 무력 사용을 자제해야 한다는 원칙이다. 이 두 원칙은 비례의 원칙을 반영한 원칙이라 생각된다. 과도한 무력 사용은 관련된 동맹 및 중립국으로 하여금 반감을 불러일으킨다. 또 아군 대응의 합법성을 훼손하고 오히려 적의 선행 적대행위의 위법성이 몰각될 수 있다. 그리고 불필요한 무력행사는 군의 귀중한 자산의 낭비이기도 하다.

전투에 있어서 적법한 공격목표는 군인과 군사시설에 한정된다. 이를 전쟁법의 원칙 중 구별의 원칙이라고 한다. 다만 군사목표와 인접한 곳에 민간인 또는 민간시설이 있어서 군사목표에 타격을 가할 경우 민간인 및 민간시설이 손실을 입을 수 있다. 이때의 손실을 부수적 손실(collateral damage)이라고 한다. 이때 지휘관은 이러한 군사목표를 타격하여 얻을 수 있는 군사적 이익(military advantage)과 부수적 손실을 비교하여 군사적 이익이 우월할 경우에 표적을 타격할 수 있다는 것이 비례의 원칙이다. 영화 〈Eye in the Sky〉가 잘 설명해 주고 있다. 이 영화에서는 영국, 미국, 케냐가 케냐에 은거하고 있는 테러리스트가 자살 공격을 시도할 것을 알고 공격을 준비한다. 미군 조종사가 테러리스트를 향해 미사일을 발사하려는 순간 미사일 살상반경 내에 여자 어린이가 접근하면서 공격을 멈추게 된다. 공격을 했을 경우 부수적 피해로서 이 어린이가 죽을 수밖에 없는데 그럼에도 불구하고 공격을 해야 하는지에 대한 전쟁윤리를 다룬 영화이다. 군사목적을 달성하기 위해 최소한의 무기를 사용하더라도 군사적 이익보다 민간 손해가 더 클 경우는 공격 자체를 할 수 없도록 하는 것이 비례의 원칙이다. 반면 자위권 행사에 있어서 비례의 원칙은 무력을 사용할 수는 있으나 적의 적대행위 및 위협을 좌절시키는 데 적절한 무기의 사용과 강도로 제한해야 한다.

비례의 원칙은 기본권을 제한하는 법률의 위헌 여부를 심사하는 데 중요한 기준으로 작용한다. 기본권을 제한하는 법률은 헌법 제37조가 적시한 국가안전보장, 공공복리, 질서유지라는 목적에 부합해야 하고(목적의 정당성), 법률이 채택한 수단과 방법은 그 목적을 달성하는 데 적합해야 한다(방법의 적절성). 이어서 그 목적을 달성하는 데 있어서 기본권 제한이 가장 최소한에 이르는 방법을 선택해야 한다(피해의 최소성). 마지막으로 기본권 제한을 통해 얻는 공익이 기본권 제한으로 인한 피해와 비교하였을 때 공익이 우월해야 한다(법익 균형성). 이러한 기준에 부합해야 그 법률은 위헌적인 법률이 되지 않는다.

이 헌법상 비례의 원칙을 지휘관이 부대를 지휘함에 있어서도 적용할 수 있다. 헌법 제37조는 국가안전보장을 위해서 국민의 기본권을 제한할 수 있는 입법을 할 수 있음을 밝히고 있다. 「군인복무기본법」이 군인 기본권 제한에 대한 원칙과 대강을 규정하고 있다. 그러나 세세한 기본권 제한에 대해서까지 법률로 일일이 규정할 수 없는 것이 현실이다.

> 국방의 목적을 달성하기 위하여 상명하복의 체계적인 구조를 가지고 있는 군조직의 특수성을 감안할 때, 군인의 복무 기타 병영생활 및 정신전력 등과 밀접하게 관련되어 있는 부분은 행정부에 널리 독자적 재량을 인정할 수 있는 영역이라고 할 것이므로, 이와 같은 영역에 대하여 법률유보원칙을 철저하게 준수할 것을 요구하고, 그와 같은 요구를 따르지 못한 경우 헌법에 위배된다고 판단하는 것은 합리적인 것으로 보기 어렵다. (헌재 2010. 10. 28. 2008헌마638)

그 부분은 군에서 지휘관의 명령 또는 행정규칙을 통해 이뤄진다. 이때 지휘관은 부대를 지휘함에 있어서 특히 군 기강 및 작전태세확립을 위한 행정규칙의 제정 또는 구체적인 명령을 하달함에 있어서 비례의 원칙을 활용할 수 있다. 특히 부대의 사고·범죄의 예방, 군 기강 확립과 군사보안과 같은 군사적 필요(military necessity)와 장병들의 사생활의 자유와 비밀 같은 기본권을 항상 비교해서 비례의 원칙에 부합한 부대 지휘가 필요하다.

그동안 지휘관은 목적의 정당성(군사적 필요)을 지나치게 강조한 나머지 최소 침해성과 법익균형성을 도외시한 경우가 있었다. 예를 들면 다음과 같다. 보안감사를 이유로 본인의 의사에 반해 휴대폰에 저장된 모든 사진을 살펴보는 행위, 저녁에 2차 술자리를 가졌다고 징계처분하는 행위, 교통사고 및 음주운전, 외출외박지역 이탈 등을 방지하기 위해 일정

계급 이하의 군인에게 차량을 구입하지 못하게 하는 행위, 초급간부들의 건전하고 위생적인 독신자 숙소 유지를 확인하기 위한 불시 점검, 간부들의 건전한 경제생활을 유도하고 과다 부채를 방지하기 위한 강제 저축 또는 신용조회서를 일괄 제출하게 하는 행위 등이 있다. 이러한 명령 또는 지시는 그 목적(군사적 필요성)은 인정될 수 있으나 피해가 적은 다른 수단을 선택할 필요가 있는 사항이다. 그리고 이러한 지시를 했을 경우 많은 군인들은 사실상 사고 등을 야기할 우려가 없음에도 지나친 사생활 통제에 따른 복무 염증으로 인해 결국 얻는 공익보다 군인들의 사익침해가 더 크다고 볼 수 있다. 지휘관들이 군사적 필요와 군인의 기본권 제한이 동반되는 지시와 명령을 해야 할 때에는 비례의 원칙이라는 기준을 적용하면 목적도 달성하고 부하들로부터 합리적인 지휘관이라는 평가를 받을 수 있을 것이다.

제 3 장
군인의 길

1. 군인의 법적 지위

'군인과 사람이 지나간다'라는 말이 있다. 군인을 일반 사람과는 다른 특별한 존재로 보거나 무시하는 말이다. 군인에 대응하는 말은 민간인이고, 군인은 민간인과 구별된다. 전시에도 군인은 정당한 적대행위의 대상이 되는 반면 민간인은 보호의 대상이 된다. 군인이란 전시와 평시를 막론하고 군에 복무하는 사람을 말한다.(국군조직법 제4조 제1항) 「군인사법」은 현역군인을 장교·준사관·부사관·병으로 구분하고 있다.(제2조 제1호) 군인이 민간인과, 특히 민간 공무원과 어떤 점이 다른지 그 차이를 알아볼 필요가 있다. 군인은 민간인과는 다르기 때문에 헌법을 비롯하여 여타 법률에 그 특수성을 반영하여 여러 규정을 두고 있다. 그러나 군인 역시 사람이다. 따라서 군인 서로가 서로를 존중하고 인격적으로 대해야 하며, 민간인도 군인의 특수성을 존중해야 한다. 아래에서는 여러 법령에 나타난 민간인과 다른 군인의 특수성을 정리하였다.

군대는 국가와 떼려야 뗄 수 없는 관계에 있다. 군대는 주권국가의 상징이다. 주권국가는 독자적인 군사권과 외교권을 행사할 수 있어야 한다. 그런 의미에서 대한제국은 1910년 공식적인 주권을 상실했지만 외교권을 박탈당한 1905년 을사늑약, 정미 7조약에 의해 군대가 해산된 1907년 사실상 주권을 상실했다. 유엔에 가입한 대부분의 국가는 당면한 적(敵)이 없더라도 군대를 보유하고 있다. 이것은 군대가 주권국을 상징함을 알 수 있는 사례라고 할 수 있다. 군대는 국가로부터 승인된 무장병력, 집단 및 부대를 말하며 반드시 국가에 대해 책임을 지는 지휘관 휘하에 조직되어야 한다. 그리고 군대라고 말할 수 있기 위해서는 내부 규율체계에 복종하는 체계가 갖춰져야 한다. 내부 규율체계는 특히 무력충돌에 관한 국제법의 규칙에 복종을 강제하는 내부 규율체계를 의미한다.(제네바 협약 제1추가의정서, 제43조) 군대는 국가의 공조직이므로 사적 무장단체인 테러리스트는 군대가 아니다.

군인은 군인이기에 앞서 사람이고 국민이다. 군인은 그가 속한 가정과 사회의 구성원이다. 군인은 사적인 영역에서 군인신분과 배치되지 않는 범위 내에서 모든 자유와 권리를 누릴 수 있다. 군인은 헌법상 국민의 지위, 민법상의 각종 사적(私的)인 지위를 보유한다. 따라서 원칙적으로 헌법이 보장하는 모든 기본권을 향유한다. 자신의 생명과 재산을 비롯한 모든 기본권은 군인에게도 소중한 권리이다. 다만, 국가안전보장이라는 큰 대의를 위한 군 임무의 특수성으로 인해 법률로써 기본권이 제한될 수 있다.(헌법 제37조 제2항)

그러나 군인의 삶이 24시간 병영을 중심으로 이루어지고 유동성·긴급성·기밀성이 요구되므로 군인의 모든 기본권을 일일이 법률로 제한할 수는 없고 행정부에 광범위한 재량을 부여할 필요가 있다.(헌재 2010. 10. 28. 2008헌마638) 군인의 기본권 제한이 포괄적인 점을 고려해서 특별히 강조하거나 유념해야 할 군인의 권리와 의무에 대해서 「군인복무기본법」이 제정되어 이를 규율하고 있다. 이 법은 "① 군인은 대한민국 국민으로서 일반 국민과 동일하게 헌법상 보장된 권리를 가진다. ② 제1항에 따른 권리는 법률에서 정한 군인의 의무에 따라 군사적 직무의 필요성 범위에서 제한될 수 있다"라고 규정하면서 군인의 기본권에 대한 원칙을 밝히고 있다.(제10조) 군인은 반드시 이 법률을 숙지해야 자신의 권리를 향유하고 의무를 다할 수 있다.

지휘관 등이 직무와 관련해서 장병의 기본권을 제한할 경우 반드시 군사적 필요성(military necessity)과 비례의 원칙에 어긋나지 않는 범위 내에서 권한을 행사할 필요가 있다. 지휘관이 이러한 군사적 필요성 없이 군인의 기본권을 제한할 경우에는 직권남용의 문제 등이 생길 수 있다. 군인이어서 넓은 영역에 걸쳐 기본권이 제한된다고 하더라도 직무와 관련이 없는 영역 다시 말해 가족 구성원으로서 부모와 자식의 지위, 사회의 각종 사적인 친목단체의 구성원, 그리고 국민으로서의 행정행위의 신청자 또는 대상자로서의 권리를 향유한다.

군인은 국가공무원이다. 위험한 임무에 종사하는 점은 다르지만 다른 공무원과 마찬가지로 국민전체에 대한 봉사자로서 공무원의 신분을 가진다.(헌법 제7조 제1항) 「국가공무원법」에 따르면 군인은 실적과 자격에 따라 임용되고 그 신분이 보장되며 평생 동안 공무원으로 될 것을 예정하는 '경력직공무원'이다. 그중에서도 '특정직공무원'이다.(국가공무원법 제2조 제2항) 공무원이기 때문에 군인이 직무상 불법행위를 한 경우 국민들은 국가(국방부)에 대해 국가배상을 신청할 수 있다.(헌법 제29조 제1항) 반면 군인이 공무수행 중 전투·훈련 등 직무집행과 관련하여 받은 손해에 대하여는 법률이 정하는 보상 외에 국가에 배상을 할 수 없다.(헌법 제29조 제2항) 국가공무원에 대한 기본법은 「국가공무원법」이다. 다만 군인에 대해서는 군인의 책임 및 직무의 중요성과 신분 및 근무조건의 특수성을 고려하여 그 임용, 복무, 교육훈련, 사기 및 신분보장 등에 관하여 「국가공무원법」에 대한 특별법으로 「군인사법」을 두고 있다. 따라서 「군인사법」이 군인에 대해 특별히 규율하지 않는 부분에 관하여는 국가공무원법이 군인사법을 보완하여 적용될 수 있다.

군인의 책임 및 직무의 중요성과 근무조건의 특수성을 고려한 「군인사법」의 내용은 여타 공무원법과 많은 차이가 있다. 지적(知的) 능력뿐만 아니라 건강과 체력을 특별히 요구하는 점, 병과(兵科)를 구분하는 점, 계급 및 별도의 복제를 두는 점, 계급에 따른 정년을 달리 정하고 있는 점, 현역복무 부적합 전역제도를 두는 점, 별도의 연금제도를 두는 점, 국립묘지에 안장될 수 있는 자격을 두는 점, 국가유공자 또는 보훈보상자로 예우를 받는 점 등이 여타 공무원법과의 차이점이다. 이것은 군인의 직무의 위험도와 국가에 대한 특별한 헌신 및 근무조건 등의 특수성에 기인한다. 한편으로 이러한 군인의 특수성은 전 세계에 걸친 군대와 군인의 특수성이기도 하고 세계 군인의 공통점이자 전통이기도 하다.

군인은 국군의 구성원으로서 국군에서 복무한다. 국군은 육·해·공군과 해병대로 구분된다. 따라서 군인은 반드시 어느 군에 속해야 한다.(국군조직법 제2조) 군인은 군에 편성되어 근무하는 것이 원칙이다. 국방부는 정부조직법에 따라 편성된 중앙 행정기관인 반면, 군부대와 기관은 「국군조직법」에 따라 편성된 별개의 조직이다. 따라서 국군에는 별도의 특별법이 없는 이상 국군조직법에 따라 군인과 군무원만이 근무한다.(국군조직법 제4조, 제16조)[6] 헌법은 대통령이 헌법과 법률에 정하는 바에 의해 국군을 통수한다고 규정하고 있다. 또한 국군의 조직과 편성은 법률로 정하고 있다.(헌법 제74조) 따라서 국군조직의 대강은 「국군조직법」이 정하고 그 이하 군대의 조직과 편성에 대해서는 대통령령으로 정하고 있다. 조직에 관한 대통령령은 작전사령부령, 해군작전사령부령, 공군작전사령부령, 군단사령부령, 보병사단령, 해병사단령, 해군함대령, 공중전투사령부령 등이 있다.

군대에는 문민통제(civil control)의 원칙이 적용된다. 문민통제 원칙은 국가의 군사 및 국방정책에 관한 전략적 의사결정(strategic decision-making)을 직업군인이 아닌 민간정치인(civilian political leadership)들에게 부여한다는 군사·정치학의 하나의 원칙이다. 헌팅턴은 민간권력에 의해 결정된 정책목적을 직업군인들이 복종하게 하는 것이라고 주장하고 있다. 민주국가에서 군대에 대한 효율적인 통제와 역

---

[6] 최근 법제처는 국군안보지원사령부에 검사가 국가공무원의 신분으로 근무할 수 있다고 유권해석한 경우가 있었다.

할 분담을 위해 고안된 원칙이라고 볼 수 있다. 이러한 원칙은 군인이 주요 정책을 결정할 경우 군국주의 또는 군사독재로 흐르는 것을 막기 위한 방편이기도 하다. 제1차 세계대전 당시 프랑스 총리를 지낸 클레망소는 "전쟁은 너무나도 중요해서 이를 군인들에게 맡겨 둘 수 없다(War is too serious a matter to entrust to military men or War is too important to be left to the generals)"라고 했다. 이 구절은 문민통제의 논거로 자주 인용된다. 우리 헌법은 현역 군인은 국무총리 및 국무위원이 될 수 없도록 규정하여(헌법 제86조 제3항, 제87조 제4항) 군인정부를 허용하지 않고 문민통제 원칙을 밝히고 있다. 결국 민간인인 대통령과 국무총리, 국방부 장관이 제복 입은 군인을 통제하게 된다. 국방부 장관은 국방부의 문민화를 통해 다시 한번 문민통제를 강화하게 된다.

군대의 위상과 권위가 비정상적으로 높은 나라는 권위주의 국가 또는 후진국가인 경우가 많다. 반면 군대에 대해 철저한 문민통제가 이루어지되 국민과 정치인들로부터 존경받는 군대를 가진 나라가 민주·선진국가이며 군사강국인 경우가 많다. 'civil control'을 일본에서 문민통제라고 번역을 하여 우리나라에서도 그대로 통용되고 있다. 정확히 번역하면 민간통제가 더 정확하고 의미가 통한다고 본다. 왜냐하면 현재는 조선시대와 같이 양반(문반, 무반 또는 문관, 무관)이 존재하지도 신분을 구분하고 있지도 않고, 또 우리나라에서는 무관을 문관에 비해 경시하거나 홀대했던 역사가 있었기 때문이다. 이런 역사에 기인해서 혹시나 문민통제가 군인(무인)을 경시하는 풍조로 흘러서는 안 된다. 문민통제가 있는 국가에서도 군인에 대해서는 군인에 대한 존경(Warrior Respect)이 큰 미덕으로 인정되고 있다. 우리 민족이 평화를 사랑하면서도 상무정신을 겸비한

웅혼한 기상을 가졌던 것을 되새길 필요가 있다. 문민통제가 이뤄지되 군인을 존중하는 문화가 정착될 필요가 있다.

군인은 국제법상 원칙적으로 전투원이다. 군대는 적의 공격을 물리치기 위한 조직이다. 적은 외국을 상정한다. 따라서 군인은 국내법을 준수해야 할 뿐만 아니라 국제법을 준수해야 한다. 전쟁의 수단과 방법을 규제하는 헤이그법, 전쟁의 희생자를 보호하는 제네바법을 통칭하여 전쟁법이라고 한다.(군인복무기본법 제34조) 군인은 이러한 국제법에 따라 정당한 교전자 또는 전투원이 될 수 있다. 전투원이 될 수 있다는 것은 적에 대해 적대행위를 하는 것이 정당화되며, 적에게 생포된 경우 포로로서 정당한 대우를 받을 수 있다는 것이다. 포로는 인간적인 대우를 받아야 하고 범죄인이 아니라는 점을 명심할 필요가 있다. 군인 중에서도 군의관, 간호장교, 군종장교는 군인이지만 전투원이 아니다. 비전투원인 이들이 자위를 위해 무기를 휴대할 수 있는지 여부는 각 국가가 정책적으로 결정하나, 이들이 적대행위에 가담해서는 안 된다. 전투원인 군인은 자신을 보호하고 적을 공격하기 위해 무장하는 것이 당연히 허용된다.

이러한 국제법규를 준수한 가운데 전투원인 군인이 상관의 적법한 명령에 의하거나 자위권 차원에서 적에게 적대행위를 한 경우에는 형법상 정당한 행위로 면책이 된다. 반면 국제법규를 위반한 경우 예컨대 군인이 작전 중 적대행위에 가담하지 않는 민간인을 사살한 경우는 형법상 살인죄가 된다. 「국제형사범죄법」에 따라 처벌되기도 하고, 국가가 처벌하지 않는다고 하더라도 국제형사재판소에 회부되어 재판을 받을 수 있다.(국제형사범죄법 제8조 이하 및 국제형사재판소에 관한 로마규정 참조) 승자의 재판이라는 비판도 있지만 제2차 세계대전 후 유럽과 아시아에서 전범자에 대한 재판이 있었다. 뿐만 아니라 20세기 후반 주요 내전이 종료된 이후, 후속조치로서 비상설 국제형사재판소가 설치되어 전범자를 재판에 회부하여 진실과 정의를 추구했다. 이러한 국제적 흐름은 마침내 상설 국제형사재판소가 전쟁범죄자를 재판을 하도록 하는 데까지 이르게 되었다. 따라서 이제는 군인이 전쟁 중 특정 범죄를 범한 경우 국내법원뿐만 아니라 국제형사재판소에서도 처벌을 받을 수 있다.

군인이 범죄를 범한 경우 군사법원에서 재판을 받는다. 군대는 일반 사회와는 달리 지휘관을 중심으로 엄정한 상명하복의 기강이 필요한 조직이다. 군대로 인정받기 위해서는 지휘관과 내부 규율체계가 있어야 함은 앞에서 본 바와 같다. 이러한 군대 내의 기강을 유지하기 위한 필요성과 군대의 전투 및 전투를 준비하기 위한 조직, 환경의 특수성에 기인해서 군 수사기관 및 군사법원이 군인들의 범죄에 대해서 수사 및 재판권을 행사한다. 헌법은 군인 및 군무원에 대한 재판을 위해 군사법원을 설치할 수 있음을 밝히고 있다.(제110조) 일반 국민은 헌법과 법률이 정한 예외적인 경우를 제외하고는 군사재판을 받지 않을 권리를 명시하고 있다.(제27조 제2항) 헌법에 근거한 「군사법원법」에 따라 군인은 군사법원의 재판권의 대상이 된다. 또한 군인은 원칙적으로 군인에게만 적용되는 「군형법」을 준수해야 한다.

군인은 자신의 목숨을 바쳐서라도 임무를 완수해야 하는 직업이다. 군인은 전쟁을 억지하고 전쟁이 나면 전투를 통해 적을 물리친다. 이 과정에서 적을 무력으로 억제하고 살상을 가하기도 한다. 사람을 죽이는 것은 살인이다. 그러나 국제법과 국가는 이를 군인의 정당한 임무수행이라고 본다. 이러한 군인의 전투준비와 관련해서 나온 말이 'fight tonight'이다. 오늘 밤 전쟁이 나더라도 싸울 준비가 되어 있어야 하고 또 승리할 준비가 되어 있어야 한다는 것이다. 한편 군인 자신도 적의 무력 공격에 자신의 목숨을 건다. 하나뿐인 목숨을 잃을 수도 있다. 이것은 'die tonight'이다. 즉 오늘 죽을 수도 있고 죽을 준비가 되어 있어야 한다는 것이다. 실로 긴장 가운데 살아가는 직업이다. 오늘 죽을 수 있기 때문에 군인의 일상은 늘 명예로워야 한다. 그래서 헌법은 군인이 속한 국군의 임무를 신성하다고 규정하고 있다.(제5조 제2항)

그러나 군인도 이러한 특수한 점 외에는 일반인들과 동일하게 헌법상의 모든 기본권을 향유한다. 이러한 사실을 군인 본인이 먼저 알고 권리를 행사할 수 있어야 한다. 나아가 국민과 동료 군인들도 이러한 점을 알고 기본권과 그들의 국가를 위한 헌신을 존중해야 한다. 특히 군인이 같은 군인을 존중하고 인정해 주지 않으면 다른 사람들이 먼저 군인을 존중해 줄 것을 기대할 수 없다. 존중받고 사랑받는 사람이 사랑하는 사람을 위해 목숨을 바친다. 국민의 사랑을 받은 군인은 사랑하는 조국과 국민을 위해 목숨을 바칠 수 있다. 군인이 존경과 사랑을 받을 때 강한 군대가 되며 군인이 진정으로 국가를 위해 충성할 수 있다.

2. 군인의 책임

권한이 있는 곳에 책임이 있다. 특히 군대에서는 상관의 명령에 강한 구속력을 부여하고 있기 때문에 그에 따른 책임도 강조된다. 「부대관리훈령」은 "부대지휘에 관한 모든 책임은 지휘관에게 있다"(제5조 제1항), 또 "지휘관은 부대의 핵심으로 부대를 지휘·관리 및 훈련하며 부대의 성패에 대하여 책임을 진다"라고 규정하고 있다.(제16조) 국립국어원 표준국어대사전은 '책임'을 '어떤 일에 관련되어 그 결과에 대하여 지는 의무나 부담, 또는 그 결과로 받는 제재(制裁)'라고 정의하고 있다. 다시 말하면 결과에 대해 어떠한 불이익을 감수하는 것이다.

「부대관리훈령」에서 말하는 부대 지휘관의 책임은 가장 넓은 의미의 도의적 책임을 포함하는 것으로 보인다. 군인이 책임을 져야 할 경우를 상정하면 다음 세 가지이다. 첫째 자신이 법령을 위반해서 임무를 수행한 경우이다. 여기에는 해야 할 일을 하지 않은 부작위도 포함된다. 둘째, 법령에는 부합하지만 자신의 재량을 남용하거나 재량 밖의 행위를 한 경우이다. 위 두 경우에는 법적 책임을 져야 한다. 셋째, 지휘관 또는 상관이 법과 재량의 범위 내에서 한 결정 또는 행위를 했는데 결과가 잘못된 경우이다. 이 경우에는 도의적 책임을 져야 할 것이다.

군인이 위법한 행위를 했을 경우 첫 번째 지는 책임 또는 불이익은 권위의 실추이다. 법령을 위반하거나 자신의 재량을 남용하거나 일탈한 행정처분을 한 경우 이는 위법한 행위가 된다. 그 행위는 행정소송을 통해 취소되거나 무효가 될 수 있다. 군에서 상급자의 행위가 위법한 행위로 인정될 경우 상급자는 부대 내에서 신뢰 및 권위가 실추된다. 부하를 지휘해야 하는 지휘관이 부하로부터 신뢰를 받지 못하거나 권위가 실추되는 것은 가장 큰 불이익이라고 할 수 있다. 한편 상급자는 이러한 위법행위를 한 부하에 대해 평정 등 인사권을 통해 책임을 묻거나 불이익을 줄 수 있다.

군인이 직무와 관련해 지는 두 번째 책임은 징계책임이다. 군인사법 제56조가 징계사유를 규정하고 있다. 그 내용은 「군인복무기본법」 또는 그에 따른 명령을 위반하거나,[7] 품위손상, 직무상 의무를 위반 또는 게을리 할 경우이다. 군인이 책임을 져야 하는 불이익은 신분의 박탈, 직무에서

---

[7] 군인사법 제56조 제1호는 '이 법 또는 이 법에 따른 명령'이라고 규정하고 있다. 구 군인사법(군인사법, 법률 제13631호로 개정되기 전의 법률) 제47조의 2는 군인의 복무에 대해 대통령령으로 규정하도록 하였고, 이에 따라 군인복무규율이 제정 운영되었다. 그런데 2016년 6월 30일 군인복무규율을 대신하여 군인복무기본법이 제정되고 군인복무규율이 폐지되었다. 따라서 군인사법 제56조 제1호는 '이 법 또는 이 법에 따른 명령'이 아니라 '군인복무기본법 또는 군인복무기본법에 따른 명령'으로 개정되어야 한다. 그러나 아직 개정되지 않고 있다.

배제, 급여의 감액, 근신 및 견책 등이 있다.[8]

세 번째 책임은 형사상 책임이다. 군인의 행위가 행정법상의 위법행위일 뿐 아니라 형사법에 위배되는 경우 형사책임 또는 처벌을 받는다. 모든 국민이 준수해야 할 형사법을 위반한 경우에 형사책임을 지는 것은 당연하다. 그 외 공무원의 신분으로 인해 형사법상의 범죄가 성립하는 경우가 있다. 뇌물 관련 범죄나 직권남용 등의 범죄가 이에 해당한다. 예컨대 지휘관이 부대 재정장교에게 부당하게 특정 업체와 수의계약을 체결하도록 지시하는 경우 직권남용권리행사 방해죄로 형사책임을 져야 한다. 군인의 직무 또는 신분관계를 전제로 해서 형사적으로 처벌하기 위한 제정된 법률로 군형법이 있다. 그래서 군인은 일반 공무원에 비해 준수해야 형사법이 하나 더 있는 셈이다. 군인이 허위보고를 한 경우 군형법상 허위보고죄로 형사책임을 져야 하는 경우가 그러하다.[9]

네 번째로 군인이 금전적인 책임을 져야 할 경우가 있다. 「국가배상법」은 공무원이 직무를 집행하면서 고의 또는 과실로 법령을 위반하여 타인에게 손해를 입힌 경우 국가가 그 손해를 배상하도록 규정하고 있다.(제2조 제1항) 이 법은 또 공무원이 고의 또는 중과실로 위법행위를 한 경우에는 국가가 그 개인에게 손해를 구상(求償)하도록 규정하고 있다.(제2조 제2항) 즉 국가가 먼저 손해를 배상하고 배상액의 전부 또는 일부를 직접 위법행위를

---

8 군인 징계의 세부적인 내용, 절차, 불이익은 제5장 '3. 징계처분이 미치는 불이익'에서 다룬다.
9 군인의 형사처벌에 따른 불이익은 제5장 '2. 형사처벌의 불이익'에서 다룬다.

한 군인에게 재차 청구할 수 있다. 최근 공무원이 민간인 사찰을 한 위법 행위로 국가가 그 피해자에게 손해를 배상하고 공무원에게 구상권을 행사한 것을 인정한 것이 보도되었다.(대법원 2016. 3. 24. 선고 2014다76748 판결) 군대에서 장병이 동료에게 폭행·가혹행위를 당하여 사망 또는 자살을 한 경우 군대는 그 유족에게 배상을 하고 다시 가해자에 대해 선별적으로 구상권을 행사하고 있다. 이 경우 민간 법무부의 지휘를 받아서 판단하고 있다. 그러나 군인이 경과실인 경우에는 군인이 책임을 지지 아니한다. 이는 공무원이 소신껏 업무를 수행하도록 하는 배려이다.

군인이 금전·예산 또는 군수품 등을 관리하는 업무를 하는 중에 국가에 손해를 끼치는 경우 금전적인 변상책임을 지게 된다. 「국가회계법」 제28조와 「군수품관리법」 제28조, 29조는 회계관계직원들의 책임에 관해서 별도로 법률로 정하도록 하고 있다. 이들 법률에 근거하여 「회계관계직원 등의 책임에 관한 법률」이 제정되어 있다. 이 법은 회계관계직원은 "법령, 그 밖의 관계 규정 및 예산에 정하여진 바에 따라 성실하게 직무를 수행하여야 한다"라고 규정하고 있다.(제3조) 제2조에 따른 군인 회계관계직원은 수입징수관, 재무관, 지출관, 계약관 및 현금출납 공무원, 물품관리관, 물품운용관, 물품출납 공무원 및 물품 사용 공무원이 이에 해당된다. 군에서 구체적으로 누가 이와 같은 회계관계직원에 해당되는지와 그 임무가 어떠한지에 대해서는 국방부 훈령과 각 군 규정에서 정하고 있다.[10]

---

10 국방부, 회계관계공무원 직위 지정 및 임면권 위임과 재정보증운영에 관한 훈령, 육군규정 047 회계업무규정, 육군규정 425 재산출납관리규정, 육군규정 911 손망실처리규정

변상처분을 관장하는 기관은 감사원과 각 부대의 감찰실이다. 변상책임이 인정되려면 ① 회계관계공무원일 것, ② 고의 또는 중대한 과실, 선량한 관리자로서의 주의의무 태만, ③ 의무를 위반한 사실, ④ 행위와 손해(결과)에 상당한 인과관계가 있을 것, ⑤ 기타 책임면제 사유가 없을 것을 요건으로 하고 있다. 이러한 변상처분에 대해서는 감사원법에 따라 재심을 청구할 수 있다. 한편 이러한 회계관계직원의 변상처분에 대해서는 국가에서 단체 손해보증보험을 가입해서 일정한 한도 내에서는 보험회사에서 변상금을 대납하도록 하여 공무원을 보호하고 있다.

3. 상관의 위법한 명령, 어떻게 해야 하나?

2009년 육군대학에서 대대장으로 보임될 중령들을 상대로 군법 강의를 했다. 군에서 법치행정을 구현할 필요성을 이야기하면서 관련된 법령과 흔히 발생하는 위법행위 사례를 소개했다. 강의 말미에 한 장교가 "강의의 내용은 잘 알겠다. 그런데 상관이 위법한 지시를 했을 때 매우 난감하다. 이때 어떻게 대응해야 하는가?"라는 질문을 했다. 질문에 답을 하는 대신 필자는 강의실에 있던 다른 장교들에게 이 질문을 토의에 부쳤다. 당당히 거부해야 한다는 의견, 대안을 제시해야 한다는 의견, 솔직히 거부하기 힘들다는 의견 등이 거론되었다. 국가적으로는 2016년 촛불시위에 이어 대통령에 대한 탄핵안이 발의되었고 2017년 봄 헌법재판소가 탄핵을 결정했다. 이후 위법행위를 지시한 청와대, 국정원의 상관들과 이를 수행한 부하들이 사법처리되었다. 군에서도 정치관련 댓글사건과 관련해서 기무사령부와 사이버사령부의 상관과 부대원들이 사법처리되었다. 이렇게 위법한 명령이 문제된 경우 상식적으로 위법한 행위를 지시한 상관이 더 큰 비난을 받아야 마땅하다. 그러나 이를 이행한 부하도 단순히 상관의 지시에 따랐다는 변명만으로는 처벌을 면할 수 없다. 이때 처벌을 받은 부하로서는 명령에 따랐을 뿐인데 처벌을 받은 것에 대해 억울하다는 생각을 할 수 있다. 그런데 이들이 왜 상관의 위법한 명령에 따랐을까? 명령을 거부할 경우 처벌을 받을 수 있어서 어쩔 수 없어 실행했을까? 인사상 불이익이 두려웠을까? 또는 조직에서의 평판 및 따돌림 같은 사실상의 불이익이 두려웠을까? 아니면 이러한 행위를 함으로써 어떠한 이익, 혜택 등 대가를 기대하였을까? 많은 생각이 든다. 아래에서는 교육 당시의 토의 내용과 법률과 판례 등을 종합해서 상관의 위법한 명령·지시에 따른 효과와 대응 방법에 대해 정리를 하였다.

군대는 상명하복의 계급사회이다. 군대는 경찰, 정보기관과 함께 상관에게 강력한 권한이, 하급자에게는 강한 복종의무가 부여되는 조직이다. 이런 연유로 우리나라 현대사에서 이러한 조직의 구성원이 상관의 위법한 명령에 따른 행위로 처벌받은 사례가 다른 기관보다 많다. 형사법적으로 공무원이 법령에 정해진 행위를 하거나 상관의 적법한 명령에 따른 행위를 한 경우에는 그 내용이 범죄의 구성 요건에 해당한다고 하더라도 정당한 행위로서 위법성이 배제된다.(형법 제20조) 예컨대 군인의 전투 중 적 사살행위, 교도관의 사형집행행위 등은 형법상 살인죄의 요건을 갖추었다고 하더라도 이는 정당행위이기에 처벌받지 않는다. 「군인복무기본법」은 "군인은 직무를 수행할 때 상관의 직무상 명령에 복종하여야 한다"라고 규정하고 있다.(제25조) 「군형법」은 상관의 명령에 불복하거나 반항하는 행위를 '항명', '명령위반'으로 형사처벌하고 있다.(제44조에서 제47조) 뿐만 아니라

「군인사법」은 법에 근거한 명령을 위반한 경우 이를 징계사유로 정하고 있다.(제56조 제1호) 즉 상관의 정당한 명령을 이행한 행위는 처벌을 면제하고 오히려 그 명령을 위반한 경우 형사처벌 및 징계처분을 강제함으로써 군대는 상관의 명령에 강한 구속력과 집행력을 부여하고 있다.

「군인복무기본법」은 상관이 내릴 수 있는 명령의 내용과 절차에 대해 규정하고 있다. 이 법은 내용적으로 "군인은 직무와 관계가 없거나 법규 및 상관의 직무상 명령에 반하는 사항 또는 자신의 권한 밖의 사항에 관하여 명령을 발하여서는 아니 된다"라고 규정하고 있다.(제24조 제1항) 이 내용은 상관의 책무로 다시 한번 동일하게 강조되고 있다.(제36조 제4항) 명령의 형식과 절차에 대해서는 '명령은 지휘계통에 따라 하달하여야 한다. 다만, 부득이한 경우에는 지휘계통에 따르지 아니하고 하달할 수 있고, 이 경우 명령자와 수명자는 이를 지체 없이 지휘계통의 중간지휘관에게 알려야 한다. 명령의 하달은 신속·정확하게 이뤄져야 한다고 규정하고 있다.(제24조 제2,3항) 그리고 상관은 자신이 발령한 명령에 대해 책임을 진다고 규정하고 있다. (제24조 제4항)

그런데 「군인복무기본법」은 상관의 위법한 명령에 대한 부하의 복종 의무 여부에 대해서는 명시적으로 규정하고 있지 않다. 대법원의 판례는 상관의 위법한 명령에 대해서는 복종할 필요가 없다는 것이다. 중앙정보부장의 지시에 따라 1979년 10월 26일 박정희 대통령을 살해한 중앙정보부 요원에 대한 재판(대법원 1980. 5. 20. 80도306 전원합의체판결)에서 대법원은 다음과 같이 판시하였다. "공무원은 직무를 수행함에 있어서 소속 상관의 명백히 위법한 명령에 대해서까지 복종할 의무는 없을 뿐만 아니라, 중앙정보부 직원은 비록 상관의 명령에 절대 복종하여야 한다는 것이 불문율로 되어 있다는 점만으로는 이 사건에서와 같이 중대하고 명백한 위법명령에 따른 범법행위까지 강요된 행위이거나 적법행위에 대한 기대가능성이 없는 경우에 해당된다고 도저히 볼 수 없다." 대법원은 1979년 12월 12일 당시 육군참모총장, 특전사령관, 수도경비사령관을 불법 체포한 이른바 12·12 군사반란에 가담한 주요 군인들에 대한 재판(대법원 1997. 4. 17. 선고 96도3376 판결), 영화 〈1987〉의 소재가 되었던 서울대생 박종철 고문치사사건에서 상관의 지시에 따라 고문을 했던 경찰 대공수사관에 대한 재판(대법원 1988. 2. 23. 선고 87도2358 판결), 1997년 대선을 앞두고 국가안전기획부장의 지시에 따라 정치관여행위를 한 직원에 대한 재판(대법원 1999. 4. 23. 선고 99도636 판결)에서 변함없이 상관의 위법한 명령에 부하들이 따를 필요가 없음을 확인했다.

2008년 개정되기 전의 육군 복무신조는 "셋, 우리는 법규를 준수하고 상관의 명령에 절대 복종한다"로 규정되어 있었다(당시 육군규정 135 육군복무규정 제3조) 그런데 이 '절대'라는 단어가 상관 명령의 적법 여부와 상관없이 맹종해야 하는 것으로 해석되어 오해를 불러일으킬 수 있었다. 그래서 현재 복무신조는 "셋, 우리는 법규를 준수하고 상관의 명령에 복종한다"라고 개정되었다.(육규 120 병영생활규정 제3조) 우리나라가 가입하고 비준한 「국제형사재판소에 관한 로마규정」의 이행을 위해 제정되었고 군인들에게 적용이 되는 「국제형사범죄법」[11]도 상관의 위법한 명령에 대해 제4조에 명시규정을 두고 있다.

---

11 정식 제명은 「국제형사재판소 관할 범죄의 처벌에 관한 법률」이다.

제4조(상급자의 명령에 따른 행위)
① 정부 또는 상급자의 명령에 복종할 법적 의무가 있는 사람이 그 명령에 따른 자기의 행위가 불법임을 알지 못하고 집단살해죄 등을 범한 경우에는 명령이 명백한 불법이 아니고 그 오인(誤認)에 정당한 이유가 있을 때에만 처벌하지 아니한다.
② 제1항의 경우에 제8조(집단살해죄) 또는 제9조(인도에 반한 죄)의 죄를 범하도록 하는 명령은 명백히 불법인 것으로 본다.

또한 독일의 군형법 제22조는 직무상 목적을 위하여 발동된 것이 아니거나 명령의 이행이 인간의 존엄성을 침해하거나 범죄를 행하게 되는 경우에는 그 명령은 구속력이 없고, 따라서 이에 대한 불복종은 위법하지 않다고 명시하고 있다. 또한 명령이행자가 명령의 구속력을 착오로 인정한 경우에도 위법성이 조각된다. 독일의 군인지위법 제11조 제2항 제1호는 "명령이행행위가 범죄를 구성하는 경우에는 그 명령은 이행되어서는 안 된다"라고 규정하고 있고, 같은 법 제11조 제1항 제2호는 "인간의 존엄성을 침해하거나 직무상의 목적을 위하여 발동된 명령이 아니어서 명령에 따르지 않았더라도 명령불복종은 아니다"라고 명시하고 있다.(하태훈, 상관의 명령에 복종한 행위와 그 형사책임, 연세법학연구, 2002, 각주 16 재인용)

정부는 공무원이 소신 있게 일할 수 있는 환경을 조성하기 위해 국가공무원법일부개정안을 국회에 제출했다.(2018. 3. 25. 국회 제출) 그중 상관의 명령이 명백히 위법한 경우 이의를 제기하거나 이행을 거부할 수 있고, 거부한 공무원에 대해 인사상 불이익을 줄 수 없도록 하는 내용이다.(안 제57조) 법리적으로 새로운 내용은 아니고 그동안 정립된 법리를 법률에 명시함으로써 부

하 공무원을 보호하고 소신 있게 일할 수 있도록 하는 배려라고 생각한다.[12]

따라서 우리나라에서도 상관의 명백한 위법명령에 대해 부하는 이행할 의무가 없다. 나아가 위법한 명령을 따른 경우, 부하의 행위에 대한 위법성은 없어지지 않고, 처벌까지 받을 수 있다. 다만 부하가 그러한 행위로 나갈 수밖에 없고 다른 적법한 행위를 기대할 수 없는 경우에는 책임이 면제될 수 있다. 상관의 폭행이나 협박으로 인해 부하가 그런 행위를 할 수밖에 없는 경우가 여기에 해당한다. 상관의 위법한 명령에 따른 행위를 한 부하들은 많은 경우 형사재판에서 상관의 지시에 따라 어쩔 수 없이 그런 행위로 나갔다고 변명을 한다. 그러나 앞에서 본 바와 같이 많은 경우는 처벌의 수위를 정함에 있어 참작될 뿐이지 무혐의 또는 무죄가 되지는 않는다.

그런데 상관의 명령이 위법한 것인지가 명확하지 않고 애매한 경우는 어떻게 해야 하는가? 「국제형사재판소에 관한 로마규정」에 의할 경우 집단살해범죄, 인도에 반한 죄는 명백히 위법한 행위로 간주된다. 그 외에 인간의 존엄을 해치는 범죄, 형사상 범죄행위를 지시하는 행위는 명백한 위법한 명령이라고 보아야 할 것이다. 그 외에 상관의 지시가 위법인지 또는 적법한지 애매할 경우가 문제이다. 결론적으로 그러한 명령에 대해서는 부하가 이행해야 할 것이다. 상관의 권한, 상급자의 직무에 대한 지식과 경륜을 고려할 때 상관의 명령의 적법성을 추정해야 할 것이다. 부

---

12 2019년 4월 1일 국회행정안전위원회 법안심사소위원회는 이 법률안에 대한 입법 필요성에 대해 의원들 사이에 합의가 이뤄지지 않아서 이 부분 개정안은 삭제되고 국가공무원법 개정안 중 나머지 부분만 행정안전위원회 본회의에 회부되었다.

하가 임의적으로 위법 여부를 판단할 경우 공무원 사회에서 복종의무라는 덕목이 의미를 잃기 때문이다. 또한 어떤 경우에는 부하가 의도적으로 임무를 회피하기 위해 상관의 명령의 위법함을 주장할 수 있기 때문이다. 다만 뒤에서 살피는 바와 같이 상관과 부하 간의 소통을 통해서 명령의 위법성을 최대한 예방해야 할 것이다.

또 다른 문제는 부하가 자신에게 이익이 될 것으로 생각하고 상관의 위법한 의중을 미리 살펴서 실행에 옮기는 경우이다. 이를 촌탁(忖度) 일본어로는 손타쿠(そんたく)라고 한다. 윗사람이 구체적 지시를 내리지 않았으나 아랫사람이 스스로 알아서 그 사람이 원하는 방향으로 행동하는 것이다. 이 단어는 일본 야후 재팬이 2017년 최대의 유행어로 선정한 것이다. 즉 부하가 상관의 위법한 구체적 명령이 있기도 전에 미리 그 행위를 한 것으로, 바람이 불기도 전에 미리 누워 버리는 것과 같은 것이다. 자신에게 미칠 불이익 때문에 그 이행을 고민하는 것이 아니라 자신의 이익을 위해 미리 불법을 자행해 버리는 것이다. 과잉 충성이다. 명예를 소중히 여기는 군에서 있어서는 안 될 일이지만 치열한 진급경쟁의 와중에 간혹 이런 일이 발생하기도 한다. 상관은 자신의 구상만을 대략적으로 밝혔을 뿐인데 부하가 이미 실행에 옮겨 난감한 경우가 실제로 있다. 따라서 상급자는 항상 앞에서 설명한 명령의 절차, 방법, 내용을 고려하여 명확한 명령 또는 지시를 해야 한다. 그리고 명령 사항이 아니고 구상 및 토의라면 이를 부하들에게 반드시 주지시켜야 한다. 그래야 오해가 없다.

현실적으로 상관이 위법한 명령을 내렸을 때 부하는 어떻게 해야 하는

가? 부하는 복명하고 지휘관의 의도를 재확인한다. 만약 지휘관의 명령이 목적은 정당하나 방법과 절차가 위법하다면 적법한 대안을 제시할 수도 있을 것이다. 그리고 부하는 상관에게 명령이 위법함으로 재고해 달라는 건전한 건의를 해야 한다.(군인복무기본법 제39조 제1항) 이러한 건의를 함으로써 상관의 눈 밖에 나거나 그 밖의 불이익을 받을 것이 두려울 수도 있다. 그러나 위법한 명령임이 명백하다면 상관의 마음에 들지 않더라도 적극적으로 변경이나 철회를 건의하는 것이 진정한 용기이고 상관에 대한 도리임을 알아야 한다. 위법한 명령이 나중에 문제될 경우 가장 큰 책임을 지는 사람은 앞에서 보았듯 결국 그 명령을 한 상관이기 때문이다.

예산의 집행과 관련해서 상관의 부당한 지시를 고려해서 「회계관계직원 등의 책임에 관한 법률」 제8조는 부하는 상관의 위법한 회계관계행위 지시 및 요구에 대해 임무 거부를 소속 기관장에게 보고하도록 하고, 그럼에도 다시 회계행위를 할 수밖에 없어 국가에 손해를 입힌 때에는 상급자 단독 변상책임 등을 규정하고 있다. 한편 위법한 명령으로부터 벗어나기 위해 법무실 또는 전문기관의 도움을 받을 수 있다. 법무실, 상급기관, 전문기관에 법령질의를 하거나 법무장교와의 상담을 통해서 상관의 명령의 적법성에 대해 전문적·객관적 도움을 받을 경우 상관과의 직접적 마찰을 줄일 수 있다. 상관은 현실적인 필요성에 몰입한 나머지 명령의 합법성에 대해 간과할 수 있기 때문이다. 그래도 상관이 위법한 명령을 끝까지 고수하는 경우에는 불복종하는 수밖에 없다. 명령을 이행하지 않음으로 인해 인사상·사실적인 불이익을 입을 수 있지만 상관의 명령보다는 법률이 우선하고 또 명예의 가치가 더 중요하기 때문이다. 더 나아가 위법행위를 실행함으로 인해 얻는 상관의 신임, 인사상·사실상 이익은 나중에 받는 형사처벌 또는 징계처분으로 인한 불이익, 불명예와 비교할 수 없기 때문이다. 요약하면 상관의 위법한 명령에 대해서는 첫째로 상관과 부하 사이에 신뢰관계를 형성하고 이를 토대로 건의를 하여 건강한 소통을 하고, 둘째는 위법한 명령에 용기를 가지고 의연히 거부함으로 대의를 따라야 한다.

"진리를 알지니 진리가 너희를 자유롭게 하리라"라는 성경 말씀이 있다.(요한복음 8장 32절) 이정미 헌법재판관은 퇴임사에서 "법의 도리는 처음에는 고통이 따르지만 오래도록 이롭다(法之爲道前苦而長利, 한비자)"라는 고사를 인용하여 자신의 소회를 밝혔다. 성경 말씀이나 한비자의 고사나 모두 당장은 불편하고 힘들지만 진리(정의, 법)를 따를 경우 오래도록 편하다는 것을 강조하고 있다. 다만 용기가 필요하다. 반면 상관의 명령이 법에 위반될 때 한순간 눈을 감고 상관의 명령을 따르는 것이 편하거나 단기적인 이익이 될 수도 있다. 그러나 이것은 도박이다. 언젠가는 이것이 자신에게 화(禍)가 되어 돌아온다.

4. Honesty is the best policy

가수 Billy Joel이 1978년 부른 〈Honesty〉라는 노래가 있다. 가사에 이런 부분이 있다. "Honesty is such a lonely word. Everyone is so untrue. Honesty is hardly ever heard, but mostly what I need from you(정직이란 매우 낯선 말이다. 모두가 너무 진실하지 않다. 정직한 말을 듣기는 참 어렵다. 그럼에도 내가 당신에게 가장 원하는 것이다)." 이 정도로 번역된다. 그러나 군에서는 늘 정직한 말이 들려야 한다.

'정직이 최선의 정책이다'라는 격언이 있다. 이것이 꼭 맞는 직역이 군대이다. 그러기에 「군인복무기본법」은 '정직의 의무'를 군인의 의무 중 하나로 규정하고 있다. 이 법은 "군인은 명령의 하달이나 전달, 보고 및 통보를 할 때에 정직하여야 한다"라고 규정하고 있다.(제22조) 이 조항이 처음 들어간 1991년 「군인복무규율」은 "군인은 근무 시에 정직하여야 하며,

명령의 하달이나 전달, 보고 및 통보에는 허위·왜곡·과장 또는 은폐가 있어서는 아니 된다"라고 규정했다. 다른 공무원 복무규정에는 없는 색다른 의무이다. 이 군인복무규율에 있던 조항이 「군인복무기본법」에 그대로 규정되었다.

「군인복무기본법」은 왜 군인에게 정직의 의무를 부여하고 있을까. 첫째, 정직하지 않는 군대는 효율적인 작전과 전투를 수행할 수 없다. 군의 구성 요소인 물자, 병력 및 교육훈련 상태, 사기와 기강, 작전 상황 등에 대해 부하가 정직하게 보고하지 않으면 지휘관은 잘못된 보고를 바탕으로 작전계획을 수립할 수밖에 없고, 그 결과 작전은 실패할 수밖에 없다. 작전의 실패는 귀중한 인명의 손실로 이어진다. 군에서는 부대의 모든 업무에 대해 공과(功過)를 평가한다. 그래서 부대에서 일어나서는 안 될 사건이 발생했을 때 이를 곧이곧대로 상급자에게 보고될 경우 자신에게 미칠 불이익을 생각하지 않을 수 없다. 이런 경우 군인은 허위보고하거나, 사실을 은폐하고 싶은 유혹에 이끌릴 수 있다. 「군인복무기본법」은 이러한 상황에서도 용기 있게 진실을 말하라고 요구하고 있다. 그래야 부대가 정상적으로 운영될 수 있기 때문이다.

둘째, 군대에서는 장병 상호간의 신뢰가 매우 중요하다. 부대원끼리 진솔하고 정직해야 서로를 신뢰할 수 있고, 충성을 이끌어 낼 수 있다. 서로가 평소에 정직해야 전쟁터에서 전우를 믿고 자신의 목숨을 동료에게 맡기고 작전을 수행할 수 있다. 또한 군 전체가 정직해야 국민의 신뢰를 얻을 수 있고, 신뢰를 얻어서 전쟁에서 승리할 수 있다. 그래서 일찍이 공자(孔子)는 "경제력이나 군사력보다도 국민의 신뢰가 중요하다(足食 足兵 民信之矣, 民無信不立,『논어』「안연」편)"라고 강조하였다. 이런 연유로 「군인복무기본법」은 군인에게 정직을 요구하고 있다고 생각한다. 특히 군은 외딴곳 또는 보안상의 이유로 일반 국민의 접근이 어려운 곳에서 업무를 수행하기 때문에 그 정직성은 더욱 필요하다.

미 육군도 진실성(integrity)을 핵심 가치 중의 하나로 두고 있다. 『미 육군 야전교범 6-22 리더십』은 진실성에 대해 다음과 같이 기술하고 있다.

> 진실한 지휘관은 그냥 생각 없이 행동하는 것이 아니라 명확한 원칙에 근거해서 행동한다. 미 육군은 말이나 행동에 있어서 정직하고 높은 도덕 기준을 가진 지휘관을 신뢰한다. 지휘관(자)들은 다른 사람들에게 단순히 보여주기 위하거나 진실이 아닌 것을 행동하지 않으며 오직 진실에 충실한다. 지휘관은 임무를 완수할 수 없으면 지휘계통으로 그대로 보고해야 한다. 부대의 전투준비태세 수준이 70%라면 상급지휘관이 90% 수준을 요구하였다고 하더라도 지휘관은 부하에게 그 수치를 상급자의 기준에 맞추라고 부당한 지시를 하지 않는다. 진실을 보고하는 것이 지휘관의 의무이며 그렇게 해야 명예와 진실성을 바탕으로 문제 해결점을 찾을 수 있다. 군대의 전투태세 수준을 정확히 아는 것이 군인의 생명을 구하는 것이다. 지휘관은 만약 실수로 잘못된 정보를 전달했으면 신속하게 자신의 잘못을 인정하고 바로잡아야 한다. 지휘관은 바른 일을 해야 하는데 그것이 편해서가 아니라 다른 선택의 여지가 없기 때문이다. 지휘관은 항상 진실의 길을 선택해야 하며 군대는 그 이하를 용납하지 않는다. 자신이 하는 것을 숨길 수 없다. 지휘관은 항상 타인에게 노출되어 있다.

(미 육군 FM 6-22, pp.4-8)

미 공군도 진실성 최우선(integrity first)을 핵심 가치의 하나로 규정하고 있다. 진실성의 요소로서 정직을 들고 있다.

> 정직은 군인 직업에 있어서 표상이고 가장 중요한 요소이다. 왜냐하면 공군의 말은 곧 사실이고 지킨다는 뜻이다. 교육훈련에 있어서 허위로 대충 하지 않는다. 기술적인 위반에 대해서 은폐하지 않는다. 서류를 허위로 작성하지 않으며, 군사작전 준비상황을 허위로 작성하지 않는다. 적어도 거짓말을 하지 않는다. 어떤 잘못에 대해서도 합리화하지 않는다. (UNITED STATES AIR FORCE CORE VALUES, 1 January 1997)

2015년 최근 해설서는 진실성을 다음과 같이 설명하고 있다.

> 진실성은 아무도 보지 않는 곳에서도 옳은 것을 행하고자 하는 의지라고 정의하고 있다. 진실성은 또한 도덕적 나침반(moral compass)으로서 내면의 소리, 자기 절제의 소리, 오늘날 공군에 있어서 절대적으로 중요한 신뢰의 기초라고 설명한다. 정직은 신뢰의 기초이다. 따라서 공군 장병은 자신, 부대, 공군과 군대에 신뢰를 주는 행동을 해야 한다. 공군 장병은 자신의 안일이나 절제되지 않은 욕심에 이끌려 행동해서는 안 되며 마음속 깊은 곳의 명예심에 의해 행동해야 한다. (THE AIR FORCE CORE VALUES, 8 August 2015)

군인에게는 정직의 의무가 부과되어 있다. 정직의 의무를 위반한 행위가 징계처벌을 넘어서 형사처벌을 받는 경우가 있는데 다음과 같다. 「군

「형법」은 **군사에 관해** 허위보고를 하는 경우 처벌하도록 하고 있다.(제38조) 앞에서 예를 든 것처럼 군의 요소인 물자, 병력 및 교육훈련 상태, 부대원의 사기와 기강, 작전상황 등이 **군사에 관한 것**에 해당될 수 있다. 대법원은 구타로 인해 상해가 발생했음에도 단순히 물건에 부딪혀 발생한 것으로 허위보고한 행위를 허위보고죄에 해당한다고 판단하였다.(대법원 2006. 8. 25. 선고 2006도620 판결) 군에서 각종 문서를 작성함에 있어서 허위 내용을 기재할 경우 허위공문서작성죄(형법 제227조)가 성립된다. 군내의 인사정보시스템 등 전자기록매체에 권한 없이 허위의 사실을 수정·입력하는 경우 공전자기록 변작죄(형법 제227조의2)로 처벌받는다. 부대 내 형사사건 또는 징계사건이 진행 중에 있는데 자신 또는 부대에 불리하게 작용할 증거를 숨기거나 없애 버리는 행위는 증거인멸죄(형법 제155조)로 처벌받는다. 부대의 진급, 선발 등에 있어서 자격요건에 필요한 서류 또는 자격증을 허위로 제출한 경우에는 위계에 의한 공무집행방해죄(형법 제137조)가 성립된다. 군사재판, 민사재판, 국정감사 등에서 증인선서를 한 후 허위로 진술을 할 경우 위증죄(형법 제152조, 국회에서의 증언·감정 등에 관한 법률 제14조)로 처벌받을 수 있다. 「군인사법 시행규칙」은 또한 '신의가 없고 허위보고를 하는 사람'을 현역복무 부적합자로 적시하고 있다.(제56조)

정직한 행동으로 인해 자신에게 불편이나 불이익이 생길 수 있다. 그래서 부정직하고 싶은 유혹이 생길 수 있다. 그러나 군인은 이미 국가를 위해 목숨 바쳐 헌신하기로 한 사람이다. 이렇게 결의한 사람에게 인사상 불이익 등은 사사로운 유혹이다. 이렇게 볼 때 정직은 자신에 대한 용기의 표현이다. 그러므로 군인은 정직한 행동으로 나가야 한다. 정직하지 못한 행동으로 책임을 면하거나 혜택을 보아서 상위 직위에 나아가거나 진급을 했다고 하더라도 스스로 떳떳할 수 없다. 그러면 스스로 명예스럽지 못하다. 특히 지휘관이나 상급자가 이런 불명예스러운 행위를 하면 부하들에게 더 이상 정직을 요구할 수 없기 때문에 솔선수범이 필요하다.

한편 군이 너무 완벽하거나 많은 것을 부하나 예하 부대에 요구하는 경우가 있다. 이 경우 구조적으로 부하들이 정직하게 보고할 수가 없다. 상급부대는 군에서 정한 기준 또는 해야 할 일들을 하급제대에서 달성할 수 있는지를 항상 점검해야 한다. 미 육군대학(War College)에서 발행한 논문에 따르면 군에서 너무 높은 기준, 너무 많은 기준과 요건을 제시함으로 인해 부하들이 어쩔 수 없이 거짓으로 보고하는 경향이 있다고 한다.(Lying to Ourselves: Dishonesty in the Army Profession) 우리 군도 참고할 만하다. 지휘관들은 부대에서 해야 할 일들을 치밀한 규정을 만들어 시행하면 될 것이라는 착각에 빠져서는 안 된다. 항상 야전에서 실현가능성이 있는지를 현장에서 확인해야 한다. 그리고 군인은 항상 자신의 유익보다는 부대와 국가를 생각해서 정직한 행동을 해야 한다. 사관학교 생도시절 감독 없이 시험을 치를 때와 같이 부하와 상관, 국민에게 정직해야 한다. 정직해야 군대 내에서 신뢰가 형성되고, 국민의 신뢰를 받을 수 있고, 명예로운 국군, 명예로운 군인이 될 것이다. 한 번의 거짓말도 자신이 알고, 요즈음은 부대원 모두가 안다는 것을 유념해야 한다. 정직하게 보고하여 호미로 막을 것을 가래로 막을 수도 없는 심각한 사태가 되는 것을 막아야 한다.

5. 수의를 입고 사는 사람, 군인

국가와 민족을 위해 몸과 마음을 바친 제복 입는 공무원(MIU: Men In Uniform)의 노고를 기리기 위해 제정된 상이 '영예로운 제복상'이다. 대상자는 군인과 경찰 및 소방 공무원이다. 제6회 시상식에서 한민구 국방부 장관은 "제복은 명예와 신뢰의 상징이고, 국민을 위한 열정과 헌신이 담겨 있다"라고 말했다.

사회에서 많은 사람들이 직역 및 직장에서 제복을 입는다. 자신의 직업, 직장 또는 소속된 단체를 다른 곳과 구별하고 소속감을 다지기 위해서다. 의사·약사·간호사, 운동선수, 버스 운전기사, 학생, 보이스카우트 대원 등이 그렇다.

공무원 가운데서도 제복을 착용하고 근무하는 공무원이 있다. 군인과 경찰 및 소방공무원이 그러하다. 「군인사법」, 「경찰공무원법」과 「소방공무원법」은 각각 해당 공무원이 제복을 착용하도록 규정하고 있다. 반면 일반 공무원에 대해서는 「국가공무원 복무규정」은 근무 중 그 품위를 유지할 수 있는 단정한 복장을 하여야 한다고 밝히고 있을 뿐이다. 제복을 입는 공무원이 다른 공무원과 다른 점은 국민의 생명과 재산을 보호하기 위해 자신의 생명을 무릅쓰고도 임무를 완수해야 하는 직업적 특성이 있다는 점이다. 국가는 이러한 직역에 있는 공무원에 대해서는 제복을 착용토록 하여 다른 국민과 식별이 되도록 하고, 국민에 대해 보다 높은 봉사와 희생을 요구하고 있다.

「군인사법」은 군인이 제복을 입어야 함을 밝히고 있다.(제47조의 3) 또한 「군인복제령」은 "군인은 이 영에 정하는 바에 의하여 군복을 착용하고 외모를 단정히 하며 규율을 지켜 군인으로서의 품위를 유지하여야 한다" 라고 규정하고 있다.(제3조) 하위 규정인 「육군 복제 규정」은 군복의 제식 및 착용방법에 관한 세부 규정을 두고 있다. 그러나 군복에 관한 여러 법령은 군복 착용의 의미에 대해서는 별도로 규정하거나 설명을 하지 않고 있다.

반면 미 육군의 복제에 관한 규정(AR 670-1)은 군인의 외모와 제복을 제대로 입는 것이 왜 중요한지 설명하고 있다. "군인의 외모는 그 직업정신의 표현이고 제복을 제대로 입는 것은 모든 군인을 대표한 개인적 자긍심의 문제이다. 또 제복을 제대로 착용하는 것은 부대의 사기와 단결심을 나타내는 척도이다. 군인은 자신의 외모가 직업정신을 가장 잘 표현되도록 개인적인 책임을 져야 한다"[13]라고 규정하고 있다. 이 설명은 우리 군에도 그대로 적용된다고 볼 수 있다.

역사적으로 군인을 민간인과 구별하기 위해 군복을 착용토록 했다. 자국 군인과 타국 군인 특히 적군과 구별하기 위해 군복을 만들고 식별하기 위해 각종 부착물을 만들었다. 또 아군끼리 서로 오인하지 않도록 하기 위함이다. 군복은 기능적으로 전투에 적합하도록 전투할 곳의 지형과 기후를 고려하여 그 성능과 디자인이 발전되어 왔다. 군복은 각국의 법률과 규정에 의해 규율되기도 하지만 각국의 전통과 국제적인 관행에 의해 색상과 디자인이 좌우되는 경우가 많다. 군복의 색상은 육군은 녹색과 담황색이 주를 이루고, 해군은 검정색과 흰색, 공군은 청색 계열이 많다. 군복을 착용하는 것은 기능과 전통이란 측면 외에도 미 육군규정에 비추어 봤을 때 군복을 제대로 착용하게 함으로써 군대의 전통을 계승하고, 군인으로서의 자긍심, 단체정신을 배양하고 군 기강을 유지하는 데도 도움을 주는 역할을 한다.

국군의 활약을 묘사한 2016년 인기 드라마 〈태양의 후예〉에서 유시진 대위의 군복의 의미에 대한 대사가 인기를 끌었다. 사실 그 대사는 청은 시인의 「수의를 입고 사는 사람들」을 인용한 것이었다. 그 시에는 다음과

---

[13] The Army is a profession. A Soldier's appearance measures part of his or her professionalism. Proper wear of the Army uniform is a matter of personal pride for all Soldiers. It is indicative of esprit de corps and morale within a unit. Soldiers have an individual responsibility for ensuring their appearance reflects the highest level of professionalism.

같은 구절이 있다.

조국이 원할 때 지체 없이 죽음으로 뛰어 들어야 하기에
군인은 늘상 수의를 입고 산다.

이 시를 읽다가 보면 자연스레 모윤숙 시인의 「국군은 죽어서 말한다」는 시의 다음 구절이 떠오른다.

나는 조국의 군복을 입은 채
골짜기 풀숲에 유쾌히 쉬노라
이제 나는 잠시 피곤한 몸을 쉬이고
저 하늘에 나는 바람을 마시게 되었노라

그런데 실제 국군이 전사나 순직했을 때 군복을 수의(壽衣)로 사용하는지에 대해 직접 명시한 규정은 보이지 않는다. 다만 「부대관리훈령」은 군에서 사망사고가 발생하였을 때 부대는 장례를 위해 사망자의 정복 또는 전투복 등을 준비하도록 규정하고 있다.(제288조) 이 규정을 볼 때 군인이 전사하여 장례식을 거행할 수 없는 전시뿐만 아니라, 평시에도 군복이 수의가 됨을 알 수 있다. 오늘 있을 수 있는 전투로 인해 전사할 경우를 생각한다면 군인은 평시에도 수의를 입고 근무하는 것이 명백하다.

국제법에 의하면 군인은 민간인과 구별되어야 한다. 이에 따라 민간인은 함부로 군복을 착용해서는 안 된다. 따라서 군복은 군인만이 착용할 수 있는 의무이자 특권이기도 하다. 군인이 아닌 사람이 함부로 군복을

착용하지 못하도록 하는 국내 법률도 있다. 「군복 및 군용장구의 단속에 관한 법률」이 그러한 법률이다. 이 법은 군인 이외의 사람이 군복을 착용할 수 없도록 하고 이를 위반한 경우 형사처벌하도록 규정하고 있다. 군복뿐만 아니라 군복과 유사한 유사군복을 착용하여 군인과 식별이 곤란하게 하는 경우도 처벌토록 하고 있다. 유사군복은 '군복과 형태·색상 및 구조 등이 유사하여 외관상 식별이 극히 곤란한 경우'를 말한다.

최근 헌법재판소는 6:3으로 판매할 목적으로 유사군복을 소지하는 행위를 처벌하도록 하는 위 「군복 및 군용장구의 단속에 관한 법률」 제8조, 제13조를 합헌이라고 판단했다. 헌법재판소는 위 조항들에 대해 "건전한 상식과 통상적인 법감정을 가진 사람은 어떠한 물품이 유사군복에 해당하는지 예측할 수 있다"며 죄형법정주의의 명확성 원칙에 위반되지 않는다고 판단했다. 또 "군인 아닌 자가 유사군복을 입고 군인을 사칭해 군인에 대한 국민의 신뢰를 실추시키는 것은 국가안전보장상의 부작용으로 이어진다"라고 하며 "이를 방지하기 위해서는 유사군복의 착용금지뿐만 아니라 판매 목적 소지까지 금지하는 것이 불가피하다"라고 지적했다.(헌재 2019. 4. 11. 2018헌가14)

국회에서는 경찰 제복에 관해서 이 법률과 유사한 「경찰제복 및 경찰장비의 규제에 관한 법률」을 2014년 제정하였다. 이 법에 따를 경우 경찰 아닌 사람이 경찰제복 또는 장비를 사용할 경우 6월 이하의 징역 또는 300만 원 이하의 벌금에 처하도록 규정하고 있다. 반면 군복을 법률에 위반해서 착용하는 경우 10만 원 이하의 벌금에 처하도록 되어 있다.

국제법은 군인이 전투를 수행함에 있어서 반드시 제복을 입어야 한다고 규정하고 있지는 않다. 은밀하게 전투를 수행해야 할 경우나 정규군이 아닌 자들이 전투에 참여할 경우를 염두에 두고 있기 때문이다. 「제네바협약 제1추가의정서」 제44조는 전투원 및 포로의 자격을 확대하여 규정하고 있다. 전투복을 착용하지 않더라도 무기를 소지한 경우 민간인과 구별되게 적어도 무기를 공연(公然)히 휴대할 것을 요구하고 있다. 하지만 같은 조 제7호는 한 국가의 정규군은 제복을 착용하는 것이 일반적으로 인정된 국가의 관행임을 밝히고 있다. 따라서 군인은 전투 시 특별한 사정이 없는 한 군복을 착용해야 한다. 그래야 보다 쉽게 전투원과 포로의 지위를 가지며 이에 따른 보호를 받는다.

군인이 매일 착용하는 군복에는 이렇게 여러 의미가 담겨있고, 여러 국내 법령과 국제법이 군복에 대해 규율하고 있다. 헌법 제5조는 국군은 국가안전보장과 국토방위의 신성한 의무를 진다고 규정하고 있다. 국민의 생명과 재산을 지키기 위해 수의를 입고 생명을 걸고 복무하기 때문에 군인의 의무를 신성하다고 규정했을 것이다. 그 군인을 상징하는 것이 바로 군복이다. 그렇기에 국민은 군인을 신뢰하고 그 신뢰는 군복에 귀착한다. 군복이 수의라면 어떻게 매일 아침 군복을 입을 때 숙연하지 않을 수 있을까? 그 군복이 소중하고 자랑스럽지 않을까? 군복의 명예를 소중히 여기지 않을 수 있을까? 국민은 그런 군복을 입은 군인을 신뢰하지 않을 수 있을까?

6. 군인의 길

　군인은 「국가공무원법」에 따르면 경력직공무원에 속한다. 경력직공무원은 실적과 자격에 따라 임용되고 그 신분이 보장되며 평생 동안 공무원으로 근무할 것이 예정되는 공무원이다.(국가공무원법 제2조) 군인은 그러나 그 인사와 복무에 관하여 별도로 「군인사법」의 적용을 받으며 일반 공무원과 달리 제복을 입고 근무한다. 그리고 「국군조직법」이 정하는 국군의 일원으로 근무한다. 국군은 국가의 안전보장과 국토방위의 신성한 의무를 수행함을 사명으로 하는 조직이다.(헌법 제5조 제2항) 군인은 공무원으로서 국민 전체에 대한 봉사자이며, 국민에 대하여 책임을 진다.(헌법 제7조) 그러나 군인이 가야 할 길은 일반 국민의 길, 다른 공무원이 걸어가는 길과는 다르다. 아래에서는 군인이 나아가야 할 길에 관해 여러 규정이 정한 덕목을 살펴보고자 한다.

　「군인복무기본법」은 국군의 강령을 정하고 있다. 국립국어원의 표준국어대사전에서는 강령(綱領)을 '일의 근본이 되는 큰 줄거리, 정당이나 사회단체 등이 그 기본 입장이나 방침'이라고 정의하고 있다. 국군의 강령은 그 구성원인 군인의 강령이다. 「군인복무기본법」 제5조는 다음과 같다.

> 국군은 "① 국군은 국민의 군대로서 국가를 방위하고 자유 민주주의를 수호하며 조국의 통일에 이바지함을 그 이념(理念)으로 한다. ② 국군은 대한민국의 자유와 독립을 보전하고 국토를 방위하며 국민의 생명과 재산을 보호하고 나아가 국제평화의 유지에 이바지함을 그 사명(使命)으로 한다. ③ 군인은 명예를 존중하고 투철한 충성심, 진정한 용기, 필승의 신념, 임전무퇴의 기상과 죽음을 무릅쓰고 책임을 완수하는 숭고한 애국애족의 정신(精神)을 굳게 지녀야 한다."

군인은 입영 및 임관 선서를 하도록 되어 있다. 선서(宣誓)는 여럿 앞에서 성실할 것을 맹세하는 것이다. 즉 선서의 내용을 여러 사람 앞에서 성실히 지킬 것을 맹세하는 것이다. 「군인복무기본법 시행령」은 다음과 같이 선서하도록 규정하고 있다. 장교의 예를 들면 다음과 같다.

> "(임관계급) ○○○는 대한민국 장교로서 국가와 국민을 위하여 충성을 다하고 헌법과 법규를 준수하며 부여된 직책과 임무를 성실히 수행할 것을 엄숙히 선서합니다."(제17조)

또한 군인의 기본정신을 '군기, 사기, 단결, 교육훈련'으로 정하고 있고, 그 기본 정신을 준수하고 행동으로 실천해야 한다.(제2조)

부대관리훈령 제16조는 군인의 신분별 책무를 규정하고 있다. 지휘관,

장교, 준사관, 부사관, 병의 책무를 규정하고 있는데 그중에 장교의 책무는 다음과 같다.

> 장교는 군대의 기간이다. 그러므로 장교는 그 책임의 중대함을 자각하여 직무수행에 필요한 전문지식과 기술을 습득하고, 건전한 인격의 도야와 심신의 수련에 힘쓸 것이며, 처사를 공명정대히 하고, 법규를 준수하며, 솔선수범함으로써 부하로부터 존경과 신뢰를 받아 역경에 처하여서도 올바른 판단과 조치를 할 수 있는 통찰력과 권위를 갖추어야 한다.

6·25전쟁을 겪고 난 국군은 1957년 군인이 나가야 할 '군인의 길'을 제정하였다. 그해 11월 7일자 동아일보는 국방부에서 2년간 심의를 거듭하고 대통령의 재가를 받아서 제정되었으며 군인의 정신적 기간이며 행동의 기준이 된다고 보도하였다. 몇 차례 개정을 걸쳐 현재 「부대관리훈령」에 있는 '군인의 길'은 다음과 같다.

> 제14조(군인의 길) 대한민국 군인은 다음 각 호의 군인의 길을 지표로 삼는다.
>
> 1. 나는 영광스런 대한민국 군인이다.
> 2. 하나, 나의 길은 충성에 있다. 조국에 몸과 마음을 바친다.
> 3. 하나, 나의 길은 승리에 있다. 불굴의 투지와 전기를 닦는다.
> 4. 하나, 나의 길은 통일에 있다. 기필코 공산 적을 쳐부순다.
> 5. 하나, 나의 길은 군율에 있다. 엄숙히 예절과 책임을 다한다.
> 6. 하나, 나의 길은 단결에 있다. 지휘관을 핵심으로 생사를 같이한다.

한편 군인이 군진에서 지켜야 하는 규칙, 특히 전투 중이거나 포로가 되는 경우에 명심해야 할 수칙을 정한 군진수칙(軍陣守則)있는데 「부대관리훈령」은 다음과 같이 규정하고 있다.

제15조(군진수칙) 군에 복무 중인 군인, 근무 중인 군무원은 국가에 대하여 다음 각 호와 같이 맹세하고, 사명에 입각하여 전투 중 또는 포로가 되었을 경우에도 이를 지켜야 한다.

1. 나는 대한민국 군인(군무원)이다. 국가와 민족을 위하여 신명을 바치겠다.
2. 나는 죽어도 항복하지 않겠다. 나는 전력을 다하여 끝까지 싸우겠다.
3. 나는 만약에 포로가 되더라도 계속 항거하고 전력을 다하여 탈출하며, 전우의 탈출을 돕겠다.
4. 나는 만약에 포로가 되더라도 아국이나 우방에 불리한 여하한 적의 권고나 우대도 거절하며, 추호도 적을 돕지 않겠다.
5. 나는 만약에 포로가 되더라도 기밀을 엄수하고, 전우를 보호하고, 선임자면 후임자를 통솔하고, 후임자면 선임자의 명령에 복종하겠다.
6. 나는 만약 포로가 되어 심문받더라도 계급, 성명, 군번, 연령을 제외하고는 진술을 회피하며, 아국과 우방에 불리한 성명, 그 밖에 여하한 요구에도 응하지 않겠다.
7. 나는 조국에 신명을 바친 대한민국 군인임을 명심하고 나의 행동에 대한 책임을 지겠다. 나는 조국을 사랑하며 조국은 나를 보호하고 있음을 확신한다.

한편 육·해·공군은 해당 군의 역사와 전통, 그리고 부여된 임무를 고려하여 복무신조 및 가치관(핵심 가치) 등을 별도로 규정하고 있다. 육군규정 110 병영생활규정 제4조는 육군 장병 정신지표라는 제목 아래 복무신조(우리의 결의)를 다음과 같이 규정하고 있다.

복무신조(우리의 결의)

우리는 국가와 국민에 충성을 다하는 대한민국 육군이다.

하나, 우리는 자유민주주의를 수호하며 조국통일의 역군이 된다.
둘,   우리는 실전과 같은 훈련으로 지상전의 승리자가 된다.
셋,   우리는 법규를 준수하고 상관의 명령에 복종한다.
넷,   우리는 명예와 신의를 지키며 전우애로 굳게 단결한다.

또한 같은 조 제2항은 **육군**의 가치관을 '**충성, 용기, 책임, 존중, 창의**'로 규정하고 생활화하도록 규정하고 있다. 한편 **해군**은 핵심 가치를 '**명예, 헌신, 용기**'로 규정하고 있다. **공군** 역시 핵심 가치를 공군이 최선이라고 생각하는 윤리적 원칙 또는 공동가치 및 행동의 판단의 기준을 뜻한다고 하면서 '**도전, 헌신, 전문성, 팀워크**'로 규정하고, 업무를 수행함에 있어서 핵심 가치를 의사결정을 위한 가치 판단의 기준으로 삼도록 규정하고 있다.

군인은 '대한민국의 자유와 독립을 보전하고 국토를 방위하며 국민의 생명과 재산을 보호하고 나아가 국제평화의 유지'라는 사명을 감당하기 위해 자신의 생명까지 바쳐서 임무를 완수해야 하는 책무가 있다. 군인은 국군과 소속 군의 역사와 전통, 그리고 부여된 임무를 완수하기 위해 헌법에서부터 각 군 규정에 이르기까지 규정한 각종 핵심 강령을 준수할 것을 맹세하였다. 과거에는 이 내용들을 암기하도록 했지만 지금은 그렇지 않다. 그렇지만 군인의 길에 들어선 이상 항상 그 의미를 되새기고 임관할 때 맹세한 초심을 잊지 않고 묵묵히 소임을 다해야 할 것이다. 국민은 그 모습을 기대하고 또 그럴 것이라고 신뢰하고 있다.

7. 군인의 말

 1987년 올리버 스톤(Oliver Stone) 감독의 영화 〈플래툰(platoon)〉을 보았다. 베트남전이 배경이며 많은 전투 장면이 있었다. 그러나 기억에 남는 것은 전투 장면이 아니라 영화의 처음부터 끝까지 계속된 욕설이었다. 생사를 넘나드는 전쟁터에서 군인의 눈에는 핏발이 맺히고 성격은 날카로워질 수밖에 없을 것이다. 이런 상황에서 욕설이 튀어나오는 것은 어쩌면 당연할 것이다. 군인은 원래 행동이 거칠고, 말도 거친 것이 직업적 특성일 수 있겠구나 생각하고 넘겼다.

 그러면 우리 군대에서는 영화 〈플래툰〉에서와 같은 말로 부대를 지휘하고 의사를 표시하는가? 군에서 필자가 처음 배운 말은 '다나까' 어법이었다. 군인의 모든 말의 끝은 '다' 또는 '까?'로 끝나고 '요'로 끝나서는 안 된다는 것이었다. 다나까 어법은 간결하고 정중한 느낌은 있었지만 이것이 다소 딱딱한 느낌을 주는 것은 부인할 수 없었다. 여기에 더해 군대에서는 압존법에 매우 민감했다. 「부대관리훈령」은 "군인은 표준말 사용을 원칙으로 하고, 간단명료하여야 하며, 저속한 언어를 사용해서는 아니 된다"라고 규정하고 있다.(제30조) 또 "하급자에게는 점잖은 말을 사용하여야 하며, 온화하고 위엄이 있으며 상호존중하고 배려하는 태도로써 대하여야 한다"라고 규정하고 있다.(제31조 제2항) 이 규정은 욕설이 난무했던 영화 〈플래툰〉의 장면과는 많은 괴리가 있다.

요즘 우리 사회에서 말의 중요성이 강조되고 있다. '칭찬은 고래도 춤을 추게 한다'라는 말이 있다. 또 부드러운 말로 칭찬받은 물은 그 입자가 육각수가 되고 폭언과 욕설을 들은 물은 그 입자가 깨졌다는 이야기도 있다. 실험 용기에 담긴 밥을 향해 부드럽게 사랑한다고 했을 때 그 밥에 고운 누룩곰팡이가 피었지만, 욕설을 들은 밥은 흉측하게 부패되었다는 텔레비전 다큐멘터리를 본 적도 있다. 또 실제에 있어서도 악성 댓글에 시달리던 연예인이 스스로 목숨을 끊었다는 뉴스도 심심치 않게 보도되고 있다. 어쨌든 말에는 말을 하는 사람의 에너지가 담겨 있으며, 듣는 사람에게 그것이 전달된다는 사실이다. 이 사실은 장병 서로 간에도 그대로 적용된다. 존중과 배려 그리고 애정이 담긴 말은 전우의 자존감을 높이고 사기와 용기를 드높이는 것이 분명하다.

「군인복무기본법」은 "군인은 어떤 경우에도 구타, 폭언, 가혹행위 및 집단 따돌림 등 사적 제재를 하거나 직권남용을 해서는 아니 된다"라고 규정하고 있다.(제26조) 이 규정은 군인이 폭력을 행사하거나 직권을 남용하지 못하도록 한 규정이며, 폭언은 언어폭력을 대표하는 단어이다. 「부대관리훈령」은 언어폭력을 "심한 욕설이나 인격모독적인 언어로 상대방에게 심리적 충격 및 피해를 초래하는 행위를 말하며, 여기에는 문자 메시지, 전자우편, 문서 등의 수단을 이용한 방법 등을 포함한다"라고 규정하고 있다. (제224조) 또 훈령은 병영생활 행동강령으로서 "구타·가혹행위, 인격모독(폭언, 모욕을 포함한다) 및 집단따돌림, 성관련 위반행위는 어떠한 경우에도 금지한다"라고 규정하고 있다.(제17조) 육군 병영생활 규정은(육군규정 120) "상대방에게 기분 나쁜 언어, 상처받을 수 있는 언어 사용은 금지한다. 폭언, 욕설, 인격모독 등 일체의 언어폭력은 금지한다. 인격 비하적인 호칭, 은어, 저속어 등 잘못된 언어 사용을 금지한다"라고 규정하고 있다.(제17조) 즉 「군인복무기본법」과 「부대관리훈령」, 「육군규정」은 모두 품위 있고 상대방을 존중하는 말을 사용하도록 하고 언어폭력을 금지하고 있다.

군대는 특수한 조직이다. 군인은 계급이 있고 또 병 상호 간에 서열을 인정하고 있지 않음에도 암암리 입대 순서에 따른 서열이 있을 수 있다. 군이 군인에게 계급과 직책, 그리고 서열을 부여한 것은 공적 업무 수행을 위한 것이지 부하나 후임자의 인격을 무시할 수 있는 권한을 부여한 것이 아니다. 그럼에도 상급자들은 부하나 후임에 대해 좀 편하게 대해도 무방하다는 생각을 가질 수 있고, 이러한 생각으로 행한 행동이 폭력적인 것으로 변할 수 있다. 평등한 관계가 아닌 사이에서 상급자 또는 선임자가 그 지위를 이용해서 언어폭력을 행사하는 것은 직권을 남용하는 것이며, 야비한 행위이고 폭력행위인 것이다.

그런데 이러한 군인들의 언어폭력으로 인해 많은 장병이 마음에 상처를 입고 있다. 자존감이 떨어져서 관심 및 배려병사로 지정되기도 하고 정신과적 치료를 받기도 한다. 심지어 극단적인 선택을 하여 스스로 목숨을 끊는 경우도 있다. 더한 경우에는 피해자가 가해자와 불특정 부대원에 대해여 총기난사와 같은 대형 사고를 범하기도 한다. 군에서 물리적인 폭행이나 폭력행위를 엄하게 금지하고 처벌함에 따라서 부대에서는 대신 언어폭력이 고개를 들 수 있다. 요즘 장병들은 부모로부터도 질책을 듣지 않고 귀하게 자란 세대여서 부대에서 언어폭력을 경험하면 마음에 상처를 크게 입는다. 아울러 상급자나 선임이 그런 언어폭력을 행사했을 때 항의할 수도 없고 또 병영생활을 하므로 가해자를 피할 수도 없기 때문에 그 상처와 피해는 더욱 크다고 볼 수 있다.

사람은 표현의 자유를 누린다. 그러나 그 표현, 즉 말이 상대방의 마음에 상처를 내는 일정한 경우 형벌로 다스리고 있다. 즉 형법 제311조는 공연히 사람을 모욕한 사람에 대해 1년 이하의 징역이나 금고 또는 200만 원 이하의 벌금에 처하도록 하고 있다. 상관을 그 면전에서 모욕한 경우에는 2년 이하의 징역 또는 금고에 처하도록 규정하고(군형법 제64조), 초병을 그 면전에서 모욕한 경우에는 1년 이하의 징역 또는 금고에 처하도록 규정하고 있다.(군형법 제65조) 모욕이란 추상적인 관념을 사용하여 사람의 인격을 경멸하는 가치판단을 표시하는 경우이다.

이런 모욕에 해당하는 말은 '병사만도 못한 놈, 이 쓰레기 같은 놈, 돌머리, 병신 새끼, 나쁜 놈, 죽일 놈, 망할 놈, 개새끼' 등이다. 특히 군에서는 ① 피해자의 출신·성별·신체적 특징·가정환경 등을 적시하는 경우, ②

피해자가 인솔하는 병력 앞에서 피해자를 모욕한 경우, ③ 피해자의 능력과 계급을 폄하하는 모욕, ④ 태도를 폄하하는 모욕, ⑤ 가족 및 사생활 관련된 모욕은 더욱 엄하게 처벌하고 있다.

군인이 추상적인 사실이 아닌 구체적인 사실을 꼭 집어 다른 군인의 명예를 손상하게 한 경우에는 명예훼손으로 처벌된다. 공연히 사실을 적시하여 사람의 명예를 훼손한 경우에는 2년 이하의 징역이나 금고 또는 500만 원 이하의 벌금에 처하며, 허위의 사실을 적시한 경우에는 그 형이 가중된다.(형법 제307조) 사회생활을 하면서 일부 뒷담화가 있을 수도 있다. 그러나 병영생활은 장병들끼리 24시간을 같이 지내거나 업무영역과 휴식공간이 군부대를 중심으로 이루어지기 때문에 장병들끼리의 뒷담화도 그것이 다시 돌아서 본인에게 돌아오거나 부대원들에게 소문이 날 수 있다. 이러한 행위는 군의 단결을 해치고 따돌림을 하거나 당하게 되는 경우도 있다. 실제로 이런 이유로 피해자가 가해자를 고소하는 경우도 있다. 같이 군 생활을 함에 있어서 동료를 배려해야 하고 험담을 해서는 안 된다는 것을 깨우치게 하는 사례들이다.

언어폭력이 형사처벌에 이르지 않더라도 징계처분을 받을 수 있다. 「군인복무기본법」이 분명히 폭언을 금지하고 있고, 훈령이 품위 있는 언어를 구사하라고 요구하고 있기 때문이다. 상관을 모욕하거나 명예를 훼손한 경우에는 복종의무 위반으로, 그 외의 장병에게 명예훼손, 모욕을 한 행위는 품위유지의무 위반으로 징계처분을 받는다. 이러한 언어폭력의 나쁜 습성이 있는 군인은 군인사법에 따른 성격상의 결함으로 현역에 복무할 수 없다고 인정되어 현역복무부적합 전역을 당할 수도 있다.(군인사법 제37조, 군인사법시행령 제49조, 동 시행규칙 제56조) 뿐만 아니라 언어폭력을 당한 사람 또는 그의 유족은 가해자에 대해서 민사상 손해배상청구소송을 제기할 수도 있다.

군대는 전쟁을 억지하고 전쟁을 대비하는 조직이다. 육체적·정신적 스트레스가 큰 직역이다. 전시에는 자신의 목숨을 걸고 임무를 수행해야 한다. 평시에도 마찬가지이다. 신경이 예민할 수도 있다. 마음에 들지 않는 부하나 상급자도 있을 수 있다. 그렇다고 해서 자신의 계급이나 직책을 믿고 폭언이나 막말을 할 경우 피해자가 입을 마음의 상처는 민간사회보다 훨씬 크다. 계급이나 직책으로 인해 항의하거나 사과를 받기도 어렵다. 그리고 가해자를 늘 보아야 할 경우가 많고 회피할 수 없다. 그렇기 때문에 군에서는 더욱더 「부대관리훈령」에서 정한 부드럽고 품위 있고 간결한 말을 사용해야 한다. 거친 말을 사용하는 사람은 타인의 마음에 상처를 입힐 수 있음을 늘 유념해야 한다. 그리고 자신의 언어생활이 어떠한지를 늘 주변 동료들로부터 점검을 받아보는 것이 필요하다. 많은 경우 자신은 잘하고 있다고 생각하는데 오히려 본인이 문제인 경우가 많다. 또 간부가 먼저 자신을 살펴야 한다. 언어폭력이 많은 부대를 살펴보면 십중팔구 지휘관이나 간부가 언어폭력을 많이 행사한다. 즉 간부가 솔선수범을 하지 못하는 경우가 많다. 군대에서의 품위 있고 상대방을 존중하는 말의 사용은 바로 나부터, 그리고 지금부터 실천에 옮겨야 한다.

8. 군인과 술

『난중일기』를 읽다 보면 이순신 장군께서 전투를 마치고 술로 부하를 격려하거나 참모들과 전술토의를 마친 후 통음하였다는 내용이 자주 나온다. 400여 년 전에도 술은 전투를 앞둔 군인의 사기를 진작시키거나 승리를 축하하고 전투피로를 회복하기 위한 주요 방편이었음을 알 수 있다. 그러한 전통이 계승되었는지 6·25전쟁을 겪고 군이 성장하면서 군대는 작전, 훈련, 검열 등을 앞두고 서로 단결하고 전의를 고양하기 위해 회식을 베풀어 왔다. 작전이나 행사가 성공적으로 종료된 후에는 수고한 장병들을 격려·위로하기 위한 회식이 베풀어진다. 이러한 회식에는 항상 술이 제공된다. 병영생활을 하는 병에게는 이때에 한해 술을 마실 수 있는 기회가 제공된다. 군 간부들은 이러한 공식적인 회식 외에도 부대원들과 소통하기 위해 식사를 하면서 술을 마시기도 한다. 그런 연유인지 군인에게는 일정한 분량의 면세주가 배당된다. 그동안 군대 회식에서 술은 기호식품을 떠나 일반적인 음료로 인정되었고 군인이면서도 술을 마시지 않거나 못 마시는 사람은 주변으로부터 술을 못 마시는 군인도 있느냐는 조롱 아닌 조롱을 받기도 했다. 사회에서도 1990년대 신문의 정부 주요 관료나 장성 진급 및 보직에 관한 인물평을 보면 흔히 '두주불사의 호주가'라는 평가가 자주 거론되며 또 좋은 의미로 사용되었다. 그런 이유인지 법원도 그동안은 회식 및 접대에서의 잦은 음주와 과음으로 인한 질병을 직무와 관련 있는 것으로 너그럽게 인정해 왔다.

그러나 과음은 군인의 건강에 해를 끼친다. 군인의 음주로 인한 각종 사건·사고는 비전투 간 인명손실, 대민물의로 이어졌다. 이로 인해 군의 품위가 손상되고 군에 대한 신뢰가 떨어졌다. 그동안 술에 관대하고 이를 강권하는 사회와 군대의 분위기 속에서 건강, 소신 및 종교적인 이유로 술을 못 마시거나 마시지 않는 군인에게 회식은 고역이었다. 그러나 사회에서도 음주에 대한 인식이 변화되었다. 군에서도 술로 인한 부작용이 심화되자 지휘관들은 술에 대한 통제를 시작했다. 그러나 이러한 통제의 실효성과 인권침해에 대한 의구심이 사라지지 않고 있다. 아래에서는 술이 장병의 건강에 대한 관점, 음주로 인한 사고 또는 안전에 관한 관점, 음주가 군의 기강에 미치는 영향에 대한 관점, 장병의 사기와 사생활의 자유의 관점에서 살펴보고자 한다.

「식품위생법」과 「식품안전법」은 술을 식품의 일종으로 규정하고 있다. 식품은 모든 음식물을 말한다. 「식품위생법」 제7조에 근거해서 식품의약품안전처장이 고시한 '식품공전'에 따르면 술을 "곡류, 서류, 과일류 및 전분질원료 등을 주원료로 하여 발효, 증류 등 제조·가공한 발효주, 증류주, 주정 등 주세법에서 규정한 주류"라고 정의하고 있다.(식품공전 제5장 15 주류) 술은 식품이지만 그 정의를 규정한 법률은 오히려 세금 징수에 관한 법률인 「주세법」이다. 「주세법」은 주류(술)를 '섭씨 15℃에서 알코올 농도 1% 이상의 음료 또는 주정'이라고 정하고 있다.(제5조, 제2조) 술을 제조하려는 업체는 관할 세무서장의 면허를 받아야 하며(주세법 제6조), 식품의약품안전처장에게 등록하여야 한다.(식품위생법 시행령 제26조의 2) 과거 주류의 제조는 세무서장에게 면허를 받는 것으로 족했지만 2012년 식품위생법시행령 개정으로 술도 식품의약품안전처의 규율을 받도록 해서 위생과 안전에 대한 감독을 강화하게 되었다.

술은 사람을 취하게 하며 또 의존성을 갖게 하는 음료이다. 술은 긴장 완화 및 소통을 위한 기호식품이기도 하지만 건강을 해칠 수 있다. 과음은 특히 그렇다. 「국민건강증진법」은 술이 건강에 미치는 폐해를 고려해서 여러 규정을 두고 있다. 이 법은 최근 개정을 통해 통해 술에 대한 규제를 더욱 강화하였다. 그 중에는 지방자치단체가 음주폐해 예방과 주민의 건강증진을 위해 필요하다고 인정하는 경우 조례로 일정한 장소를 금주구역으로 설정할 수 있도록 하였다. 이 법은 ① 보건복지부장관이 술의 광고에 대해 변경 또는 금지할 수 있고, ② 과다한 음주가 국민 건강에 해롭다는 것을 교육·홍보하고, ③ 주류의 판매용 용기에 과다한 음주는 건강에 해롭다는 내용과 임신 중 음주는 태아의 건강을 해칠 수 있다는 경고 문구를 기재하도록 강제하고 있다.(제7조 제2항 및 제7조 제2항, 제8조에서 제8조의4) 「군보건의료에 관한 법률 시행령」은 군 당국이 군인에게 '절주 등 건강생활의 실천에 관한 사항'을 교육하도록 규정하고 있다.(제3조 1) 「청소년보호법」은 술을 청소년유해약물 중 하나로 정하고(제2조 제4호), 청소년(19세 미만 자)에게 술을 판매할 수 없도록 하고 이를 위반한 사람을 형사처벌하도록 규정하고 있다.(제28조, 제58, 59조)

술을 마시고 취해 업무를 수행함으로써 공공안전에 위해를 끼칠 수 있는 경우 이를 형사처벌하도록 규정한 법률이 있다.

법률	금지 내용	알콜농도	법조항
도로교통법	자동차, 건설기계, 자전거 주취 운전	0.03%	제44조 제148조
해사안전법	선박을 주취 조타	0.03%	제41조 104조
수상레저 안전법	수상오토바이, 모터보트, 동력수상레저기구 주취운행	0.03%	제22조 제56조
철도안전법	철도 운전업무종사자, 관제업무종사자 주취운행, 여객승무원 음주	0.02%	제41조 제78조
	그 외 업무종사자의 음주	0.03%	
항공안전법	주취 상태에서 항공기 운항 금지	0.02%	제57조 제146조
	운행 중에는 일체 술 마시지 못함	0%	

이러한 주취운행을 금지하는 법률은 같은 기능을 가지는 군용 자동차, 선박, 항공기 등에 대해서는 그 법의 적용을 배제하고 있다. 이는 군이 그 특성에 맞게 자체적 규율을 할 수 있도록 한 것으로써, 이러한 군용 장비에 대해 구체적으로 주취운행을 금지하는 행정규칙을 둘 필요가 있다. 공군규정 13-1「일반비행」제11조는 음주 후 12시간 이내에 있는 자 또는 혈중알콜농도 0.02% 이상인 자는 공중근무를 할 수 없도록 규정하고

있다. 그 외 각 장비에 대해 음주의 기준을 정하거나 금지하는 개별 행정규칙은 없다. 대신 「부대관리훈령」은 음주는 허가된 시간과 장소에서만 할 수 있다고 규정하고 있을 뿐이다. (제36조) 육군규정은 "① 병영 내 음주는 지휘관이 허가 시에 지정된 장소에서 마실 수 있으나 군인의 품위를 손상하거나 임무수행에 지장이 있어서는 아니 되며 근무자는 음주를 할 수 없다. ② 회식은 영내에서 실시함을 원칙으로 하며, 건제 단위 회식 시 중대급 이하 제대는 대대장, 그 이상의 제대는 부대 여건에 따라 연대장급 이상 지휘관의 승인에 의한다"라고 규정하고 있다. (육군규정 120 병영생활 규정, 제47조) 우리의 규정은 음주를 일반적인 사기 및 군 기강 차원에서 규율하고 있음을 볼 수 있고, 각종 무기 및 장비를 운영함에 있어서 금지되는 혈중알콜농도 등을 구체적으로 제시하고 있지 않다. 그런데 그럴 리는 없겠지만 현행 우리 규정에 의하면 업무시간 중에 허락을 받지 않고 아주 약간의 알콜성 음료를 마시기만 해도 규정을 위반한 것이 될 수 있다. 미군처럼 음주의 기준을 정해 두는 것도 필요하다고 생각된다.

참고로 미 육군은 술과 약물남용에 관한 별도의 규정을 두고 있다. (AR 600-85, The Army Substance Abuse Program) 이 규정의 내용 중 관심을 끄는 부분은 다음과 같다.

> 술을 마실지 여부는 개인이 결정할 문제이며, 술을 마시지 않는 장병의 그 결정은 존중받는다. 술을 마시는 사람은 적법하게 책임감을 가지고 술을 마셔야 한다. 책임 있는 음주는 시간, 장소, 주량에 대해 스스로 생각하는 한도를 준수하는 것이며, 자신의 임무수행능력에 지장이 있거나 능력이 저하되지 않아야 한다. 뿐만 아니라 개인의 업무

수행, 건강과 복지, 부대와 조직의 질서와 기강에 부정적인 영향을 끼치지 않아야 한다. 과음과 그로 인한 비행(非行)과 음주로 인해 근무에 악영향을 끼치는 행위는 절대 용납되지 않는다. 이때의 음주는 혈중알콜농도 0.05% 이상을 의미한다. 그리고 만 21세 미만의 장병은 음주를 할 수 없다. 일반적으로 군인은 근무 중 자신의 행동 및 육체적인 기능에 악영향을 미치는 경우, 자신의 신뢰와 의존성을 감소시키는 경우, 자신과 다른 군인 및 육군 전체의 명예를 훼손하게 하는 경우, 통일군사법원법(UCMJ) 또는 다른 법규를 위반에 이르는 경우에는 음주가 허용되지 않는다. 그리고 육군 근무지는 술이 없는 영역으로 유지하는 것이 육군의 방침이다. 어떠한 사교모임에 있어서도 술이 목적이 되거나 중심이 되어서는 안 된다. 어떠한 종류의 술이라도 미화되어서는 안 되고 군의 임무 및 기능에 있어서 관심의 중심에 있어서도 안 된다. 모든 행사나 모임에 있어서도 개인적인 책임이 강조되어야 하고 장병들에게 무분별하게 술을 마시도록 권장하는 것은 엄격하게 금지된다. 모든 공식적인 행사에서는 술을 마시지 않는 사람을 위해 반드시 적절한 비알콜성 음료를 비치해 두어야 한다. 최종적으로 술로 인한 자신의 결정과 행동에 대해서는 자신이 책임을 져야한다.

미 육군에서는 또한 과음 또는 알콜의존성이 있는 장병에 대해서는 재활 프로그램을 실시하고 그래도 재활이 되지 않는 장병에 대해서는 현역복무부적합 전역조치를 하고 있다.

2017년 대검찰청이 2016년 발생한 범죄를 분석했다. 이 중 범인이 범행 시 주취상태였던 비율은 다음과 같다. 살인 51.5%(307건), 강도 17.8%(222건), 방화 54.6%(487건), 성폭력 41.7%(5,730건), 강력범죄

(폭력) 49.2%(78,708건), 공무방해 74%(9,439건)의 분포를 보였다.(대검찰청, 2017 범죄분석) 이를 분석해보면 격정 및 충동범죄의 경우 주취상태인 비율이 높다. 군인 범죄의 경우 음주와의 연관성을 분석한 자료는 없다. 필자의 경험으로는 군인이 병영 밖에서 범한 범죄는 민간 부문보다 음주관련성이 높다고 생각한다. 왜냐하면 군인은 기본적으로 전과 없는 자가 절대다수여서 범죄의 경향성이 낮고, 대신 고도의 위험한 업무 수행, 통제된 병영생활 등으로 인해 긴장을 해소하기 위한 방편으로 휴가나 외출 중 음주의 빈도와 양이 많을 수 있고 이로 인한 범죄가 많다고 추측한다. 실제 휴가외출 중 음주로 인한 폭력사고, 성폭력, 음주운전 등이 군인 범죄의 상당 부분을 차지한다. 참고로 군인의 음주운전 처벌 건수는 2017년 통계에 의할 경우 801건, 2016년에는 859건이며 해마다 범행 건수는 크게 변동이 없다. 전체 통계 중 간부들이 차지하는 비율이 79%이다.(국방부 법무관리관실, 국방 법무통계 자료집) 이는 매년 군 간부 중 600명 이상이 음주운전으로 적발되어 형사처벌 및 징계처분을 받고 있고 같은 수의 간부들이 장기복무선발 및 진급에 있어서 불이익을 받고 있음을 뜻한다.

술에 의한 범죄와 사고는 즉각적이고 가시적으로 나타난다. 반면 건강에 미치는 영향은 그렇지 않다. 그러나 술이 건강에 미치는 폐해는 사건·사고에 못지않다. 필자 개인적으로도 부대의 회식 중 과음으로 인해 뇌졸중이 발생하여 전역하는 간부도 보았다. 그리고 중년의 직업군인들이 성인병으로 인해 고생하는 것도 보았고, 이들의 식습관 중 과음이 흔히 발견된다. 그런데 소화기, 순환기 등 성인병에 대해서는 평소 음주습관이 있는 경우 생활습관에 의한 질병으로 취급되고 공무상 질병으로 거의 인정되지 않아 상이연금의 대상이 되지 않는다는 점을 알아야 한다. 「군보건의료에 관한 법률시행령」은 장병의 건강증진을 위해 절주 교육을 해야 한다고 되어 있다. 하지만 필자는 지휘관으로부터 절주 내지 금주에 대한 단편적인 지시 또는 명령은 들었지만 체계적인 절주교육을 받은 적이 없다. 앞으로는 의무 및 인사부서가 서로 협업하여 단편적 금주나 절주 지시가 아니라 음주가 건강과 사건·사고에 어떠한 영향을 미치는지 차분히 이성적으로 교육해 나갈 필요가 있다.

이러한 음주로 인한 폐해를 방지하기 위해 군에서는 음주에 대한 여러 규정, 지시나 지침을 내리는 경우가 있다. 먼저 음주를 이유로 군인을 형사처벌할 수 있는 명시적인 규정은 군형법이다. 초병이 술을 마신 경우는 평시에도 2년 이하의 징역에 처하도록 되어 있다.(군형법 제40조 제2항) 초병은 부대의 눈이기에 잠시도 그 직무를 소홀히 할 수 없는 점을 감안한 것으로 보인다. 대법원은 명령위반죄의 대상이 되는 명령은 군 통수작용상 중요하고도 필요한 구체성 있는 특정의 사항에 관한 명령이 정당한 명령이라고 설명하고 있다. 따라서 지휘관의 일반적인 금주 또는 절주명령은 구체적인 군사적·작전적 필요가 있는 경우를 제외하고는 명령위반죄 또는 항명죄의 대상이 될 수 없어 형사처벌이 불가하다. 다만 전방 GOP 지역 내에서 작전을 수행하는 중 음주를 할 수 없다는 내용의 지휘관의 구체적인 명령이 있다면 이 경우는 정당한 명령에 해당될 여지가 있고 위반한 경우 형사처벌을 받을 가능성도 있다. 반면 대법원은 중대장의 사전 허가를 받고 음주허가증을 소지한 경우만 음주할 수 있다는 사단장의 명령은 명령위반죄의 정당한 명령에 해당되지 않는다고 판단했다.(대법원 1970. 2. 22. 선고 70도2130 판결)

그 밖에 국방부나 각급 부대에서는 수시로 음주에 대한 지침을 하달한다. 이 중에는 음주문화를 바꾸기 위한 캠페인성 지시도 있다. 군의 품위를 유지하기 위한 지시도 있고 군사대비태세에 전념하기 위한 지시도 있다. 그런데 이러한 지시를 위반한 경우 징계를 할 수 있느냐 또는 이러한 지시가 과도해서 사생활의 자유를 침해하는 것이 아닌가 하는 논의가 많았다. 한 가지 술로 1차에 한해 9시 이전에 술자리를 끝낸다는 '119 운동'을 위반한 경우 징계할 수 있는가? 음주로 인한 대민물의와 근무태만을 방지하기 위해 간부들의 독신자 숙소에 복귀하는 시간을 확인하거나, 출근 시 음주측정을 하는 것이 인권침해가 되지 않는가 하는 것이 문제가 되었다. 이에 대해 국가인권위원회는 건전한 음주문화 정착을 위한 국방부의 캠페인성 지침이 예하대로 내려가면서 애초에 의도했던 취지를 넘어 지나치게 개인행동을 규제하고 사생활을 침해하는 방식으로 변질되었다고 판단하고, 캠페인 취지를 넘는 과도한 음주제한에 관한 지침 및 관행을 개선토록 권고했다.(국가인권위원회, 2017. 3. 29. 결정) 또 음주 사실이 2회 적발되면 음주 장소나 경위 등을 묻지 않고 원칙적으로 퇴학조치를 하도록 한 사관학교 사관생도 행정예규는 생도의 기본권을 과도하게 침해하는 것이므로 무효라는 대법원의 판결이 있었다.(대법원 2018. 8. 30. 선고 2016두60591 판결) 이를 분석해 보면 음주를 통제하는 규정 또는 지침은 그 목적은 정당할 수 있으나 비례의 원칙에 어긋나서 선량한 다수의 장병들이 오히려 불편하거나 인권을 침해할 소지가 있다는 것이다.

이렇게 지휘관의 음주에 관한 여러 지시가 위법하거나 인권침해의 소지가 있어 효력이 없다면 지휘관은 어떻게 부대를 지휘하라는 말인가 하는 불만이 있을 수 있다. 먼저 지휘관들이 앞에서 든 바와 같이 음주의 건강과 안전사고 등과 관련해서 장병들에게 지속적인 교육을 통해 음주에 대한 인식을 바로잡아야 한다. 사건·사고를 예방하기 위해 음주를 엄격하게 통제할 때 선량한 많은 장병들이 불편해할 수 있다. 따라서 절주에 대한 교육을 하고 그럼에도 과음을 해서 현실적인 처벌사유가 되는 경우 그 위반자만 콕 찍어 처벌하는 것이 오히려 합리적이라고 할 것이다. 현행 「국방부 군인·군무원 징계업무 훈령」에는 품위유지의무 위반의 내용 중에 명정추태가 규정되어 있고, 성실의무 위반의 내용 중에 직무태만이 규정되어 있다. 따라서 군인이 음주로 인한 추태를 부려 군인의 품위를 손상한 경우, 과음 또는 알코올 중독으로 인해 직무를 소홀히 한 경우, 근무시간 중 정당한 승인권자의 승인 없이 음주를 한 경우에는 징계사유가 된다고 할 것이다. 그리고 작전적인 필요로 인해 시간, 장소를 명확히 하여 금주를 지시하는 경우에는 이 지시를 위반한 사실만으로도 징계처분을 할 수 있을 것이다.

사실 술에 대한 인식이 많이 바뀌었다. 음주운전을 한 경우 형사처벌, 징계처분을 받고 그 기록이 전 군 생활 동안 말소되지 않는 '무관용 원칙'이 적용된다. 음주운전 전력으로 인해 장기선발, 진급, 주요 보직을 받지 못한다. 한마디로 음주운전으로 군 생활에 종지부를 찍게 된다. 그만큼 이제 군인도 과음을 자제해야 한다. 군의 음주문화는 군인의 전투준비태세와 연관해서 발전해야 한다. 군인은 적의 공격에 24시간 대비해야 하는 조직이다. 사이버공격 및 비대칭적인 무기를 이용한 기습공격 등이 새로운 공격방법으로 대두되는 현재는 그 대비태세에 있어서 전방과 후방을 구분할 수 없다. 그래서 적의 공격에 대비해야 하는 인원은 전방·후방할 것 없이 공간적, 육체적 대비태세를 갖추어야 할 뿐만 아니라 정신적으로 건강한 상태로 대비해야 한다. 이러한 상태를 유지하기 위해서는 항상 건전한 음주문화를 통해서 맑은 정신으로 대비하고 있어야 한다. 따라서 지휘관 및 상관은 교육을 통해 절주를 포함한 건전한 음주문화를 선도해야 한다.

과거 군은 술을 강권하는 대표적인 조직으로 인식되었다. 따라서 건강상 또는 종교적인 이유로 술을 마시지 않는 사람에게 회식은 유쾌하고 소통을 위한 자리가 아니라 고역이었다. 그러나 이러한 문화는 현재는 많이 개선되어 술을 강요하는 분위기는 아니다. 이는 술로 인한 사고가 증가하고 인권의식이 신장됨에 따라 술로써 소통하는 데는 한계가 있고 또 시대가 바뀌었다는 지휘관 및 상급자의 인식의 변화에 따른 것으로 보인다. 그러나 사람에 따라 편차가 있다. 술을 좋아하는 지휘관 및 상관이 부대에 부임하면 순식간에 회식의 분위기가 바뀔 수 있다. 가능하면 건전한 회식문화는 지휘관의 교체에 따라 바뀌지 않아야 하고 적어도 회식이 고역이 되지 않도록 상급자는 늘 배려할 필요가 있다.

필자는 다음과 같은 것을 제안하고 싶다. 회식의 '미란다 원칙'이라고 이름을 붙여 보았다. 미란다 원칙이란 형사소송에서 범죄용의자를 체포할 때 혐의사실, 진술거부권과 변호인을 선임할 수 있는 권리가 있음을 미리 알려 줘야 한다는 원칙이다. 범죄용의자가 이러한 원칙을 알고 있더라도 반드시 알려 줘서 피의자의 인권을 실질적으로 보장하기 위한 제도이다. 이 원칙을 부대의 회식에 적용해 보면 회식을 시작하기 전에 좌장은 '회식의 취지를 명확히 하고, 술은 마시지 않아도 되고, 마시더라도 자신의 주량에 맞게 마시고 과음하지 말 것'을 미리 선포하는 것이다. 다 아는 사실이지만 회식에 참석한 모든 사람이 이를 들음으로써 다시 한번 이 원칙을 되새기게 되고 특히 좌장은 스스로 이 원칙을 지켜야 하는 부담을 가지게 되어 회식이 부담이 없도록 하는 데 있다. 이때 미리 테이블에는 술 외에 음료수를 반드시 사전에 비치토록 해야 한다. 군대에는 아직은 술이 일반적인 음료이고 회식이 시작된 후에 계급이 낮은 간부들이 술 대신 음료수를 주문하기에는 저어하는 마음이 있기 때문이다. 이렇게 하는 것이 술을 마시지 않거나 못하는 사람들이 부담 없이 회식 또는 식사에 참석할 수 있는 진정한 배려이다. 미 육군규정에도 회식에 있어서 술 그 자체가 절대 목적이 되어서는 안 되고 또 반드시 음료수를 비치토록 한 규정이 있음은 앞에서 언급한 바와 같다.

또 술이 군인의 건강, 부대작전 등에 미치는 영향을 분석·연구하고 이를 장병들에게 교육하며 술에 대한 군 내부 규범을 정립할 것을 제안하고 싶다. 군은 술이 장병의 사기와 단결·소통에 미치는 영향, 술이 장병의 건강에 미치는 영향, 술이 부대의 사건·사고를 비롯한 안전에 미치는 영향을 체계적으로 분석할 필요가 있다. 이를 바탕으로 장병들이 이해할 수 있도록 체계적인 교육을 해야 한다. 또 장병의 음주에 대해서도 군인의 직무수행 및 전투준비태세와 관련하여 체계적으로 규율하는 규범을 정립할 필요가 있다. 미 육군의 약물 등 남용에 관한 규정이 참고가 될 것이다. 그렇게 함으로써 예하대 지휘관들마다 술에 대한 상이한 지침과 지시를 내림으로 인해 지휘관의 권위상실과 지시의 실효성이 떨어지는 것을 방지할 수 있다.

또 무엇보다 음주로 인한 사건·사고에 대해서는 평소 지휘관이 일반적인 예방교육만 충실히 했다면 사고자 개인의 책임으로 돌리고 지휘관에게 책임을 묻지 않도록 처벌문화를 개선할 필요가 있다. 또 술에 대해 각 지휘관들이 먼저 솔선수범할 필요가 있다. 지휘관이 스스로 119 운동을 준수하지 않고 소위 폭탄을 돌리면서 부하들에게 이를 준수하라고 할 수 없기 때문이다. 또 지휘관과 간부는 군의 회식 또는 사교 모임에 있어서 사기진작, 소통, 친교가 목적이지 술 그 자체가 아니라는 것을 늘 유념할 필요가 있다. 그리고 술로 인한 사고를 예방한다는 명분으로 지휘관들이 전체 부대원들을 통제하는 방법은 득보다 실이 많으며 인권침해의 소지가 높다는 것도 알아야 한다. 각 장병은 '술에 취해서'라는 변명이 군에서 더 이상 통하지 않으며 술로 인해 군 생활을 그만둘 수도 있다는 경각심을 가지고 항상 책임 있는 음주를 해야 한다.

9. 군인의 공(公)과 사(私)

2017년 여름, 군의 고위 장성이 관사 근무병에게 골프공을 줍게 하거나 자신의 아들을 위해 음식을 장만케 하는 등 병을 사적으로 운용한 것이 언론에 보도되었다. 이 사건 말고도 군인이 골프장에 가면서 관용 차량을 이용했다거나, 부하 장병 및 군수품을 사적으로 부당하게 사용했다는 기사가 종종 언론에 보도된다. 이에 대해 국민은 징병제하에서 국방의 의무를 다하기 위해 귀한 자녀들을 군에 보냈는데 군에서는 이들에게 간부의 사적인 뒤치다꺼리를 시킨다며 분노한다.

군인이 국민과 부하들로부터 신뢰를 받으려면 임무를 수행함에 있어, 특히 자신의 권한을 행사함에 있어서 公과 私를 명확히 해야 한다. 자신의 권한을 사적인 목적으로 행사해서는 안 된다. 부하 장병, 국가와 부대 예산, 국방 시설과 물건을 사적으로 부리거나 사용해서는 안 된다. 이는 공무원의 기본 덕목이다. 특히 군인이 부하 장병을 사적인 목적으로 운영하는 현상은 군 사병화(私兵化)의 단초가 된다. 이것이 더 발전하면 상관에 대한 충성은 국가에 대한 충성이 아닌 상관 개인에 대한 충성으로 변질되며 결국 이 조직은 사적인 무력집단이 되기 때문에 그 폐해는 상상하기 어려울 정도로 심각해질 수 있다.

또한 공과 사를 구분하지 못함으로써 사적 영역에서 발생하는 갈등과 문제들이 공적 영역으로 침범해서 임무수행을 저해하고 전투력을 약화시킬 수 있다. 그런데 군대는 일반 공무원 사회와는 다른 특수성이 있다. 그 중의 하나가 항상 얼굴을 맞대고 함께 호흡하며 생활하는 조직의 특성상 공과 사의 구분이 생각처럼 명확하지 않은 영역이 많다는 것이다. 그러나 이러한 경우에도 부대의 임무, 부하와 국민의 시각에서 현명한 판단을 해야 한다. 그렇지 않고 사소한 욕심 또는 양심에 긴장하지 않은 결과, 공사를 구분하지 못한 행위를 할 경우 청춘을 다 바쳐 헌신한 군에 누를 끼치고 자신의 명예가 추락할 수 있기 때문이다. 공과 사의 구분에 있어서 늘 자신을 엄히 경계하는 데 소홀하지 않아야 한다.

국방의 임무를 수행하는 군인은 다른 공무원에 비해 기본권 제약을 많이 받는다. 대표적인 제약 중 하나가 주거이전의 자유와 사생활의 자유이다. 적의 침투·도발·공격과 같은 비상상황에 대비하기 위해 시간·공간적으로 항상 대비를 해야 하기 때문이다. 그래서 군인은 부대 내 또는 부대 인근에서 대기하는 시간이 길다. 특히 지휘관은 더욱 그러하다. 지휘관에 대해서는 즉각 부대에 복귀하여 부대를 지휘를 할 수 있도록 사무실과 관사에는 그를 전속적으로 보좌하는 근무병이 편성되기도 한다. 군인은 부대 밖에 거주하더라도 부대 인근 일정한 지역에 함께 거주하는 경우가 많다. 주말 및 휴일이라도 출타하는 거리의 제한도 있다. 훈련 등으로 군인이 귀가하지 못하는 경우가 많아 가족들끼리도 유대가 강하다. 병들은 아예 병영 내에서 생활한다. 군대에서도 근무와 휴식, 사무 공간과 주거·휴식 공간을 분리하려고 시도하고 있다. 그렇지만 공·사 공간이 혼재하고 사적인 영역이 부족하다.

이와 같이 부대원들이 같이 있는 시간과 공간이 길고 많으므로 24시간 중 업무시간과 사적인 시간, 그리고 공적인 업무 공간과 사적인 휴식 공간을 구분하기가 쉽지 않다. 이러한 특성은 부대원들 및 가족들 사이에 끈끈한 전우애를 함양할 수 있는 기회가 된다. 반면, 공사 구분이 희박하고 공적인 권한이 공적인 업무영역에서만 행사되어야 하는데 사적인 영역에 침범할 가능성이 높다. 특히 지위가 높고 권한이 많은 사람일수록 개인적인 업무에 신경을 쓸 여력이 없어 이러한 업무를 사적으로 부탁할 수 있는 개연성이 높다. 별거하는 고급장교가 업무시간에 행정기관, 은행, 우체국 등 업무를 볼 수 있는 시간을 찾기가 힘들어 부하에게 부탁하는 것이 좋은 예이다.

군의 각종 법령은 군대에서도 엄격히 공과 사를 구분하는 행동준칙을 마련해 두고 있다. 「군인복무기본법」은 "군인은 어떠한 경우에도 … 사적 제재를 하거나 직권을 남용해서는 안 된다"라고 규정하고 있다.(제26조) 「공무원 행동강령」과 「국방부 공무원 행동강령」은 "공무원은 여비, 업무추진비 등 공무 활동을 위한 예산을 목적 외의 용도로 사용하여 소속 기관에 재산상 손해를 입혀서는 아니 된다"라고 규정하고 있다.(각 제7조) 「국방부 공무원 행동강령」은 "공무원은 직무의 범위를 벗어나 사적 이익을 위하여 소속 기관의 명칭이나 직위를 공표·게시하는 등의 방법으로 이용하거나 이용하게 해서는 아니 된다"라고 규정하고 있다.(제10조의 2) 「부대관리훈령」 역시 사적인 목적을 위해 장병을 운용하지 못하도록 하고, 차량, 승용차 및 국방·군사시설도 공적인 목적으로만 사용하도록 규정하고 있다. 그리고 지휘관의 근무병에 대해서도 그 임무를 부대의 예규에 명시해서 장병의 사병화를 방지하고 있다.(제17조의 2) 육군의 「병영생활 규정」은 사병화 금지에 관한 항목을 별도로 두고 그중에서도 공관 근무병에게는 부대 활동과 무관한 임무 부여 또는 사적인 지시를 할 수 없도록 하고, 그 예로서 "어패류·나물 채취, 수석·괴목 수집, 부대 또는 관사 주변 가축사육이나 영농 활동 등"을 예로 들고 있다.(제52조)

「국방부 공무원 행동강령」은 "공무원은 관용 차량·선박·항공기 등 공용물과 예산의 사용으로 제공되는 항공마일리지, 적립포인트 등 부가서비스를 정당한 사유 없이 사적인 용도로 사용·수익해서는 아니 된다"라고 규정하고 있다. 다만, "비상대기를 위해 운용하는 경우, 대중교통수단 이용이 곤란한 경우 등 군의 특수성을 고려하여 국방부장관 또는 각 군 총장이 별도로 정하는 경우는 예외로 한다"라고 규정하고 있다.(제13조) 특히 차량에 관해서는 「국방부 군용차량 운용 및 관리 훈령」은 "군 승용차는 사적인 용도로 사용·수익할 수 없다"라고 대전제를 규정하고 있다.(제4조) 이 훈령은 지휘관 등에게 지원되는 전용 승용차의 운용에 대해서 '사용자가 공무와의 관련성을 원칙적, 균형적으로 판단하여 사용자 책임하에 운용한다'라고 규정하고 있다.(제7조)

기본적으로 군인의 일과 후 또는 휴일에 하는 행위는 공적인 업무라고 볼 수 없다. 그러나 지휘관의 업무범위는 매우 포괄적이다. 일과 후 또는 휴일이라도 공식적 부대활동, 민·관·군 공식행사 참가, 긴급한 상황, 비상대기 및 관할부대 순찰활동은 당연히 공무이기 때문에 이러한 경우 관용차량을 활용할 수 있다. 그 외의 경우는 대중교통이 없거나 자신의 개인 차량을 활용하는 것이 극히 어려운 경우, 즉 누가 보더라도 관용 차량을 사용하지 않고는 안 되는 상황 외에는 관용 차량을 사용해서는 안 된다. 차량 외에 예산과 시간을 사용함에도 공과 사를 분명히 해야 한다. 예산은 항상 공적인 곳에만 사용해야 한다. 업무시간에는 직무에 전념해야 하며, 긴요하지 않는 사적 업무는 하지 않아야 한다. 특히 업무 중 지나친 사적 전화 통화, 잡담, 흡연, 개인 업무를 위한 잦은 출타 등은 병영의 분위기를 해치는 행위임을 유념해야 한다.

부대원에게 사적인 명령 또는 지시를 하는 것은 원칙적으로 금지된다. 「군인복무기본법」은 "군인은 상관의 직무상 명령에 복종하여야 한다"라고 규정하고 있다.(제25조) 한편 "군인은 직무와 관계가 없거나 법규 및 상관의 직무상의 명령에 반하는 사항 또는 자신의 권한 밖의 사항에 관하여 명령을 발해서는 아니 된다"라고 규정하고 있다.(제24조) 뿐만 아니라 상관의 책무로서 "상관은 직무와 관계가 없거나 법규 및 상관의 직무상 명령에 반하는 사항 또는 자신의 권한 밖의 사항 등을 명령해서는 아니 된다"라고 (제36조) 제24조를 반복하여 규정하고 있다. 이러한 규정에 비추어 보았을 때 군인이 사적인 영역 또는 개인을 위하여 내리는 명령은 적법한 명령이 아닐 뿐만 아니라 명령의 정의에 비추어 보았을 때 직무와 관련이 없기 때문에 근본적으로 명령이 될 수 없다.

　군은 지휘관에게 많은 권한을 부여하고 있다. 이러한 권한을 부여한 것은 명확한 지휘체계를 통해 전투준비태세를 갖추고 전투에서 승리하기 위함이다. 그렇기 때문에 지휘관 또는 상관은 부하 또는 하급자에 대하여 확실히 우월적인 지위에서 지휘하고 또 감독할 위치에 있다. 그러나 그 권한 행사는 공적인 영역에 한정해야 함은 앞에서 살핀 바와 같다. 지휘관 또는 상급자가 공과 사를 구분하지 못하고 부당한 지시를 하거나, 인권을 침해하는 행위를 할 때 '갑질'이라는 비판을 받을 수 있다.[14] 이러한 행위는 직권을 남용하지 못하도록 하는 「군인복무기본법」의 규정을 위반하였기 때문에 징계처분을 받을 수 있음은 명확하다. 「국방부 군인·군무원 징계업무처리 훈령」은 그 양정기준에서 직권을 남용하여 타인의 권리를 침해한 경우에는 중징계를 받을 수 있도록 규정하고 있다.

　국방부의 군 인권 교재에 의하면 군에서 실제 직권을 남용하여 타인의 권리를 침해한 사례 중 간부들의 사적 지시는 다음과 같다. 자가용 대리운전 시키기, 개인손님 안내, 요리, 사진촬영 시키기, 테니스 볼 보이, 골프 레슨 요구, 리포트·논문 대필행위, 간부 자녀 학습 요구, 개인 행사 시 병력 동원, 장교숙소 청소 및 이삿짐 운반, 사적인 모임에 병력 동원(밴드), 커피 심부름 시키기 등이 있다. 이 사례는 과거의 예를 든 것으로 현재는 거의 사라졌다. 또 군인들이 처음에는 상급자의 부탁 또는 자발적으

14　관계부처 합동, 「공공분야 갑질 근절을 위한 가이드라인」, 2019. 2. 참조

로 호의를 베풀었으나 나중에는 당연한 일로 여겨지면서 갈등으로 발전하고 하급자가 고충을 제기함에 따라 사건화되는 경우도 있다. 따라서 상대방이 선의로 부탁을 들어주었다고 하더라도 한 번에 끝나야 하고 이를 당연한 것으로 여기거나 지속해서는 안 된다. 또한 일회성 부탁을 하는 경우에도 그것이 사적 부탁임을 자신이 알고 있음을 상대방에게 인식시키고, 고마움과 미안함을 충분히 표시하는 것이 갈등이나 오해를 미리 막는 방편이 될 수 있다.

한편 그 정도가 심한 직권남용의 경우 형사처벌을 받을 수도 있다. 형법은 "공무원이 직권을 남용하여 사람으로 하여금 의무 없는 일을 하게 하거나 사람의 권리 행사를 방해한 때에는 5년 이하의 징역, 10년 이하의 자격정지 또는 1천만 원 이하의 벌금에 처한다"라고 규정하고 있다.(제123조) 직권을 '남용하여'라고 함은 형식적으로는 그 군인의 직무권한에 속하는 사항에 대하여 목적·방법 등에 있어서 실질적으로 위법한 행위를 말하는 것이다. 실제 사례로서는 정보부대장이 부하에게 부대에 출입한 민간인들을 군용 고무보트를 태워 주도록 지시하였다가 사고로 민간인이 사망한 사건에서 그 부대장의 지시행위는 직권남용죄에 해당한다고 군사법원이 판단한 사례가 있다.

이스라엘의 성군으로 불리는 다윗이 왕이 되기 전 사울 왕에 쫓겨 도망을 다니던 중 자신의 고향인 베들레헴 성문에 이르렀다. 그는 고향 마을에 들어갈 수 없었기 때문에 대신 고향 우물물이라도 마시고 싶다고 부하들에게 말했다. 이 말을 들은 부하들은 목숨을 걸고 적진을 돌파해서 우물물을 길어다가 다윗에게 바쳤다. 다윗은 그들의 충성에 감동하고, 부하들이 목숨을 걸고 길어 온 물을 마시지 않고 그의 신 여호와께 부어 바쳤다. 그는 그 물을 부하의 피로 여겼다. 군인의 임무는 공과 사가 교차하고 혼재하는 경우가 많다. 우물물을 길어다 주었으면 하는 바람은 그의 사적인 목적 또는 욕심이었을 것이다. 그러나 다윗은 다 같이 고향과 식구들이 그리웠을 그들 앞에서 우물물을 마시는 사적인 욕구의 충족보다는 신에게 바침으로 공적으로 승화시켰다.

군대도 비슷하다. 사적인 지시가 없어야 한다. 그러나 피치 못하게 그렇게 할 때에는 수평적 입장에서 상대방의 진정성 있는 동의를 전제로 부탁해야 한다. 부탁을 들어준 행위에 대해서는 진정 어린 감사의 말과 보답이 있어야 한다. 그렇게 되면 그 행위는 직권의 남용이 아니라 부대원들끼리 의리이며 정이라고 할 수 있다. 물론 이러한 부탁이 잦으면 그것은 부탁이 아니라 사적지시의 민폐가 됨은 물론이다. 부대의 공과 사를 구분하기 참 어렵다. 그러나 애매하면 자신에게 불리한 쪽으로 해석을 하면 된다. 내가 상대방이 되어 역지사지하면 된다. 아전인수 격으로 자신에게 유리한 해석이 아니라 제3자의 입장 또는 상대방의 입장에서 항상 판단해야 한다. 부탁하기 전에, 부탁하면서, 또 상대방이 부탁을 들어준 후에 고민과 배려를 거듭함으로써 전우와의 사적 관계가 공적 영역에 해를 끼치는 것을 막을 수 있고, 이는 전우애를 돈독히 하는 길이 될 것이다.

군에서 이러한 직권을 남용한 행위가 문제가 되었을 때는 폭행, 가혹행위, 모욕 등 상대방의 자존감을 건드릴 수 있는 인권침해가 동반된 경우가 다수이다. 우리 군은 지원제와 징병제가 혼재한다. 과거 징병되어 온 병은 함부로 대해도 좋다는 생각을 가지는 사람도 있었다. 그러나 이들도 법률에 따라 병역의무를 다하기 위해 입대했으며 거의 대가 없이 국가와 국민을 위해 병역의무를 이행하고 있는 귀한 존재이다. 계급장 뒤에 있는 한 인격체라고 생각하면 사적인 지시를 자제할 수 있고, 또 부탁할 일이 있을 때에는 인격적인 접근을 할 수 있다. 병은 국방의 신성한 의무를 위해 인생의 중요한 시기를 할애하여 소중한 노동력으로 국가에 기여하고 있다. 하지만 그들은 24시간 늘 상관의 어떠한 지시든 무조건 따라야 하는 존재도 아니다. 그들도 휴식과 개인의 행복을 추구할 권리가 있다. 상관이라 해도 함부로 이들 사적인 영역에 침범할 수 없다. 서로 존중할 때 더 강한 군대가 될 수 있다.

10. 군인과 비밀유지 의무

손자는 지피지기(知彼知己)면 백전불태(百戰不殆)라 했다. 군의 입장에서는 적에 대한 정보를 알아내는 것 못지않게 아군의 정보 특히 비밀정보를 보호할 필요가 있다. 군에서는 "작전에 실패하는 지휘관은 용서받을 수 있어도 경계에 실패한 지휘관은 용서할 수 없다"는 경구가 회자된다. 군사기밀을 보호(경계)하는 것도 물리적·지리적 영역에 대한 경계 못지않게 중요하다. 비밀을 엄수하고 비밀을 보호해야 할 군인이 이를 실패한 경우는 군인으로서의 자격이 없다. 실제 군인들 중 보안 위반이라는 오점으로 군 생활을 그만두는 경우도 종종 본다.

국가는 국가기밀을 체계적으로 관리할 필요가 있다. 「국가정보원법」은 국가기밀 관리에 대한 기획·조정 책임을 국가정보원에 부여하고 있다.(제4조 제1항 제2호, 제5호) 국가기밀을 관리하기 위해 대통령령인 「보안업무 규정」이 있어 세부적인 내용을 규율하고 있다. 「국가정보원법」은 국가기밀을 "국가의 안전에 대한 중대한 불이익을 피하기 위하여 한정된 인원만이 알 수 있도록 허용되고 다른 국가 또는 집단에 대하여 비밀로 할 사실·물건 또는 지식으로서 국가기밀로 분류된 사항만을 말한다"라고 규정하고 있다.(제4조 제1항 제2호) 「보안업무 규정」에서 '비밀'이란 국가정보원법 제4조제1항제2호에 따른 국가기밀로서 이 영에 따라 비밀로 분류된 것을 말한다.(제2조 제1호) 「보안업무 규정」은 비밀을 Ⅰ, Ⅱ, Ⅲ급 비밀로 분류하고 있다.(제4조)

군사기밀을 체계적으로 관리하고 보호하기 위해 「군사기밀보호법」이 제정되어 있다. 이 법은 군사기밀을 "일반인에게 알려지지 아니한 것으로서 그 내용이 누설되면 국가안전보장에 명백한 위험을 초래할 우려가 있는 군 관련 문서, 도화, 전자기록 등 특수매체기록 또는 물건으로서 군사기밀이라는 뜻이 표시 또는 고지되거나 보호에 필요한 조치가 이루어진 것과 그 내용"이라고 말한다.(제2조 제1호) 즉 군사비밀이 수록된 문서 및 도화(예컨대 상황도)에 군사비밀 Ⅰ급, Ⅱ급, Ⅲ급 비밀로 지정된 것만을 군사기밀이라고 한다.(제3조 제2항) 따라서 「군사기밀보호법」이 정한 비밀은 실제 비밀 내용이 포함되어 있어야 하고, 또 형식적으로도 비밀 등급 등 표시가 있어야 한다. 군사비밀에 대한 세부 사항은 「군사기밀보호법 시행령」, 「군사보안업무 훈령」에 규정되어 있다. 한편 군에서는 정기적으로 보안감사를 실시하며 이때 군인의 보안에 관한 지식을 「군사보안업무 훈령」을 기준으로 평가하고 있다. 또한 보안감사는 위 훈령에 바탕을 두고 시행하며 위 훈령에 위배되게 군사비밀을 관리한 경우에는 징계처분을 받을 수 있다.

공무원과 군인은 국가 및 군이 관리하는 국가기밀 또는 군사기밀뿐만 아니라 모든 공무상의 비밀에 대해서 비밀엄수의 의무가 있다. 「국가공무원법」은 "공무원은 재직 중은 물론 퇴직 후에도 직무상 알게 된 비밀을 엄수하여야 한다"라고 규정하고 있다.(제60조) 「군인복무기본법」은 "① 군인은 복무 중일 때뿐만 아니라 전역 후에도 복무 중에 알게 된 비밀을 엄격히 지켜야 한다. ② 군인은 직무 중 알게 된 비밀을 공무 외의 목적으로 사용하여서는 아니 된다"라고 규정하고 있다.(제28조) 같은 법은 "군인은 작전 등 주요임무수행과 관련된 부대편성·이동·배치와 주요 직위자에 관한 사항 등 군사보안에 저촉되는 사항을 통신수단 및 우편물을 이용하여 누설하여서는 아니 된다"라고 역시 규정하고 있다.(제14조 제2항) 이러한 의무를 위반한 공무원 및 군인이 징계처분을 받을 수 있음은 당연하다.

군사기밀을 관리하는 법률을 심각하게 위반한 경우 형벌로 처벌하고 있다. 이러한 법률에는 「군사기밀보호법」, 「군형법」, 「형법」, 「국가보안법」이 있다. 「군사기밀보호법」은 방위사업을 진행하는 과정에서 군사기밀이 업체에 누설되는 것을 방지하기 위해 구성 요건을 세부화하고 처벌을 강화하는 것을 내용으로 하여 2014년 개정되어 오늘에 이르고 있다. 이 법률이 정한 주요 범죄의 내용은 아래와 같다.

법 조항	위반 내용	법정형
제11조	군사기밀을 적법한 절차에 의하지 아니한 방법으로 탐지하거나 수집한 자	10년 이하 징역
제11조의2	업무상 군사기밀을 취급하였던 사람이 그 취급 인가가 해제된 이후에도 군사기밀을 점유한 경우	2년 이하 징역 또는 2,000만 원 이하 벌금
제12조 제1항	군사기밀을 탐지하거나 수집한 사람이 이를 타인에게 누설한 경우	1년 이상 유기징역
제12조 제2항	우연히 군사기밀을 알게 되거나 점유한 사람이 군사기밀임을 알면서도 이를 타인에게 누설한 경우	5년 이하 징역 또는 5,000만 원 이하 벌금
제13조 제1항	업무상 군사기밀을 취급하는 사람 또는 취급하였던 사람이 그 업무상 알게 되거나 점유한 군사기밀을 타인에게 누설한 경우	3년 이상 유기징역
제14조	과실로 위 제13조 제1항의 죄를 범한 자	2년 이하 징역 또는 2,000만 원 이하 벌금
제13조 제2항	제13조 제1항에 따른 사람 외의 사람이 업무상 알게 되거나 점유한 군사기밀을 타인에게 누설한 경우	7년 이하의 징역
제13조의2	제11조부터 제13조까지에 따른 죄를 범한 자가 금품이나 이익을 수수, 요구, 약속 또는 공여한 경우	그 죄에 해당하는 형의 2분의 1까지 가중처벌
제15조	외국 또는 외국인(외국 단체를 포함한다)을 위하여 제11조부터 제13조까지에 규정된 죄를 범한 경우	그 죄에 해당하는 형의 2분의 1까지 가중처벌

군사기밀보호법 위반죄는 뒤에서 보는 군형법상의 군사상 기밀누설죄와는 달리 반드시 Ⅰ 내지 Ⅲ급 군사기밀을 탐지, 누설 등의 행위를 하는 경우에 처벌한다. 군사기밀보호법 위반죄의 주체는 군인뿐만 아니라 민간인도 될 수 있다. 군사기밀보호법 위반 사건은 군사안보지원사령부 수사

관에게 일차적인 수사권이 있고, 이들 수사관이 특별사법경찰관리가 된다. 이 경우 피의자가 민간인인 경우 군사안보지원사령부 수사관이 민간 검찰의 지휘를 받아 수사하고 수사를 종료한 후 민간 검찰에 사건을 송치하며, 재판권은 민간 법원에 있다.(제22조) 다만 업무상 군사기밀을 누설한 자는 그가 민간인이어도 군사법원이 재판권을 가진다.(헌법 제27조 제2항, 군사법원법 제3조 제2항, 군사기밀보호법 제13조) 따라서 군 복무 중 업무상 군사기밀을 관리하던 군인이 이를 누설하고 전역을 하였다가 뒤늦게 사실이 밝혀진 경우 민간 법원이 아닌 군사법원에서 재판을 받게 된다.

「군형법」 제80조는 "① 군사상 기밀을 누설한 사람은 10년 이하의 징역이나 금고에 처한다. ② 업무상 과실 또는 중대한 과실로 인하여 제1항의 죄를 범한 경우에는 3년 이하의 징역이나 금고 또는 700만 원 이하의 벌금에 처한다"라고 규정하고 있다. 「군형법」은 「군사기밀보호법」이 정한 형식성(Ⅰ~Ⅲ급 군사비밀)이 없는 군사상 기밀을 누설할 경우에도 이를 처벌하고 있다. 이 범죄의 주체는 민간인은 될 수 없고 군인만이 주체가 될 수 있다. 특히 이 조항은 군인이 군사상 기밀을 다룸에 있어서 실수로 기밀이 누설되는 경우에도 처벌하도록 하고 있다. 군인에게 강력한 비밀유지의무를 부여한 것으로 보인다. 대법원은 군사상 기밀을 다음과 같이 풀이하고 있다.

> 군형법 제80조는 군사상의 기밀을 누설한 자를 처벌하고 있는바, 여기에서 말하는 군사상의 기밀은 반드시 법령에 의하여 기밀사항으로 규정되었거나 기밀로 분류 명시된 사항에 한하지 아니하고, 군사상의 필요에 따라 기밀로 된 사항은 물론이고 객관적·일반적으로 보아

외부에 알려지지 아니하는 것에 상당한 이익이 있는 사항도 포함되며(대법원 1990. 8. 28. 선고 90도230), 외부로 알려지지 아니하는 것에 상당한 이익이 있는지 여부는 자료의 작성 경위 및 과정, 누설된 자료의 구체적인 내용, 자료가 외부에 알려질 경우 군사목적상 위해한 결과를 초래할 가능성, 자료가 실무적으로 활용되고 있는 현황, 자료가 외부에 공개된 정도, 국민의 알권리와의 관계 등을 종합적으로 판단하여야 한다. (대법원 2007. 12. 13. 선고 2007도3450 판결)

대법원은 군형법의 군사상 기밀을 군사기밀보호법 제2조의 기밀에 한하지 않고 일반적으로 군사상의 필요에 따라 특별히 보호를 요한다고 하여 설정한 대외비는 군사상 기밀에 포함되며(대법원 2000. 1. 28. 선고 99도4022 판결), 무관첩보를 정리한 자료(대법원 2016. 10. 27. 선고 2016도11677 판결), GRC-171 무전기의 제원과 성능(주파수, 변조방식, 출력 등)(대법원 2000. 1. 28. 선고 99도4022 판결), 군사시설보호구역 해제계획(대법원 1990. 8. 29. 선고 90도230 판결), 육군의 작전과 관련된 야전교범도 군사상 기밀에 해당된다고 밝혔다.(대법원 2011. 10. 13. 선고 2011도7866 판결)

이 외에도 형법과 국가보안법이 군사기밀의 누설에 대해 규정하고 있다.「형법」제98조는 적국을 위하여 간첩 하는 자,「국가보안법」은 반국가단체의 구성원 또는 그의 지령을 받아서 간첩 하는 자에 대해서 처벌·가중처벌하고 있다.(국가보안법 제4조 제1항 제2호) 그럴 리는 없지만 군인이 직접 북한을 위해 군사기밀을 탐지·수집·누설할 경우에는 간첩죄 또는 국가보안법위반죄로 처벌될 수 있다.

형법은 "공무원 또는 공무원이었던 자가 법령에 의한 직무상 비밀을 누설한 때에는 2년 이하의 징역이나 금고 또는 5년 이하의 자격정지에 처한다"라고 규정하여(제127조) 공무상 비밀누설행위를 처벌하고 있다.

대법원은 법령에 의한 직무상 비밀이란 반드시 법령에 의하여 비밀로 규정되었거나 비밀로 분류 명시된 사항에 한하지 아니하고, 정치, 군사, 외교, 경제, 사회적 필요에 따라 비밀로 된 사항은 물론 정부나 공무소 또는 국민이 객관적, 일반적 입장에서 외부에 알려지지 않는 것에 상당한 이익이 있는 사항도 포함되나, 실질적으로 그것을 비밀로 보호할 가치가 있다고 인정할 수 있는 것이어야 하고, 한편, 공무상비밀누설죄는 기밀 그 자체를 보호하는 것이 아니라 공무원의 비밀업무의무의 침해에 의하여 위험하게 되는 이익, 즉 비밀의 누설에 의하여 국가의 기능을 보호하기 위한 것이다. (대법원 2003. 6. 13. 선고 2001도1343 판결)

대법원은 검찰 고위 간부가 특정 사건에 대한 수사가 계속 중인 상태에서 해당 사안에 관한 수사책임자의 잠정적인 판단 등 수사 팀의 내부 상황을 확인한 뒤 그 내용을 수사 대상자 측에 전달한 행위는 공무상 비밀누설에 해당된다고 판단했다.(대법원 2007. 6. 14. 선고 2004도5561 판결) 또 지방자치단체의 장 또는 계약담당공무원이 수의계약에 부칠 사항에 관하여 결정한 '예정가격'은 공무상비밀에 해당되며(대법원 2008. 3. 14. 선고 2006도7171 판결), 도시계획위원회에서 가결한 공용청사 시설결정지를 공고 전에 타인에게 알려 준 행위(대법원 1982. 6. 22. 선고 80도2822 판결)에 대해 공무상 비밀누설죄를 인정하였다. 군인이 유념해야 할 것은 군의 전력화사업 등과 관련하여 아직 공식적인 발표가 있기 전에 이를 특정 업체나 개인에게 관련 내용을 알려 주는 행위는 이 죄에 해당할 여지가 많다는 것이다. 죄에 해당되지 않는다고 하더라도 공정성에 시비가 되어 민원이 야기될 수 있음을 유념해야 한다.

군인에게 있어서 비밀의 보호와 엄수는 생명과 같다. 앞에서 살핀 바와 같이 군사기밀과 관련한 위반행위는 그 처벌이 매우 무겁다. 누설된 비밀이 군과 국가에 미치는 영향이 지대하기 때문이다. 이런 행위는 군인 기본자세의 결여, 나아가 군과 국가에 대한 배신행위로 여겨지고, 군에 대한 국민의 신뢰마저 무너진다는 것을 유념해야 한다. 그뿐만 아니라 군의 기밀을 다룸에 있어서 훈령을 위반한 경우에도 그 경중에 따라 징계처분이 뒤따른다. 특히 정보화 사회에서는 많은 비밀들이 컴퓨터 등 정보화기기를 이용하여 작성 전달된다. 편리한 측면이 있지만 이를 보호하기 위해서 더 많은 노력을 경주해야 한다. 사이버 세상에는 군사분계선이 없기 때문이다. 보안 중에 가장 중요한 보안이 정신보안임은 두말할 필요가 없다. 실제 보안에 실패하여 군 생활을 중도에 하차한 군인도 자주 볼 수 있다. 보안에 실패한 군인에게는 무관용 원칙(zero tolerance)이 적용되기 때문이다. 「군인징계령」 제20조가 군사기밀보호법 및 군형법 제80조를 위반한 사항에 대해서는 감경 또는 유예를 할 수 없도록 규정한 것도 이러한 취지를 반영한 것이다.

제 4 장
군대와 인권

1. 군대와 인권

국립국어원 표준국어대사전은 '인권(人權)'을 '인간으로서 당연히 가지는 기본적 권리'라고 설명하고 있다. 너무나 당연하고 쉬운 설명이다. 반면 「국가인권위원회법」은 "'인권'이란 「대한민국헌법」 및 법률에서 보장하거나 대한민국이 가입·비준한 국제인권조약 및 국제관습법에서 인정하는 인간으로서의 존엄(尊嚴)과 가치(價値) 및 자유(自由)와 권리(權利)를 말한다"라고 규정하고 있다.(제2조 제1호) 사람을 목적으로 대하고 수단으로 대하지 말라는 말과도 상통된다.

인권의 주체는 사람이다. 사람은 태어나서 생존하는 동안 인권의 주체가 된다. 지배층 사람이 인간으로서의 권리를 누린 것은 당연하다. 어쩌면 너무 많은 권리를 누리고 있다. 역사적으로 모든 사람이 당연한 권리의 주체가 되지는 못했다. 여성, 노예, 외국인, 유아 등이 그러하다. 오랜 기간 피 흘려 투쟁한 결과 인권의 주체에 모든 사람이 포함되게 되었다.

현재 인권의 주체에는 모든 사람, 즉 인종, 종교, 민족 등 구별 없이 사람인 이상 다 포함된다. 군인도 물론 포함된다.

기본적인 권리도 마찬가지이다. 과거에는 종교의 자유, 양심의 자유마저도 기본적인 권리로 인정되지 않았다. 그러나 인권의식이 신장되고 사회가 발전함에 따라 기본적인 권리로 인정되는 권리의 범위도 점점 넓어지고 있다. 당연히 가지는 기본적인 권리는 보편적이라는 뜻이다. 우리나라는 'Universal Declaration of Human Rights'를 '세계인권선언'이라고 해석하지만 사실은 '보편적 인권선언'이 보다 적절한 해석이라고 생각한다. 보편적이라는 것은 각 국가와 지역 문화를 초월해서도 공통적으로 인정된다는 것이다. 따라서 각 국가는 보편적 권리에 대해서는 자국의 특수성 특히 문화적인 특수성을 이유로 인권의 범주에서 제외시킬 수 없다. 이슬람 국가에서 행해지는 여성 할례가 문화적 특수성과 관련한 하나의 예이다.

왜 사람이 존엄하고 인권을 존중해야 하는지에 대한 질문은 당연한 것 같지만 답변이 쉽지 않다. 인본주의적 사고에서 사람이 원하는 대로 하는 것이 자유이고 인권이라고 할 수도 있다. 이러한 생각은 방종에 이르기 쉽고 타인의 인권과 충돌하거나 침해할 수도 있다. 인권사상을 종교에서 찾는 것이 천부인권사상(天賦人權思想)이다. 기독교는 하나님이 인간을 그의 형상을 따라 창조하였으므로 인간은 신의 작품이고 그 내면에는 신성이 존재한다고 한다. 따라서 인간은 품격 있는 존재로 존중받아야 하고 다른 사람도 하나님이 직접 창조한 피조물로 존중해야 한다. 이러한 사상은 신약 성경에서 '네 이웃을 네 몸과 같이 사랑하라'는 가르침으로 이어진다. 기독교에서 다른 사람을 무시하는 것은 곧 그 창조주인 하나님을 무시하는 것과 같다.

불교에서는 '천상천하'에 있는 모든 개개의 존재가 생명의 존엄성과 인간의 존귀한 실존성을 상징한다(天上天下 唯我獨尊)고 가르치고 있다. 유교에서 공자는 자기 스스로 하고 싶지 않은 일을 다른 사람에게도 시키지 말라(己所不欲 勿施於人)고 인권의 핵심을 찌르고 있다. 천도교는 인간을 누구나 평등하게 보고, 근본적으로 귀천이 있을 수 없다고 선언하며 사람마다 '한울님(하느님)'을 모시고 있기 때문에 사람 여기기를 한울님과 같이 여겨야 한다(人乃天, 事人如天)고 가르치고 있어 인권사상의 토대가 되고 있다.

인권은 오랜 세월에 걸쳐 쟁취한 역사의 산물이며 보편적이며 국제적이다. 인류는 제2차 세계대전을 겪으면서 인권유린을 목도하고 이에 대한 반성으로 인권신장을 위해 국제연합(유엔)을 결성하였다. 그래서 유엔은 늘 세계 각국의 인권에 대해 관심을 갖고 있으며, 인권에 관한 많은 국제조약의 체결을 주도하고 있다. 각 국가도 인권에 관한 국제적인 규범과 추세를 고려하여 인권에 관한 국내 입법을 추진하고 있다. 인권의 보편성 및 국제성으로 인해 개별 국가가 때로 타 국가의 인권정책에 대해 간섭하거나, 국가의 일정한 주권을 제한할 수 있다는 이론으로 발전되고 있다. 그 예로 미 국무부는 매년 전 세계 국가의 인권상황에 대해 보고서를 작성한다. 이러한 흐름에서 우리나라도 「북한인권법」을 제정한 것이다.

국가의 책무는 국민의 인권을 보장하고 인권침해를 구제하는 것이다. 군대는 국가의 한 조직으로서 인권보장의 책무를 분담한다. 국군은 국가의 안전보장과 국토방위를 책무로 한다.(헌법 제5조 제2항) 국군은 대한민국의 자유와 독립을 보전하고 국토를 방위하며 국민의 생명과 재산을 보호하고 나아가 국제평화의 유지에 이바지함을 그 사명으로 한다.(군인복무기본법 제5조 제2항) 결국 군대는 인권의 핵심인 국민의 생명과 재산을 보호하고 또 그것이 가능하도록 국가의 독립과 주권을 지키는 것이 사명이다. 그렇다면 군대의 사명은 종국적으로 국민의 인권을 보장하는 것이라고 할 수 있다.

인권과 기본권이 어떻게 다른가에 대해서 많은 질문을 받는다. 그 구별에 대해 여러 이론이 있다. 필자는 쉽게 다음과 같이 설명한다. 인권은 보편적이어서 국경과 국적을 초월한다. 반면 기본권은 국가를 전제로 한다. 그래서 인권에 대한 최고의 규범인 세계인권선언에서 개별 인권의 주어를 모든 사람(all human beings, everyone)으로 표현되어 있다. 당연히 외국인도 포함된다. 대신 기본권은 국가가 헌법상 인정한 권리를 기본권이라고 한다. 그래서 헌법상 기본권에 대한 주어는 국민(all citizens)이 된다. 군인은 기본적으로 대한민국 국민을 전제로 하므로 사실 군인의 인권을 논함에 있어서는 기본권이라고 언급함이 적절하다.

헌법은 국민의 기본권을 보장하기도 하지만 일정한 경우 법률에 의하여 이를 제한할 수 있다. 우리 헌법은 국가안전보장, 질서유지, 공공복리를 위해 법률에 따라 국민의 자유와 권리(기본권)를 제한할 수 있다고 규정하고 있다.(제37조 제2항) 군대는 국가안전보장과 관련이 있는 조직이다. 따라서 군대가 국가안전보장을 위한 조직 및 활동을 위해서는 법률에 따라 국민의 기본권을 제한할 수 있다. 예를 들면 무장간첩을 소탕하기 위해 통합방위작전을 수행할 때에는 「통합방위법」에 따라 작전 지역에 국민의 출입을 금지시키거나 퇴거 및 대피를 명령할 수 있고, 검문소를 설치 운영하여 국민의 거주·이전의 자유 및 사생활의 자유를 제한할 수 있다.(제16, 17, 18조)

그런데 군사작전을 위해 법률로 국민의 기본권을 제한할 수 있다면 군대의 구성원인 군인들의 기본권을 제한하기 위해서도 법률이 필요한가가 문제된다. 군인은 전투를 전제한 조직의 구성원으로서 하나뿐인 생명을 나라를 위해 바치도록 요구되므로, 법률에 개별 근거가 없어도 포괄적인 기본권 제한이 가능하다는 견해가 있다. 반면 군인도 국민인 이상 그 기본권을 제한하기 위해서는 국회에서 제정한 법률로만 가능하다는 주장도 가능하다. 그러나 24시간 병영생활을 하고 언제 작전상황이 벌어질지 모르는 상황에서 구체적인 기본권 제한 사항을 모두 법률로 정하는 것은 현실적으로 불가하다. 그래서 「군인복무기본법」은 군인의 기본권을 보장하는 것을 원칙으로 하고 다만 군에서 기본권 제한이 많이 거론되는 중요한 사항에 대해서 개별적으로 규정하고 있다. 그 외 나머지 구체적인 상황에서는 지휘관이 명령을 통해서 군인의 기본권을 제한할 수 있다. 이는 작전을 수행하기 위한 정당한 명령의 결과로서 결국 군인의 기본권이 제한될 수 있다는 것이다. 「군인복무기본법」은 "① 군인은 대한민국 국민으로서 일반 국민과 동일하게 헌법상 보장된 권리를 가진다. ② 제1항에 따른 권리는 법률에서 정한 군인의 의무에 따라 군사적 직무의 필요성

범위에서 제한될 수 있다"라고 규정하여 이를 분명히 하고 있다.(제5조)

　군인에 대한 기본권 제한은 과거 군인사법에 근거한 「군인복무규율」에 의해 가능했다. 군인복무규율은 법률이 아닌 대통령령이었다. 그래서 법률에 의하지 않는 기본권 제한이어서 위헌이라는 주장이 있었다. 이러한 논쟁을 종식시키고 군인의 권리와 의무를 더 명확하게 규정하기 위해 2016년 「군인복무기본법」이 제정되었고 군인복무규율은 폐지되었다. 「군인복무기본법」은 기본권 보장과 아울러 군인이 반드시 지켜야 할 의무도 규정해 두고 있다. 또한 상관의 정당한 명령에 대한 기준을 명확히 함으로써 상관의 위법한 명령에 의해 기본권이 침해되지 않도록 하였다.

　국민의 생명과 재산을 지키는 군대가 왜 인권의 사각지대로 인식되고 있을까? 첫째, 군의 특수성을 지나치게 강조한 나머지 그동안 많은 사람들 특히 군인들이 군대를 치외법권(治外法權) 지역으로 인식했기 때문이다. 이들은 주로 남북 대치라는 군사상황의 긴박성, 즉 군사적 필요성을 지나치게 강조한 나머지 장병의 기본권을 다소 소홀히 생각한 측면이 있다. 둘째, 군인의 임무수행은 필연적으로 육체·정신적 고통이 따른다. 그 결과 인권침해인지 정당한 임무수행인지 구분하기 어려운 영역이 많이 존재한다. 예컨대 얼차려 교육은 어느 정도 육체적 고통을 주어 정신교육을 시키는 상관의 정당한 명령에 속하지만 그 한도를 넘는 경우 가혹행위로서 인권침해 행위가 된다. 셋째, 우리 군은 전방과 오지에 많이 배치되어 있다. 지역, 사회, 문화적으로 도시 또는 민간사회와 멀리 떨어져 있다. 또한 그 동안 군대는 오로지 남자의 전유물로 생각되기도 했다. 그 결과 사회의 변화 특히 신장된 장병들의 인권의식을 잘 따라가지 못해서 군이 인권에 뒤떨어진 조직 또는 인권의 사각지대로 인식되는 빌미를 제공했다.

군사적 필요성 또는 군사상황의 긴박성에 의한 기본권 침해에 대해 좀 더 살펴보고자 한다. 군대 없는 국가는 주권 없는 국가와 마찬가지다. 대한제국은 1907년 군대가 해산됨으로써 사실상 주권을 행사할 수 없었다. 독립군 및 광복군은 주권 회복을 위한 군 조직이었다. 이들은 지원병이었고 오로지 조국 광복이 간절했지 인권침해 같은 것은 염두에도 없었다. 광복 후 창군된 국군은 그 체계가 잡히기도 전에 6·25전쟁을 겪게 되었다. 무기체계는 열악했고 오로지 군인정신과 군 기강이 강조되었다. 군인에게 많은 희생을 요구하게 되었다. 그렇지만 이런 것을 두고 인권침해라 할 수 없었다. 그만큼 군대가 필요했고 절박하던 시기였다. 6·25전쟁은 끝났지만 법적인 종전을 하지 못했기 때문에 우리 군은 지속적으로 군의 특수성과 군사적 필요성을 강조하게 되었고 군대 구성원 개개인의 행복과 인권에 대해 신경을 쓸 겨를이 없었다. 그 결과 군대에 다녀온 사람은 국방의 의무를 다했다는 성취감 못지않게 군대를 고생을 한 곳, 인내심을 배양한 곳으로만 기억했다.

우리나라 군대는 특히 계급과 출신이 다양하다. 이로 인해 군대 및 군대문화에 대한 인식 차이가 존재한다. 지원제로 운영되는 간부와 징집으로 운영되는 병은 필연적으로 군에 대한 인식에 있어서 간극이 있을 수밖에 없다. 간부의 경우도 의무 복무하는 경우와 직업군인 사이에는 인식 차이가 존재한다. 18개월 군 복무하는 병이 군 생활 18년을 한 직업군인의 세계를 다 이해할 수 없다. 반대로 18년 직업군인 생활을 한 간부가 권한은 없고 의무만 있는 병의 세계를 다 이해할 수 없다. 그만큼 군인 서로가 서로에 대해 이해하기가 어렵다. 군대 및 군대문화에 대해 서로가 이해를 하지 못하면 한쪽은 인권침해를 다른 한쪽은 군 기강 해이를 걱정하게 된다. 이러한 현상은 인권에 대한 인식차를 나타내고 나아가 군인 상호 간에 갈등 요소가 될 수 있다.

군 복무에 대해 불만이 있거나 기본권이 침해되었다고 하더라도 그 불만이 공개적으로 분출된 것은 비교적 최근의 일이다. 1997년 김훈 중위 사망사건이 그 첫 사건이라고 여겨진다. 이 사건은 소위 사망에 의문이 가는 사건의 진상을 정확하게 파악하기 위한 「군의문사 진상규명 등에 관한 특별법」 제정으로 이어졌다. 육군훈련소에서 일어난 인분사건, 잊힐 만하면 일어나는 사망사고 또는 총기난사사건, 부실한 군 의료행정 등이 자주 국민의 공분을 사고 군 인권에 대한 관심을 촉발시켰다. 한편 2001년 출범한 국가인권위원회가 군 인권침해에 대해 진정을 접수하고 직권조사를 함으로써 군 인권의 중요성이 더욱 부각되었다. 최근에는 성폭력이 군 내 인권침해로 언론에 자주 거론되고 있다. 우리 사회가 핵가족화되면서 가정은 한두 명의 자녀를 두고 있는데, 이 자녀들이 군에서 사망 또는 부상 등 인권침해를 당하면 본인뿐만 아니라 그 가족들도 더 이상 인내하지 않고 있다. 즉 국민들뿐만 아니라 군인들의 인권의식도 크게 신장되었다.

장병들의 인권의식 신장에 따라 일부 군인들은 우려를 나타내기 시작했다. 군의 불만을 내부에서 해결하는 것이 아니라 외부에서 찾다 보니 내부의 문제 해결 능력도 떨어지게 되었다. 일부 부하들은 규정대로 교육훈련을 시키는 지휘관에 대해 힘들다면서 여러 이유를 들어 지휘권을 흔들기도 한다. 손상된 지휘권은 쉽게 회복되지 못한다. 즉 인권을 빙자하여 힘든 교육훈련을 회피하고 지휘관의 지휘권을 흔들어 군의 전투력을 약화시킨다는 지적이 그것이다.

　장병의 기본권과 군사적 필요성이라 볼 수 있는 군 기강 확립 또는 지휘권은 서로 충돌하거나 긴장관계에 있는가? 일견 그렇게 볼 수 있다. 그런데 필자가 생각하기에는 서로 적절한 균형을 이루는 것이 중요하다고 본다. 국가안보법(National Security Law)의 화두가 국가안보와 기본권의 균형이다. 우리 군도 군사적 필요성(military necessity), 즉 국가안보와 군사준비태세, 지휘권 및 군 기강 확립과 장병들의 권리와 편익(인권)에 대해서 늘 적절한 균형이 필요하다. 「군인복무기본법」도 군인의 권리와 동시에 의무도 명시하고 있음을 유념할 필요가 있다.

　「군인복무기본법」은 군인의 기본권보장이라고 기술하고 '인권'이라는 용어를 사용하고 있지 않다. 인권침해는 실제 국가 공권력을 염두에 둔 용어이며, 인권의 개념에는 저항과 투쟁의 의미도 포함되어 있다. 따라서 국가조직 내부 구성원의 권익과 관련해서는 인권이라는 말을 사용하는 것은 잘못된 것은 아니지만 적절하지는 않다고 본다. 미 국무부가 세계의 인권상황에 대해 매년 보고서를 제출하는 등 관심이 많다. 그런데 미군 내부에서 장병들의 권익보호와 관련해서는 인권(human rights)이라는 용어를 사용하지 않는다. 대신 기회균등장교(equal opportunity officer)가 장병들의 고충을 해결하여 실질적인 인권을 보호한다. 우리도 참고할 필요가 있다. 그래서 군에서는 「군인복무기본법」에서 말하는 '기본권'으로 용어를 통일해서 사용하는 것이 적절하다고 본다.

장병들의 기본권 신장에 발맞춰 군사적 필요성 등에 대한 교육도 균형 있게 필요하다. 군은 군사적 필요성에 대해 군법교육, 정신교육 등을 시행하였다. 이러한 교육은 국방부 정책의 일환으로 진행되었다. 그런데 인권교육은 「군인복무기본법」에 의해 진행된다. 그 구속력이 더 강하다. 군 인권이 강조되면서 더욱 그러하다. 그런데 실제 「군인복무기본법」은 군에서 장병의 권리만 강조하는 것이 아니라 기본권과 의무를 동시에 교육하도록 규정하고 있다. 과거 군법교육은 교육대상자의 범죄예방 및 군 기강 확립에 주안점을 두었다. 그러나 최근 인권교육은 지나치게 장병의 권리 보호에 주안점을 두었다. 과도기적으로 그럴 수도 있다. 그러나 이제는 「군인복무기본법」이 제시하는 바와 같이 장병의 기본권과 의무를 동시에 균형 있게 교육을 해야 할 것이다. 군인의 의무에 대해 충실한 교육을 하지 않는 것도 직무유기이다.

지휘관도 더 이상 군대 내에서 인권과 지휘권이 어떻게 충돌되는지 고민할 시기는 지났다. 지휘관은 정확히 자신의 권한 내에서 권한을 행사해야 한다. 「군인복무기본법」 제36조 제4항은 상관은 직무와 관계가 없거나 법규 및 상관의 직무상 명령에 반하는 사항 또는 자신의 권한 밖의 사항 등을 명령하여서는 안 된다는 것을 명시하고 있다. 부하 또한 「군인복무기본법」에서 정한 자신의 권리를 명확히 인식할 뿐만 아니라 군인으로서 자신의 의무도 정확히 인식하고 업무를 해야 한다. 그리고 그 위반에 대해서는 책임을 져야 한다.

전쟁에서 승리하기 위해서는 지휘관의 리더십이 중요하다. 임진왜란과 정유재란에서 23전 23승을 거둔 이순신 장군도 군사적 필요와 인권의 조화를 이루는 리더십을 발휘하였다. 장군은 엄격한 군기를 강조하였고 그래서 전란 중 군율을 위반한 장졸 29명을 사형에 처하였다. 그만큼 엄격하셨다. 반면 함경도에서 근무할 당시 밤에 추위에 떠는 병사를 위해 자신의 외투를 벗어 주었고, 부친상을 당한 부하에게 고향에 가서 장례를 치르고 오게 할 만큼 부하를 따뜻하게 아끼는 장군이었다.

『오자병법』을 쓴 오기 장군의 리더십도 동일하다. 오기 장군은 위나라 장수로서 진나라와 전투를 수행하였다. 그 과정에 위나라의 장수 한 명이 스스로의 용맹을 자랑코자 홀로 적진으로 달려가 적장의 목을 베었다. 그 장수는 의기양양하게 오기 장군 앞에 나아갔다. 그런데 오기 장군은 '군율을 어긴 죄'로 그를 엄벌했다. 그만큼 군율을 엄격하게 적용했다. 반면 그는 부하의 종기를 입으로 빨아 주었다는 유명한 일화가 있다. 부하의 어머니는 그 소식을 듣고 통곡을 했다고 한다. 오기 장군이 이 병사의 아버지 종기도 빨아 주었고(吮疽之仁) 이에 감동한 그는 용감하게 나가 싸워 전사를 했기 때문이다. 양의 동서를 불문하고 명장들은 다 전략전술에 뛰어나고 용감하기도 했지만 부하 사랑이 남달랐다.

군대는 군 특수성을 강조해야 한다. 뿐만 아니라 군인이 기계와 같이 맹목적으로 복종하는 존재가 아니라 뜨거운 피가 흐르는 사람이라는 점도 늘 유념해야 한다. 그들을 귀한 인격체로 인정하고 존중해 줄 때만 그들은 국가와 상관을 위해 더욱 충성할 것이다. 21세기 지휘관과 상관은 부하에 대해 감성과 필요를 채워 주는 따뜻한 인권의식이 필요하다. 이것이 광신적이고 인권을 무시하는 북한체제와 다른 것이고 우리나라와 국군의 우월성이다. 군사적 필요성과 장병의 기본권 존중은 전투의 필승을 보장하는 두 날개로서 항상 균형이 필요하다.

2. 군인과 종교의 자유

우리 「헌법」은 "모든 국민은 종교의 자유를 가진다"라고 규정하고 있다.(제12조 제1항) 군인도 국민인 이상 당연히 종교의 자유를 가진다. 「세계인권선언」도 종교의 자유를 인간의 보편적인 인권으로 규정하면서 종교 변경의 자유와 종교행사 및 표명의 자유를 규정하고 있다.(제18조) 「시민적 및 정치적 권리에 관한 국제 규약」도 역시 종교의 자유를 동일하게 보장하고 있다. (제18조) 위 조약 제4조는 국가 비상사태하에서도 회원국은 국민의 종교의 자유를 보장해야 한다고 규정하고 있다.

> 모든 사람은 사상, 양심 및 종교의 자유에 대한 권리를 가진다. 이러한 권리는 종교 또는 신념을 변경할 자유와, 단독으로 또는 다른 사람과 공동으로 그리고 공적으로 또는 사적으로 선교, 행사, 예배 및 의식에 의하여 자신의 종교나 신념을 표명하는 자유를 포함한다. (세계인권선언, 제18조)

1. 모든 사람은 사상, 양심 및 종교의 자유에 대한 권리를 가진다. 이러한 권리는 스스로 선택하는 종교나 신념을 가지거나 받아들일 자유와 단독으로 또는 다른 사람과 공동으로, 공적 또는 사적으로 예배, 의식, 행사 및 선교에 의하여 그의 종교나 신념을 표명하는 자유를 포함한다.
2. 어느 누구도 스스로 선택하는 종교나 신념을 가지거나 받아들일 자유를 침해하게 될 강제를 받지 아니한다.
3. 자신의 종교나 신념을 표명하는 자유는, 법률에 규정되고 공공의 안전, 질서, 공중보건, 도덕 또는 타인의 기본적 권리 및 자유를 보호하기 위하여 필요한 경우에만 제한받을 수 있다.
4. 이 규약의 당사국은 부모 또는 경우에 따라 법정 후견인이 그들의 신념에 따라 자녀의 종교적, 도덕적 교육을 확보할 자유를 존중할 것을 약속한다. (시민적·정치적 권리에 관한 국제규약 제18조)

1. 국민의 생존을 위협하는 공공의 비상사태의 경우에 있어서 그러한 비상사태의 존재가 공식으로 선포되어 있을 때에는 이 규약의 당사국은 당해 사태의 긴급성에 의하여 엄격히 요구되는 한도 내에서 이 규약상의 의무를 위반하는 조치를 취할 수 있다. 다만, 그러한 조치는 당해국의 국제법상의 여타 의무에 저촉되어서는 아니 되며, 또한 인종, 피부색, 성, 언어, 종교 또는 사회적 출신만을 이유로 하는 차별을 포함하여서는 아니 된다. 2. 전항의 규정은 제6조, 제7조, 제8조(제1항 및 제2항), 제11조, 제15조, 제16조 및 **제18조**에 대한 위반을 허용하지 아니한다. (시민적·정치적 권리에 관한 국제규약 제4조)

종교의 자유는 인간 내면의 신앙이므로 인간의 자유 중 가장 기본적인 자유이다. 따라서 종교의 자유의 본질적 내용인 신앙의 자유는 자연권이자 동시에 절대적 기본권이다.(성낙인, 헌법학, 법문사, 2006년, p.525) 또한 인간은 영적(靈的) 존재로서 영적 평안과 행복 없이 자유로울 수 없고 행복할 수도 존엄할 수도 없다.(정회철, 헌법, 도서출판 여산, p.493) 참호 속에 무신론자 없다(There is no atheists in the foxholes)는 말이 있다. 생사를 넘나드는 전투에 참여하는 군인의 절박한 심정을 잘 표현하는 말이다. 그런데 평시 경계작전 등 군사대비태세에도 휴일이 없고 또 외진 곳에 위치한 부대에는 일반 종교시설과 성직자가 있을 수 없다. 그래서 장병들의 신앙의 자유를 보장하기 위해서는 군의 특별한 배려가 필요하다. 군인이면서 성직자인 군종장교를 군에 복무하게 하는 것이 장병의 종교의 자유를 보장하기 위해 군이 마련한 제도이다.

「군인복무기본법」 제15조는 장병의 신앙의 자유를 다시 확인하고 있다. 제1항은 "지휘관은 부대의 임무 수행에 지장이 없는 범위에서 군인의 종교생활을 보장하여야 한다"라고 규정하고 있고, 제2항은 "영내 거주 의무가 있는 군인은 지휘관이 지정하는 종교시설 및 그 밖의 장소(이하 "종교시설 등"이라 한다)에서 행하는 종교의식에 참여할 수 있으며, 종교시설 등 외에서 행하는 종교의식에 참여하고자 할 때에는 지휘관의 허가를 받아야 한다"라고 규정하고 있다.

제네바 협약은 포로와 점령하고 있는 지역의 민간인에 대해서도 무력충돌당사국이 그들의 종교활동을 보장하도록 하고 있다. 종교의 자유는 그만큼 다른 자유와는 차원이 다른 자유이다.

포로는 군 당국이 정하는 일상의 규율에 따를 것을 조건으로 하여, 그들 신앙의 종교의식에 참석하는 것을 포함하는 그들의 종교상 의무의 이행에 있어서 완전한 자유를 가진다. 종교적 의식을 거행할 수 있는 적당한 건물이 제공되어야 한다. (제네바 제3협약 제34조)

피억류자들은 억류당국이 제정하는 일상적 규율에 복종할 것을 조건으로 하고 자기의 종교의무(종교의식에의 참석 포함)를 이행함에 있어서 완전한 자유를 향유한다. 억류되고 있는 성직자들은 동일한 종파에 속하는 피억류자들에게 대하여 자기의 성직을 자유로이 행하도록 허용받아야 한다. (제네바 제4협약 제93조)

여기서 군 지휘관이 종교의 자유와 관련해서 명심해야 할 사항이 있다. 종교의 자유와 관련하여 지휘관의 가장 우선된 의무는 장병의 신앙의 자유, 특히 종교생활을 할 수 있는 여건을 보장하는 것이다. 종교에 대한 차별 또는 강요를 하지 않아야 하는 것은 그 다음이다. 종교는 민감한 문제이니 가급적 공정하게 대하되 차별대우 등 비난을 받지 않기 위해 일정한 거리를 둘 필요가 있다고 생각하는 것은 잘못된 생각이다. 군에 군종장교를 둔 이유도 종교의 자유를 보장하기 위함이다. 부대에 모든 종교에 대한 성직자가 없을 수도 있다. 소부대인 관계로 자체 종교행사를 시행할 수 없는 경우도 있다. 경계근무 등 상시 업무로 인해 종교행사에 참여할 수 없는 경우도 있다. 뿐만 아니라 상급자가 부당하게 종교행사 참여를 방해하는 경우도 있다. 지휘관은 관심을 가지고 이러한 상황을 확인하고 장병의 종교의 자유를 보장해야 한다.

실제 종교의 자유와 관련된 진정에 대해 국가인권위원회가 결정한 사항은 다음과 같다. ① 사관학교 가입교 기간 중 종교행사 참여를 제한한 것은 군 본연의 임무로 인한 합리적 제한이 아니라고 밝혔다.(2008. 7. 17. 국가인권위원회 권고 결정) ② 영창 수용자들에 대해 「군형집행법」에 따라 "군수용자는 군 교정시설에서 실시되는 종교의식이나 행사에 참석할 수 있으며, 개별적인 종교상담을 받을 수 있다"라고 규정하고 있어(제46조 제1항) 군 수용자들의 종교활동 참여 여건을 보장하라는 권고를 했다.(2017. 1. 24. 국가인권위원히 권고 결정) ③ 태권도 단증을 취득하지 못한 부대원들이 심리적 위축으로 종교활동에 참여하지 못한 것은 종교의 자유에 대한 침해라고 결정했다.(2014. 11. 28. 국가인권위원회 권고 결정) ④ 장병들이 무교를 포함하여 종교를 자유롭게 참여하게 하는 등 군대 내에서 종교의 자유가 실질적으로 보장되도록 할 것도 권고했다.(2010. 7. 23. 국가인권위원회 권고 결정) 그 외 계급이 낮은 장병들에게 특정 종교를 신봉할 것과 종교행사에 참여할 것을 강요하는 행위, 지휘관들이 1인 1종교 및 종교행사 참여를 강제할 의무규정이 있다는 잘못된 인식을 장병들에게 전달한다거나 종교행사에 참여하지 않을 경우 텔레비전 시청 등 개인 여가시간을 제한하는 것은 옳지 않음을 밝혔다.

종교의 자유와 관련해서 국방부 훈령이 밝힌 지휘관의 책무는 다음과 같다. 첫째, 편향되지 않게 종교활동을 보장해야 하고, 둘째, 종교행사에 참석하고자 하는 장병에게 임무수행에 지장이 없는 범위 내에서 편의를 제공해야 하며, 셋째, 종교에 대한 소개, 상담 등에 대한 안내를 할 책임과 개종 및 특정 종교를 강요하지 않도록 하고 있다.(국방부 군종업무 활동 훈령 제6조)

종교가 사람의 자유와 기본권 중 중요한 항목임은 두말할 나위가 없다. 또 지휘관은 종교가 장병들의 사생관(死生觀) 정립으로 인한 정신전력의 증강, 종교로 인한 인성의 함양과 명랑한 병영으로 인한 비전투 간 사고의 감소 등 긍정적인 측면을 지님을 잘 알고 있다. 이러한 측면에서 지휘관은 장병들이 무종교의 자유를 향유한다는 사실보다는 종교가 장병들 개인에게 도움이 된다는 이유로 이를 다소 강요하고 싶은 유혹에 빠지기도 한다. 그러나 지휘관은 종교를 강요해서는 안 되며 대신 종교행사 참여 등 종교의 자유를 누리고 싶은데도 여건이 되지 않는 경우를 발견하고 이를 해결해 주도록 해야 한다. 2015년 육군 전방부대 GOP에서 근무하던 병이 부대생활에 적응하지 못해서 스스로 목숨을 끊은 사건이 있었다. 그의 수첩에는 일요일 바로 앞에 보이는 교회가 있음에도 종교행사에 참여할 수 있다고 안내해 주는 사람이 아무도 없었다고 적혀 있었다. 소심한 그는 스스로 교회에 가고 싶다는 말을 하지 못하고 끝내 극단적인 선택을 하고 말았다. 지휘관은 바로 이러한 일이 없도록 장병의 신앙생활에 관심을 가져야 한다. 격오지 부대에서 신앙생활 여건이 좋지 못할 때 군종장교와 협조하여 예배와 의식에 관한 자료를 사전 또는 사후에 제공하거나, 인접 민간 종교 시설에 참여할 수 있도록 배려하는 등이 그것이다. 또 하나 군종장교들이 군인 가족, 간부에 대한 신앙의 자유의 여건을 보장하는 것 못지않게 계급이 낮은 장병들의 신앙의 목마름을 잘 해결해 주도록 노력을 경주해야 한다.

3. 군인, 건강은 자신이 지켜야 한다

2010년 용인에서 근무할 때였다. 사령부 참모부에서 근무하던 중령 한 명이 아침에 출근을 위해 샤워를 하고 나오다가 쓰러졌다. 그는 병원으로 후송됐지만 사망했다. 부검 결과 심장이 비대해 있었고 사인은 심근경색이었다. 그 자신은 심장질환이 있다는 것을 이미 알고 있었다. 그러나 진급을 앞둔 시점이었고 과로를 하지 않을 수 없었다.

이듬해 6월 초등·중학교 동창생 중 유일하게 직업군인인 친구가 위암 말기 진단을 받았다. 낙천적인 그는 부대복귀를 꿈꾸며 투병을 했지만 그해 크리스마스를 앞두고 그렇게 아끼던 사랑하는 가족들을 두고 세상을 떠났다. 그는 강원도 인제에서 어렵게 중령으로 진급했다. 양구에서 대대장, 사단 군수참모 보직을 마쳤다. 대전으로 내려와 학교기관에서 열심히 후진을 양성했다. 그도 진급을 앞두고 있었고 최선을 다했다. 그런데 안타까운 것은 40대 후반의 나이었지만 업무에 매진하느라 그때까지 한 번도 위 내시경 검사를 받지 못했다는 것이다. 더 안타까운 것은 한번은 내시경 검사를 위해 혈압측정을 받던 중 부대의 급한 전화를 받고 부대에 복귀했고 다시 검진을 받지 못했다는 것이다.

군 간부는 체력이 강인한 사람 중에서 임용된다.(군인사법 제10조) 군인은 임무를 수행함에 강인한 체력을 필요로 하므로 다른 국가공무원과는 달리 계급에 따른 정년을 두고 있다.(군인사법 제8조) 군복무를 할 수 없을 정도로 심신에 장애가 있는 경우는 본인의 의사와 상관없이 전역 또는 제적하도록 되어 있다.(군인사법 제37조, 제40조, 제41조) 군인은 복무 중 사망하거나 부상 및 질병을 입으면 이 사실이 공무와 관련이 있는지를 판단하여 전·사상자로 구분하게 된다.(군인사법 제54조의 2) 그리고 만약 공무로 기인한 것일 경우 법률에 의거 보상을 받게 되고(군인사법 제54조), 「군인 재해보상법」이 정한 바에 따라 순직유족연금 등 급여를 받을 수 있다.(군인사법 제55조)

'건강'이란 단지 질병이 없거나 허약하지 않은 것뿐만 아니라 "신체적·정신적·사회적으로 완전히 안녕한 상태를 말한다"라고 규정된다.(군건강증진 업무 훈령 제2조 제1항) 이 정의는 세계보건기구 헌장에서 밝힌 건강의 정의를 그대로 기술한 것으로 보인다.

군인은 이러한 건강과 체력을 유지해야 한다. 그래서 군인은 일과 시간 중에도 체력단련이 허용되고 매년 체력검정과 신체검사를 받도록 되어 있다.(군 건강증진 업무 훈령 제15조) 군은 24시간 유사시를 대비해야 하는 관계로 야간에도 업무수행을 하며 임무수행에 있어서 위험도가 높다. 과로 및 스트레스도 많은 직역이다. 의료기관과 떨어져 있어서 적시에 적절한 진료와 치료를 받을 수 있는 여건도 불비하다. 그래서 국민건강보험법은 군인과 같은 직종에 대해서는 매년 건강검진을 받도록 하고 있다.(국민건강보험법 시행령 제25조) 사실 군인은 매년 신체검사를 받도록 되어 있는데 이를 건강검진으로 대신하고 있다. 건강검진 결과는 군 당국에 보고되고 만약 불합격될 때에는 군 의료기관에서 정밀 신체검사를 받게 된다.

국민건강검진은 "모든 국민이 건강위험 요인과 질병을 조기에 발견하여 치료를 받음으로써 인간다운 생활을 보장받고, 건강한 삶을 영위하는 것"을 기본 이념으로 하고 있다.(건강검진기본법 제2조) 그렇다면 군인도 이 건강검진을 받을 권리가 있다. 그런데 군부대가 검진기관과 지리적으로 떨어져 있기 때문에 시간을 내어 검진을 받기 어려운 점이 있다. 또 군에는 건강검진이라기보다는 신체검사 개념이 많이 남아 있어서 군인들은 대부분 부대 단위로 출장 건강검진을 받는 경우가 많다. 그런데 출장검진으로서는 꼼꼼한 검진이 제한될 수도 있고 위 내시경 검사 등은 출장검진을 통해 받을 수 없다. 그래서 지휘관들에게 다음을 권한다. 부대에서 40세 이상의 간부들에게는 가능한 한 직접 지정 검진기관에 가서 건강검진을 받도록 여건을 보장해 줬으면 한다. 지휘관이 부하에게 돈을 들이지 않고 해 줄 수 있는 배려요, 복지라고 생각한다. 아니 건강검진을 위해서는 공가(公暇)를 갈 수 있도록 법이 규정하고 있으므로 건강검진을 위해 휴가를 내는 것은 개인의 권리이다.(군인복무기본법 시행령 제17조 제7호)

군인은 또 건강검진 결과를 인정하고 의료진의 지시에 잘 따를 필요가 있다. 그런데 젊은 시절 건강한 신체로 임관을 했고 규칙적인 체력단련을 했다는 등의 이유로 질병을 대수롭지 않게 생각하고 자신이 주관적으로 판단하고 대응하는 잘못을 범하는 경우가 많다. 건강했던 군인도 가족과의 별거, 업무환경, 생활습관, 가족력 등으로 성년이 되면서 여러 가지 질병을 얻을 수 있다. 특히 성인병에 대해서 스스로 자가진단하는 경우가 많다. 중년 군인의 경우 부대에서는 중견 간부로서 업무량이 많고 신경을 많이 써야 할 시기이다. 상위 계급 진급을 목전에 두고 있다. 이런 위치에 있는 간부가 성인병 진단을 받으면 많은 경우 술을 줄이고 운동을 더 열심히 하면 건강해질 수 있다고 생각한다. 반면 처방받은 약을 정확히 복용하지 않거나 불규칙한 식습관 개선에 대해서는 관심을 소홀히 한다. 그런데 그러다가 병을 키우고 최악의 경우에는 생명을 잃는 경우도 있다. 진급 또는 업무를 너무 우선시한 잘못이다. 건강을 잃으면 모든 것을 잃는데도 말이다. 너무나 안타깝다.

더 안타까운 것은 이렇게 질병으로 생명을 잃거나 장애를 입었을 때 순직 또는 공무상 질병으로 인정되기가 매우 까다롭다는 것이다. 그리고 이 사실을 군인들이 잘 모른다는 점이다. 즉 직업군인들은 군 복무 중 부대에서 사망하거나 질병으로 사망하면 모두 보상 또는 연금을 받는 것으로 잘못 알고 있다. 「군인 재해보상법」은 공무상 질병을 공무수행과정에서 물리적·화학적·생물학적 요인에 의하여 발생한 질병, 공무수행 과정에서 신체적·정신적 부담을 주는 업무가 원인이 되어 발생한 질병, 공무상 부상이 원인이 되어 발생한 질병, 그 밖에 공무수행과 관련하여 발생한 질병으로서 공무와 재해 사이에 상당한 인과관계가 있을 것을 요구하고 있다.(제4조 제1항 제2호) 그런데 실제 군인 재해보상급여 심의 과정에서 군인의 각종 암과 혈압, 당뇨 등 소화기, 순환기 계통의 질병은 공무상 질병으로 쉽게 인정되지 않는다. 이러한 질병으로 사망하거나 전역을 할 경우 대부분 기왕증, 생활습관, 가족력 등으로 기인한 것으로 판단되고 극히 예외적인 경우에만 공무관련성이 인정된다. 이러한 사실을 군인들이 잘 알았으면 한다. 특히 건강검진을 통해 기존의 질병, 음주 및 흡연을 많이 한 생활 습관이 확인되면 공무상 질병으로 인정되기 더욱 힘들다.

19년 6개월 미만 근무한 사람이 질병으로 전역하거나 사망했을 때 공상 또는 순직이 인정되지 않으면 남은 가족들의 경제적인 어려움은 더욱 크다. 자녀들에게 한창 돈이 들어가는 때인데도 연금을 받을 수 없기 때문이다. 19년 6개월 이상 근무했더라도 본인이 사망한 경우 유족은 연금의 60%밖에 수급받을 수 없어 경제적 보장은 매우 미흡하다. 따라서 자신의 건강뿐만 아니라 가족의 경제적 안정과 행복을 위해서라도 군인은 자신의 건강에 각별한 관심이 필요하다. 적절한 운동, 주기적인 건강검진과 상담, 의료진의 권고에 따른 치료, 별거 가정인 경우 주기적인 가족과의 만남, 균형 잡히고 규칙적인 식사, 금연 및 절주 등이 관심을 가져야 할 사항이다. 나라는 다른 전우가 지킬 수 있지만 가정과 자신의 건강은 자신이 아니면 지킬 수 없다는 것을 늘 마음에 새겨야 한다.

4. 부대 내 인권침해와 부패행위에 대한 처리

　지휘관과 부대원들은 서로 존중·배려하여 화합·단결하는 부대를 만들어 가는 것을 목표로 한다. 또 부대가 부패 및 부조리가 없는 청정한 조직이 되어 국민으로부터 신뢰받는 것을 희망한다. 이런 부대가 가장 이상적이고, 지휘관들은 그런 부대를 구현하기 위해 애쓴다. 그런데 이런 노력을 하고 있음에도 불구하고 부대 내에서 부대원 사이에 인권침해로 인한 갈등이 있거나 부패행위가 드러나면 굉장히 실망스러울 것이다. 짧은 지휘관 재임기간을 고려할 때 이러한 사실이 외부로 알려질 경우 부대의 명예와 지휘관 본인의 경력에도 흠이 간다고 생각할 것이다. 그래서 자체적으로 이러한 사건을 조용히 해결하고 싶은 생각도 들 것이다.

　사건이 이미 외부에 알려져서 다른 국가기관 또는 상급부대에서 조사 수사를 개시하면 지휘관으로서는 자신에게 먼저 건의·진정하여 사건을 자체적으로 해결할 수 있는 기회를 주지 않는 것에 서운할 수도 있다. 그런데 지휘관들이 이러한 상황에서 적절한 조치를 취하지 못하고 사건을 묵인은폐하거나 사건처리에 관한 규정을 준수하지 못함으로 인해 처벌을 받는 사례도 있다. 인권침해와 부패행위는 교육 등을 통해 사전 예방하는 것이 중요하다. 그런데 일단 사건이 발생한 경우 법령이 정한 절차에 따라 정확히 처리하는 것은 예방 못지않게 중요하다. 아래에서는 부대 내의 인권침해 및 부패행위, 기타 부대원들 사이의 갈등 및 일탈행위를 지휘관 또는 상관이 어떻게 대처해야 하는지를 관련 법령을 중심으로 살펴보고자 한다.

지휘관 및 모든 군인들은 먼저 여러 법률이 정한 신고의무를 숙지해야 한다. 「공익신고자 보호법」은 공직자로 하여금 "직무를 수행함에 있어서 국민의 건강과 안전, 환경, 소비자의 이익, 공정한 경쟁 및 이에 준하는 공공의 이익을 침해하는 행위 중 일정한 행위에 대해서는 조사기관, 수사기관 또는 국민권익위원회에 신고해야 한다"라고 규정하고 있다.(제7조) 신고해야 하는 공익침해행위는 공익과 관련한 284개 법률의 벌칙에 해당하는 사항 또는 인·허가의 취소·정지처분의 대상이 되는 행위를 말한다.(제2조 제1호)

「부패방지권익위법」은 "공직자는 그 직무를 행함에 있어 다른 공직자가 부패행위를 한 사실을 알게 되었거나 부패행위를 강요 또는 제의받은 경우에는 지체 없이 이를 수사기관·감사원 또는 위원회에 신고하여야 한다"라고 규정하고 있다.(제56조) 이 법에서 부패행위는 "가. 공직자가 직무와 관련하여 그 지위 또는 권한을 남용하거나 법령을 위반하여 자기 또는 제3자의 이익을 도모하는 행위, 나. 공공기관의 예산사용, 공공기관 재산의 취득·관리·처분 또는 공공기관을 당사자로 하는 계약의 체결 및 그 이행에 있어서 법령에 위반하여 공공기관에 대하여 재산상 손해를 가하는 행위, 다. 가목과 나목에 따른 행위나 그 은폐를 강요, 권고, 제의, 유인하는 행위"를 말한다.(제2조의 제4호)

「군인복무기본법」은 군인은 "① 군인은 병영생활에서 다른 군인이 구타, 폭언, 가혹행위 및 집단 따돌림 등 사적 제재를 하거나, 성추행 및 성폭력 행위를 한 사실을 알게 된 경우에는 즉시 상관에게 보고하거나 제42조 제1항에 따른 군인권보호관 또는 군 수사기관 등에 신고하여야 한다"라고 규정하고 있다.(제43조)

결국 공직자인 군인은 ① 공익침해 행위, ② 공직자의 부패행위, ③ 군인이 다른 군인에 대한 인권침해 행위에 대해 신고의무를 진다. 군인이 이런 신고의무를 저버렸을 때에는 징계처분 또는 인사상 불이익을 입을 수 있다.

(국방부, 부패방지 및 내부·공익신고업무 훈령 제16조, 제17조)

모든 군인은 법률이 정하는 바에 따라 자신의 의견을 건의하거나, 고충을 상담 및 진정할 수 있다. 지휘관 및 상관은 부대원이 이러한 권리를 행사하였다고 해서 불쾌하게 생각하거나 불이익을 줘서는 안 된다. 오히려 의견을 경청하고 지휘관과 상관의 지위에서 적절한 조치를 취할 의무가 있다.

「군인복무기본법」은 부대의 부조리 및 갈등에 대해 자체 해결할 수 있는 방안을 두고 있다. 군인은 지휘계통에 따라 상관에게 군에 유익한 의견 또는 복무에 관한 정당한 의견을 건의할 수 있다.(제39조) 뿐만 아리라 신상문제 등에 대해 고충심사를 청구할 수 있다.(제40조) 또한 부대에 있는 병영생활 전문상담관과 성고충상담관 등 전문상담관과의 상담을 통해 자신의 문제를 해결할 수 있다.(제41조) 군에서 소원수리, 마음의 편지, 국방 헬프콜 등도 이러한 진정 및 고충처리를 위한 제도 중 하나이다. 이러한 군 내 고충처리를 위한 절차 외에도 군인은 병영생활에 있어서 부조리 및 성폭력 등에 대해 "「국가인권위원회법」, 「부패방지 및 국민권익위원회의 설치와 운영에 관한 법률」 또는 그 밖에 다른 법령에서 정하는 방법에 따라 국가인권위원회 등에 진정을 할 수 있다"라고 규정하고 있다.(군인복무기본법 제43조 제2항) 「부패방지권익위법」 제2조 제5호, 제39조 제1항 가와 「국가인권위원회법」 제30조가 각 진정에 대해 규정하고 있다.

지휘관이 군인의 신고 및 고충진정에 대해 유념할 것이 있다. 크게는 신고자의 신상 등 비밀을 보장해야 하고, 신고를 했다는 이유로 불이익을 가해서는 안 된다는 것이다. 「군인복무기본법」은 "누구든지 제43조에 따른 보고, 신고 또는 진정 등(이하 "신고 등"이라 한다)을 한 사람(이하 "신고자"라 한다)이라는 사정을 알면서 그의 인적사항이나 그가 신고자임을 미루어 알 수 있는 사실을 다른 사람에게 알려 주거나 공개 또는 보도하여서는 아니 된다. 다만, 신고자가 동의한 때에는 그러하지 아니하다"라고 규정하고 있다.(제44조) 그리고 공익신고자와 부패행위 신고자의 비밀을 보장하지 못한 경우에는 각각 형사처벌을 하도록 규정하고 있다.(공익신고자보호법 제30조 제1항 제2호, 부패방지권익위법 제88조)

「군인복무기본법」은 "① 누구든지 신고 등을 이유로 신고자에게 징계조치 등 어떠한 신분상 불이익이나 근무조건상의 차별대우(이하 "불이익조치"라 한다)를 하여서는 아니 된다"라고 규정하고 있다.(제45조) 군인의 "의견 건의 또는 고충심사 청구를 이유로 불이익한 처분이나 대우를 한 자는 1년 이하의 징역 또는 1천만 원 이하의 벌금에 처한다"라고 처벌규정을 두고 있다.(제52조 제2항) 「공익신고자보호법」은 제15조에, 「부패방지 및 국민권익위원회 설치 및 운영에 관한 법률」은 제62조에 각 신고자에 대한 신분보장규정을 두고 있다. 불이익조치는 징계처분, 승진에 있어서 부당한 조치, 직무 미부여·직무 재배치와 같은 본인의 의사에 반하는 처분 등이 이에 해당한다.(공익신고자보호법 제2조 6) 이러한 불이익을 받은 사람은 각 기관에 신분보장 요청을 할 수 있도록 규정하고 있다. 공익신고자 및 부패행위 신고자에 대해 불이익조치를 한 사람에 대해서는 과태료 및 형벌을 각 부과하고 있음도 유념해야 한다.(공익신고자보호법 제30조, 부패방지권익위법 제90조, 및 제91조)

다음으로 지휘관 또는 상관이 자체적으로 부하의 인권침해 및 부패행위를 인지한 경우에 이를 조치할 방법과 절차에 대해 설명하고자 한다. 무엇보다 피해자 또는 진정인의 이야기에 진솔하게 귀를 기울여야 한다. 그들이 무슨 이야기를 하고자 하는지 정확히 파악하는 것이 매우 중요하다. 이때 진정인, 가해자, 피해자에 대해 지휘관이 편견을 가지거나 부대의 입장을 먼저 내세워서는 안 된다. 즉 "① 가해자의 입장을 고려해 봐라, ② 피해자도 일정 책임이 있다, ③ 부대의 명예를 고려해 달라"는 등의 발언을 상담 중에 해서는 안 된다. 이런 발언을 하면 지휘관의 공정성과 문제 해결 의지를 의심받게 되어 소통이 즉시 단절된다. 설령 진정인 또는 피해자와 아무리 끈끈한 유대가 있더라도 이러한 발언을 해서는 안 된다. 이는 상대방에게 실망만 심어 줄 뿐이다. 혐의에 대해서는 일단 경청하고 적절한 방법으로 사실관계를 확인해야 한다. 간단한 사안은 직접 확인할 수 있지만 사안이 심각한 경우에는 감찰 또는 수사기관에 의뢰하여 확인할 필요가 있다. 이러한 결정은 신속히 해야 한다. 지연될 경우 진정인은 지휘관이 사건 해결에 대한 의지가 없다고 판단하고 다른 기관에 신고·진정할 수도 있기 때문이다. 지휘관 등이 신속히 조치하지 않으면 사건을 묵인·은폐·축소했다는 오해를 받을 수 있다. 사실확인을 함에 있어서 자신이 직접 감찰장교나 수사관, 군검사와 같은 역할을 해서는 안 된다. 지휘관 본인이 직접 혐의자를 귀가시키지 않고 사무실에 앉혀 두고 진술서를 작성하게 하거나 자백을 강요하는 행위, 절도범을 찾겠다고 생활관의 사물함을 뒤지는 행위 등은 절대 해서는 안 된다. 용인될 수 있는 범위를 벗어난 직권남용행위이다.

부대원의 부패행위 및 인권침해 중에는 반드시 형사고발하거나 수사기관에 의뢰해야 하는 사항이 있다. 군에서 지휘관은 부하의 비위에 대해 징계처분을 할 권한이 있다. 부패행위 및 인권침해 행위에 대해서도 마찬가지이다. 그런데 이 중 일정한 행위는 반드시 형사고발하거나 수사의뢰해야 한다. 사안이 중대한 경우가 그 대상에 해당된다. 독립된 수사기관이 형사절차를 통해서 보다 철저하고 공정한 수사를 통해 사건의 실체를 엄정하게 확인하기 위함이다. 수사가 아닌 임의조사를 통해 자칫 더 큰 범죄혐의가 묻히는 것과 비위자에 대한 미온적인 처벌을 방지하기 위함이다. 이런 사안에서 임의조사와 징계처분을 한 경우 지휘관은 직무를 게을리 하거나 사건을 은폐·축소했다는 비난을 받을 수 있고, 규정 위반으로 처벌을 받을 수도 있다. 중대한 사안은 다음과 같다. 군인이 직무와 관련된 뇌물수수, 공금횡령, 배임 등 직무에 관한 부당한 이득 또는 재물취득과 관련된 범죄가 그 대상이 된다. 특히 공금 횡령금액이 합산하여 200만 원이 넘으면 반드시 형사고발하여야 한다.(국무총리 훈령 제696호,「공무원의 직무 관련 범죄 고발 지침」, 국방부 훈령,「부패방지 및 내부공익신고업무 훈령」, 제18조) 부대에서 일어난 폭력행위에 대해서도「국방부 군인·군무원 징계업무처리 훈령」이 정한 기준에 해당되는 행위는 징계처분에 앞서 형사고발을 통해 사건을 처리하도록 규정하고 있다.(제4조의 6) 그 외에 성폭력혐의에 대해서도 지휘관은 반드시 수사기관에 의뢰하여 사건의 본말을 정확히 처리하도록 해야 한다.(부대관리훈령 제244조 이하) 그 외 부조리 및 부패행위에 대해 수사를 해야 할 사항인지 조사를 통해 징계처분을 해야 할 사안인지에 대해서는 법무참모의 조언을 받아 사건을 처리하는 것이 합리적이다. 또 하나 유념해야 할 사안은 비위로 인해 조사를 받고 있는 군인에 대해서는 전역명령을 신중히 발령해야 한다. 군인은 의무복무 기간이 경과되면 본인의 의사에 따라 전역을 지원할 수 있다. 그런데「군인사법」은 일정한 비위혐의로 조사, 수사, 재판을 받고 있는 경우에는 전역명령을 발령할 수 없도록 규정하고 있다.(제35조의 2) 처벌을 회피하는 수단으로 전역지원을 하는 것을 방지하기 위함이다.

군에서 금전 문제, 폭력 문제, 성폭력 등의 경우에는 정식 수사를 통해 사건을 조사하는 것이 적절하다. 필자는 장교로 임관하기 전에 카투사 병으로 근무한 경력이 있다. 지금은 폐쇄된 춘천 캠프 페이지 본부중대 채

플에서 일했다. 일요일 오후 필자가 민간 목사님께 드릴 수표가 든 우편물을 책상 위에 두었는데 나중에 찾을 수가 없었다. 분실한 것이다. 겁도 나고, 걱정이 되었다. 쉬고 계시는 미군 군종 목사님께 보고를 했다. 목사님은 사무실에 나오셔서 다시 한번 같이 사무실을 뒤졌으나 수표를 찾지 못했다. 그러자 그분은 필자에게 함께 헌병대로 가자고 하셨다. 수표분실 사실을 신고하셨고 필자는 헌병에서 전말을 진술하고 나왔다. '나를 의심 하시는가? 꼭 헌병에게 신고까지 해야 하는가?' 하는 섭섭함이 마음속에 차올랐다.

어쨌든 분실사실을 아는 순간 최대한 빨리 신고를 했고, 헌병의 조사에 응했고 나중에 수표는 재발급되었다. 필자의 과오 또는 혐의도 말끔히 해소되었다. 사랑과 관용을 상징하는 군종 목사도 미군에서는 법과 원칙에 충실하게 신고를 통해 처리했다. 다소 서운했지만 오해의 소지 없이 깔끔하게 정리되어 오히려 잘됐다는 생각이 들었다. 군대의 일도 그렇다. 쉬쉬하기 보다는 정식 절차를 밟아서 깔끔하게 하는 것이 지휘관 또는 상관 본인과 그리고 혐의를 받고 있는 사람에게도 오히려 도움이 된다.

상급부대나 수사기관이 자기 부대에 대해 조사나 수사를 할 때 지휘관 등이 유념해야 할 사안이 있다. 조사를 대비해서 부대원들에게 진술방향을 지시하거나 자유로운 진술을 할 수 없는 분위기를 만드는 행위, 중요한 증거를 없애거나 조작하는 행위는 증거인멸죄 등으로 형사처벌을 받을 수 있는 행위임을 유의해야 한다.(형법 제155조) 뿐만 아니라 자기 또는 다른 사람의 형사사건의 수사, 재판에서 고소, 고발, 수사단서제공, 진술, 증거, 자료를 제출한 것에 대해 보복하기 위해 폭행, 협박, 상해를 가한 사람은 「특정범죄 가중 처벌 등에 관한 법률」에 정하는 바에 따라 1년 이상의 유기징역에 처할 수 있다.(제5조의 9 제2항) 또 자기 또는 타인의 형사사건의 수사 또는 재판과 관련하여 필요한 사실을 알고 있는 사람 또는 그 친족에게 정당한 사유 없이 면담을 강요하거나 위력을 행사한 경우에도 3년 이하의 징역에 처할 수 있다.(제5조의 9 제4항) 사실 부대에서 이러한 분위기만 있어도 부대원들이 먼저 알고 반발하게 되며 부대 내외에는 벌써 소문이 파다하다는 것을 알아야 한다. 수사 및 조사가 시작되면 있는 그대로 진실이 드러날 수 있도록 협조해야 한다.

지휘관 등은 인권침해 범죄에 있어서 피해자 보호에 각별한 관심을 경주해야 한다. 특히 성폭력 및 군인간 폭력의 피해자에 대해서는 더 많은 관심이 필요하다. 성폭력 피해자의 신상정보가 유출되지 않도록 하고, 사건을 처리함에 있어서 피해자의 의견을 최대한 존중해야 한다. 필요하면 피해자가 법률전문가의 도움을 받을 수 있도록 법무참모와 협의해야 한다. 그리고 가해자를 피해자로부터 공간적으로 분리하도록 하는 조치가 필요하다. 가해자가 피해자를 만나 2차적인 피해를 가할 수 있기 때문이다. 예를 들면 가해자가 합의를 위해 피해자에게 만나 줄 것을 강요하여 피해자를 자극하거나, 가해자가 부대원들에게 피해자의 험담을 하고 다닐 수 있기 때문이다.

부대원들은 부대의 좋지 않은 일은 조용히 해결되기를 원한다. 그것이 부대와 자신들의 명예와 전통을 유지하는 길이라고 생각하기 쉽다. 그런데 법률은 내부공익신고(whistle blow)를 장려하고 있다. 외부에서 알 수 없는 내부의 비리를 외부에 알리고 이를 통해서 조직을 더 투명하고 공정하며 건강하게 발전시키고자 함이다. 지휘관이 부대에서 일어난 비리 혐의 등을 어떻게 처리할 것인지 결심해야 할 때 지휘관은 쉽게 끌리는 방책을 선택할 것이 아니라 법이 정한 방법과 절차를 선택해야 한다. 지휘관 또는 상관이 사건처리에 있어서 과거의 통념에 매여 부대의 부조리를 법이 정한 절차대로 처리하지 않거나 부대의 비위를 외부에 진정·신고한 부하를 배신자 취급을 해서는 절대 안 된다. 부대와 부하를 위하는 방법이라고 선택한 방법이 바람직한 군대로 나아가는 데 도움이 되지 않을 뿐 아니라, 오히려 자신도 민사·형사·행정적으로 책임져야 할 수도 있기 때문이다.

5. 군대와 성폭력

2001년 전방 사단장이 부하 여군 장교를 성추행하여 보직해임당하고 중징계처분을 받은 사건이 있었다. 성추행으로 인해 보직해임과 중징계를 받은 최초의 장성이 아닌가 싶다. 최근에는 이러한 일이 심심치 않게 언론에 보도된다. 군에 여군의 수가 늘어난 것이 원인일 수도 있고, 피해자들의 적극적인 신고에 기인한 것일 수도 있다. 어쨌든 이제 군인은 양성평등에 대한 인식과 높은 성인지력을 갖지 않고서는 온전히 군 생활을 할 수 없는 시대를 살고 있다. 양성평등과 성폭력에 대해 상세히 설명하려면 한 권의 책으로도 부족하다. 다만 군인으로서 최소한 알아야 할 사항을 아래와 같이 정리했다.

헌법은 "모든 국민은 법 앞에 평등하다. 누구든지 성별·종교 또는 사회적 신분에 의하여 정치적·경제적·사회적·문화적 생활의 모든 영역에 있어서 차별을 받지 아니한다"라고 규정하고 있다.(제11조 제1항) 「양성평등기본법」은 "개인의 존엄과 인권의 존중을 바탕으로 성차별적 의식과 관행을 해소하고, 여성과 남성이 동등한 참여와 대우를 받고 모든 영역에서 평등한 책임과 권리를 공유함으로써 실질적 양성평등 사회를 이루는 것을 기본 이념으로 한다"라고 규정하고 있다.(제2조) 같은 법은 또 "'양성평등'이란 성별에 따른 차별, 편견, 비하 및 폭력 없이 인권을 동등하게 보장받고 모든 영역에 동등하게 참여하고 대우받는 것을 말한다"라고 정의하고 있다.(제3조 1호) 이러한 이념은 군에서도 구현되어야 함은 당연하다.

2018년 미국에서부터 불어온 '미투(Me Too)' 운동의 회오리가 한국 사회의 곳곳을 휩쓸고 있다. 군도 예외가 아니어서 직위를 이용한 성폭력 사건 소식이 심심치 않게 언론에 보도되고 있다. 이런 현실에 불편해할 것이 아니라 남녀 군인의 상호 존중과 공존을 위한 발전적 기회로 삼아야 할 것이다. 인권법은 소수 및 약자를 보호하는 것에서 출발했다. 군에서는 아직도 여군이 소수이고 약자에 속한다. 그런 의미에서 군에서의 양성평등은 여군의 권익 보호에 더 중점이 있다고 할 것이다. 우리 군에도 여군이 1만 명을 넘어섰고, 「국방개혁에 관한 법률」은 2020년까지 장교 정원의 7%, 부사관 정원의 5%를 여성으로 확충하도록 하고 있다.(제16조) 이에 따라 남군과 여군이 서로 공존하고 존중하며 전우애로 뭉쳐야 할 필요성이 더욱 커졌다.

국방부 「부대관리훈령」은 "성폭력이란 성을 매개로 하여 군 기강 문란, 부대단결 저해, 군 위상 실추를 초래하는 행위로써 성범죄, 성희롱, 그 밖에 품위 유지 의무를 위반한 행위를 말한다"라고 규정하고 있다.(제241조 제1

ㅎ) 여성가족부는 "성폭력이란 상대방의 의사에 반하여 또는 동의 없이 성을 매개로 힘의 차이, 권력을 이용하여 상대방의 성적 자기결정권을 침해하는 모든 폭력행위를 말한다"라고 개념을 정리하고 있다.(여성가족부, 직장 내 성희롱·성폭력 사건 처리 매뉴얼, 2018) 사전은 성폭력(性暴力, sexual violence)을 "심리적, 물리적, 법적으로 타인에게 성(性)과 관련해 위해(危害)를 가하는 폭력적 행위와 상대방의 의사에 반하는 성적인 접근을 통틀어 이르는 말로 성추행, 성희롱을 포괄하는 개념"으로 정의하고 있다.(위키피디아) 과거 군에서는 '성 군기 위반', '성 관련 사고' 등의 용어를 사용하였으나 지금은 성폭력으로 통일하였다. 결국 성폭력은 폭행(assault), 협박(threat) 등 물리적 힘을 이용한 범죄와 지위를 이용하는 등 **상대방의 의사에 반해 강압적(violence)으로 상대방의 성적 자기결정권을 침해하는 행위**이다.

과거에는 강간과 강제추행이 형법이 규정한 전형적인 성범죄였다. 형법은 이러한 범죄를 '정조'에 관한 죄로 분류했다. 즉 이러한 행위를 처벌함으로 보호되는 법익을 정조로 보았다. 정조는 남성의 입장에서 보는 여성의 정조 또는 성적 순결을 의미한다. 이러한 이론은 양성평등의 관점에서 많은 비판을 받았고 이에 따라 지금은 해당 범죄의 제목도 '강간·강제추행죄'로 규정하고 성적 자기결정권을 보호법익으로 보고 있다.

1953. 9. 18. 법률 제293호로 제정된 형법은 강간죄를 규정한 제297조를 담고 있는 제2편 제32장의 제목을 '정조에 관한 죄'라고 정하고 있었는데, 1995. 12. 29. 법률 제5057호로 형법이 개정되면서 그 제목이 '강간과 추행의 죄'로 바뀌게 되었다. 이러한 형법의 개정은 강간죄의 보호법익이 현재 또는 장래의 배우자인 남성을 전제로

한 관념으로 인식될 수 있는 '여성의 정조' 또는 '성적순결'이 아니라, 자유롭고 독립된 개인으로서 여성이 가지는 성적 자기결정권이라는 사회 일반의 보편적 인식과 법 감정을 반영한 것으로 볼 수 있다. (대법원 2013. 5. 16. 선고 2012도14788 판결)

그러면 성적 자기결정권(Sexual Self-Determination)의 의미를 알 필요가 있다. 헌법은 인간의 존엄과 가치(제10조), 행복을 추구할 권리(제10조)와 사생활의 비밀과 자유(제17조)를 규정하고 있다. 이러한 헌법 규정을 근거로 하여 인간은 일반적인 행동 자유권 또는 자기결정권을 가진다. 특히 성에 대해서도 인간은 자기결정권의 주체로서 결정권을 갖는다는 것이다. 성적 자기결정권은 각자 스스로 선택한 인생관 등을 바탕으로 사회 공동체 안에서 각자가 독자적으로 성적관(性的觀)을 확립하고, 이에 따라 사생활의 영역에서 자기 스스로 내린 성적 결정에 따라 자기 책임하에 상대방을 선택하고 성관계를 가질 권리를 말하며, 타인의 침해를 배제할 수 있는 권리를 말한다.

형법은 성폭력 중 성범죄의 기본 유형을 간음과 추행으로 구분하고 있다. 폭행·협박을 이용하여 간음한 경우 강간죄가 된다. 구강·항문 등 신체의 내부에 성기를 넣는 행위는 유사강간죄가 된다. 성기와 관련 없이 폭행·협박을 통해 사람에 대해 추행을 하는 경우는 강제추행죄가 성립한다. 추행은 상대방의 성적 자유를 침해하는 음란한 행위로서 성적 수치심·혐오감을 불러일으키는 일체의 행위를 의미한다. 이러한 강간 또는 강제추행을 상대방의 심신상실 또는 항거불능의 상태를 이용한 경우에도 준강간 및 준강제추행으로 처벌한다. 술 또는 약물에 깊이 취하거나, 깊이 잠이 든 사람을 간음하거나 추행하는 경우가 이에 해당된다. 이러한 강간 또는 강제추행으로 인해 사람이 다치거나 죽음에 이르게 하는 경우에는 형벌이 가중된다. 위력 또는 위계(속임수)를 써서 미성년자를 간음 또는 추행하는 경우와 업무·고용 기타 관계로 인하여 자기의 보호 또는 감독을 받는 사람에 대하여 위계 또는 위력으로써 간음한 경우에는 상대방에게 폭행 또는 협박이 없는 경우에도 처벌할 수 있다.(형법 제32장)

성범죄에 대해 형법뿐만 아니라 다른 특별법도 제정되어 있다.「성폭력범죄의 처벌 등에 관한 특례법(약칭: 성폭력처벌법)」과 「아동·청소년의 성보호에 관한 법률(약칭: 청소년성보호법)」이 그러한 법률이다. 군인이 군인 및 군무원에 대해 성범죄를 범한 경우 그 형을 가중하여 규정한 「군형법」 제15장이 적용된다. 성범죄에 대해서는 계속 처벌을 강화하고 있다. 강간죄의 대상을 부녀에서 사람이라고 정하여 남성에 대한 강간도 인정하고 있다. 성범죄에 대해서는 대부분 피해자의 고소가 없어도 처벌할 수 있도록 비친고죄화(非親告罪化)되었다. 성범죄에 대해서는 아예 공소시효를 배제하거나, 공소시효의 연장 또는 미성년자에 대한 성범죄의 경우 미성년자가 성년이 된 후 공소시효가 진행되도록 규정하고 있다. 성범죄가 음주 또는 약물에 기인한 경우 감경을 할 수 없도록 규정하고 있다. 나아가 성범죄자에 대해서 형사처벌을 하는 것과는 별도로 많은 부수적인 보안처분을 부과하도록 법규화되고 있다. 현재 성범죄를 규율하는 법체계는 매우 복잡해서 과거 강간과 강제추행만으로 규율되는 시대와는 격세지감이 있다.

성범죄의 기본 유형 중 간음에 대한 의미는 대체로 명확하다. 그런데 추행의 개념은 다소 추상적이다. 추행의 개념에 대해 법원은 다음과 같이 밝히고 있다.

> 추행은 객관적으로 일반인에게 성적 수치심이나 혐오감을 일으키게 하는 선량한 성적 도덕관념에 반하는 행위로서 피해자의 성적 자유를 침해하는 것이라고 할 것이고, 이에 해당하는지 여부는 **피해자의 의사, 성별, 연령, 행위자와 피해자의 이전부터의 관계, 그 행위에 이르게 된 경위, 구체적 행위 태양, 주위의 객관적 상황과 그 시대의 성적 도덕관념 등을 종합적으로 고려하여 신중히 결정**하여야 할 것이다. (대법원 2002. 4. 26. 선고 2001도2417 판결)
>
> 그리고 강제추행죄의 성립에 있어서 주관적 구성 요건으로 성욕을 자극·흥분·만족시키려는 주관적 동기나 목적이 있어야 하는 것은 아니다. (대법원 2013. 9. 26. 선고 2013도5856 판결)

강제추행죄는 기본적으로 폭행 또는 협박을 통해 추행을 하는 경우에 성립되는 범죄이다. 일반적으로는 상대방에게 폭행·협박을 선행하여 항거를 곤란하게 한 후 추행으로 나아가는 것이다. 반면 폭행·추행을 동시에 이루어지는 기습추행이 있다. 이는 가해자의 항거를 곤란하게 할 정도의 폭행·협박은 없었지만 본인이 이를 항거할 수 있는 기회 자체가 없고 자신의 의사에 반한 추행이 있는 경우를 처벌하기 위함이다. 법원은 다음과 같이 판시하고 있다.

> 형법 제298조가 규정하는 강제추행죄에 있어서 폭행 또는 협박으로

사람에 대하여 추행을 한다 함은 먼저 상대방에 대하여 폭행 또는 협박을 가하여 그 항거를 곤란하게 한 뒤에 추행행위를 하는 경우만을 말하는 것이 아니고, **폭행행위 자체가 추행행위라고 인정되는 경우도 포함되는 것이라 할 것이고 뒤의 경우에 있어서의 폭행은 반드시 상대방의 의사를 억압할 정도의 것임을 요하지 않고 다만 상대방의 의사에 반하는 유형력의 행사가 있는 이상 그 힘의 대소 강약을 불문한다고 보아야 할 것**이다. (대법원 1983. 6. 28. 선고 83도399 판결)

기습추행의 법리는 신체의 부위에 따른 본질적인 차이를 두고 있지 않다. 여성 피해자를 힘껏 껴안고 입을 맞추는 행위, 상의를 걷어 올려서 가슴을 만지는 행위, 블루스를 추면서 옷 위로 가슴을 만지는 행위, 치마 위로 음부를 쓰다듬거나 옷 위로 엉덩이나 가슴을 쓰다듬는 행위, 허벅지를 손으로 쓰다듬는 행위, 직장 상사가 피해자의 의사에 반하여 어깨를 주무르는 행위를 추행행위로 보았다.

고등군사법원이 군인 등 강제추행죄에 있어서 추행으로 인정한 사례는 다음과 같다.

① 피해자의 전투복 안쪽으로 양손을 집어넣는 행위, 피해자의 뒷목을 만지거나 어깨를 주무르는 행위, 피해자의 목과 왼쪽 어깨를 감싸면서 오른손으로 피해자의 턱을 당겨 피해자의 입에 입을 맞추려는 행위, 피고인의 왼쪽 반신 전체를 피해자의 오른쪽 반신 전체에 밀착시키는 행위, ② 피고인이 발이나 손 또는 지시봉으로 피해자의 성기 부분을 여러 차례 툭툭 치는 행위, ③ 피고인이 피해자의 볼을 꼬집는 행위, ④ 피고인의 왼쪽 팔로 피해자의 목을 끌어당겨 자신의 가

슴에 피해자의 머리를 가져다 대고 움직이지 못하게 하는 행위, 피고인의 양팔로 피해자의 어깨와 가슴 사이 부분을 꽉 잡고 움직이지 못하게 한 후 자신의 입술로 피해자의 뺨에 입 맞추는 행위(권도형, 군인 등 강제추행에 대한 소고, 군형사법논집 제1집)

강제추행죄에 있어서 대상의 신체 부위에 본질적인 차이가 있다고는 할 수 없으나 쉽게 추행이 인정되는 민감한 신체 부위는 다음과 같다. 타인의 접촉을 쉽게 허용하지 않는 성기, 입술, 얼굴, 허벅지, 가슴, 목, 엉덩이, 허리 부위가 그러한 부위이다. 군대는 계급사회로서 상급자가 하급자를 추행할 경우 계급에 따른 위력으로 인해 하급자가 쉽게 거부할 수 없는 특징이 있다. 그러한 이유로 후임 장병의 성적 자기결정권은 쉽게 침해당할 수 있고 결국 군에서 상관의 부하에 대한 강제추행은 좀 더 쉽게 인정될 수 있다. 상급자들은 이 점을 유념해야 한다.

국민들의 성인지력이 향상되고 정보통신기술이 발달됨에 따라 성범죄로 인정되는 범죄가 늘어나고 있다. 「성폭력범죄 처벌에 관한 특례법(성폭력처벌법)」은 다음과 같은 행위를 성범죄로 처벌하고 있다. 이법은 최근 소위 N번방 사건과 같은 디지털 성범죄 또는 성착취 범죄에 대해서는 형을 대폭 상향조정하고 엄벌 추세를 견지하고 있다.

> **(공중밀집장소 추행)** 대중교통수단, 공연·집회 장소, 그 밖에 공중(公衆)이 밀집하는 장소에서 사람을 추행하는 행위(제11조), **(성적 목적을 위한 다중이용장소 침입행위)** 자기의 성적 욕망을 만족시킬 목적으로 화장실, 목욕장·목욕실 또는 발한실(發汗室), 모유수유시설, 탈의실 등 불특정 다수가 이용하는 다중이용장소에 침입하거나 같은

장소에서 퇴거의 요구를 받고 응하지 아니하는 사람(제12조), **(통신매체를 이용한 음란행위)** 자기 또는 다른 사람의 성적 욕망을 유발하거나 만족시킬 목적으로 전화, 우편, 컴퓨터, 그 밖의 통신매체를 통하여 성적 수치심이나 혐오감을 일으키는 말, 음향, 글, 그림, 영상 또는 물건을 상대방에게 도달하게 한 사람(제13조), **(카메라 등을 이용한 촬영)** 카메라나 그 밖에 이와 유사한 기능을 갖춘 기계장치를 이용하여 성적 욕망 또는 수치심을 유발할 수 있는 사람의 신체를 촬영 대상자의 의사에 반하여 촬영한 자(제14조)

성범죄자에 대해서는 형벌뿐만 아니라 부수적인 보안처분도 부과된다. 이를 가능하게 하는 법률은 「치료감호 등에 관한 법률」, 「성폭력범죄의 처벌 등에 관한 특례법」, 「아동·청소년의 성보호에 관한 법률」, 「특정 범죄자에 대한 보호관찰 및 전자장치 부착 등에 관한 법률」, 「성폭력범죄자의 성충동 약물치료에 관한 법률」 등이 있다. 성범죄로 처벌받은 경우 범죄자가 성범죄로 처벌을 받은 사실을 법무부에 등록하도록 하는 제도를 **신상정보 등록**이라고 한다. 나아가 일정한 성범죄에 대해서는 여성가족부가 지정한 홈페이지에 **신상정보를 공개**하도록 하고, 미성년자가 거주하는 주소지, 관내에 있는 교육시설 등에 성범죄자의 주요 정보를 개별적으로 알려 주는 **고지제도**가 있다. 더 심각한 성범죄자에 대해서는 전자장치(소위 전자 발찌)를 착용하게 하는 경우도 있고, 약물에 의해 성충동을 억제하도록 하는 보안처분을 하는 경우도 있다. 신상정보 등록 대상자는 자신이 이사를 하거나 해외 출입국 시에도 이를 관할 경찰서 등에 등록 및 보고해야 할 의무가 있다. 뿐만 아니라 성범죄 전과자는 법원의 판결에 따라 일정한 아동·청소년 시설 등에는 취업을 할 수 없다. 성범죄는 타인의 영혼을 훼손하는 중대한 범죄이며 처벌을 받은 후에도 많은 불이익이 있음을 기억해야 한다. 현재 전국적으로 약 4,000여 명의 성범죄자의 인적사항이 공개되어 있다. 성범죄자의 등록, 공개 현황은 법무부와 여성가족부가 공동으로 운영하는 **성범죄자 알림e 홈페이지**를 통해서 알 수 있다.

성범죄와 구별되는 성희롱이 있다. 일반적으로 군대내 성희롱은 징계의 대상이 되고 피해자는 가해자에 대해 민사상 손해배상을 청구할 수도 있다. 성희롱의 정의는 「양성평등기본법」 제3조 제2호, 「국가인권위원회법」 제2조 제3호 라목, 「남녀고용평등과 일·가정 양립지원에 관한 법률」 제2조 제2호에서 각 규정하고 있다.

「국가인권위원회법」 제2조 제3호 라목은 성희롱을 다음과 같이 정의하고 있다.

> 성희롱: 업무, 고용, 그 밖의 관계에서 공공기관(국가기관…)의 종사자, 사용자 또는 근로자가 그 직위를 이용하여 또는 업무 등과 관련하여 성적 언동 등으로 성적 굴욕감 또는 혐오감을 느끼게 하거나 성적 언동 또는 그 밖의 요구 등에 따르지 아니한다는 이유로 고용상의 불이익을 주는 것을 말한다.

국방부의 「부대관리훈령」 제241조 제3호도 성희롱에 대해 군의 실정에 맞게 좀 더 상세하게 규정하고 있다.

> '성희롱'이란 상급자, 동료, 하급자 등이 상대방에게 지위를 이용하거나 업무등과 관련하여 상대방이 원하지 아니하는 성적 의미가 내포된

육체적·언어적·시각적 행위로 성적 굴욕감 또는 혐오감을 느끼게 하거나 상대방의 성적 언동 및 요구에 대한 불응을 이유로 복무·근무평가·근무조건, 사기·복지 등에서 불이익을 주는 행위를 말한다.

일반적으로 성희롱은 상대방이 원하지 않는 성적(性的)인 말이나 행동을 하여 상대방에게 성적 굴욕감이나 수치심을 느끼게 하는 행위를 말한다.

성희롱이 인정되기 위해서는 직장 내 지위를 이용하거나 업무와 관련성이 있어야 한다. 상급자가 직장에서 하급자에게 성적인 언동을 하는 경우, 직장인이 동료나 상급자 앞에서도 업무와 관련해서 성적인 언동을 할 경우에는 성희롱이 될 수 있다. 대법원은 업무관련성을 '포괄적인 업무관련성'으로 이해하면서 "업무수행의 기회나 업무수행에 편승하여 성적 언동이 이루어진 경우뿐 아니라 권한을 남용하거나 업무수행을 빙자하여 성적 언동을 한 경우도 포함된다"라고 판시하였다.(대법원 2006. 12. 21. 선고 2005두13414 판결) 따라서 성적 언동이 근무시간 이후에 직장 밖이었거나 사적인 만남으로 보이는 자리였다 하더라도 경우에 따라서는 업무관련성이 인정될 수 있다.(여성가족부, 직장 내 성희롱·성폭력 사건 처리 매뉴얼, 2018)

성희롱이 성립되기 위해서는 문제된 행동이 성적 언동에 해당되어야 한다. 대법원은 아래와 같이 판시했다.

직장 내 성희롱의 전제요건인 '성적인 언동 등'이란 남녀 간의 육체적 관계나 남성 또는 여성의 신체적 특징과 관련된 육체적, 언어적, 시각적 행위로서 사회공동체의 건전한 상식과 관행에 비추어 볼 때 객관적으로 상대방과 같은 처지에 있는 일반적이고도 평균적인 사람에게 성적 굴욕감이나 혐오감을 느끼게 할 수 있는 행위를 의미한다. 나아가 위 규정상의 성희롱이 성립하기 위해서는 행위자에게 반드시 성적 동기나 의도가 있어야 하는 것은 아니지만, 당사자의 관계, 행위가 행해진 장소 및 상황, 행위에 대한 상대방의 명시적 또는 추정적인 반응의 내용, 행위의 내용 및 정도, 행위가 일회적 또는 단기간의 것인지 아니면 계속적인 것인지 여부 등의 구체적 사정을 참작하여 볼 때, 객관적으로 상대방과 같은 처지에 있는 일반적이고도 평균적인 사람에게 성적 굴욕감이나 혐오감을 느낄 수 있게 하는 행위가 있고, 그로 인하여 행위의 상대방이 성적 굴욕감이나 혐오감을 느꼈음이 인정되어야 한다. (대법원 2008. 7. 10. 선고 2007두22498 판결)

여성가족부의 매뉴얼은 이러한 성적 언동이 특정인을 염두에 두지 않은 언동이라도 그것을 듣는 사람에게 성적 굴욕감이나 혐오감을 준다면 직장 내 성희롱이 된다고 밝히고 있다. 그리고 성적인 언동은 상대방이 원하지 않는 성적 의미가 내포된 언동을 말한다. 상대방이 원하지 않는 행동이란, 상대방이 명시적으로 거부의사를 표현한 경우뿐만 아니라, 적극적으로나 소극적으로 또는 묵시적으로 거부하는 경우도 포함된다. 즉 행위자가 성적 언동에 대해 직접적으로 분명하게 거부해야만 성희롱이 성립되는 것은 아니다.(여성가족부, 직장 내 성희롱·성폭력 사건 처리 매뉴얼, 2018)

한편 대법원은 성적굴욕감 또는 혐오감 표현의 기준을 평균적인 사람이 아니라 피해자들과 같은 처지에 있는 평균적인 사람이라고 그 기준을 새롭게 하고 있다.

가해자가 교수이고 피해자가 학생이라는 점, 성희롱 행위가 학교 수업이 이루어지는 실습실이나 교수의 연구실 등에서 발생하였고, 학생들의 취업 등에 중요한 교수의 추천서 작성 등을 빌미로 성적 언동이 이루어지기도 한 점, 이러한 행위가 일회적인 것이 아니라 계속적으로 이루어져 온 정황이 있는 점 등을 충분히 고려하여 **우리 사회 전체의 일반적이고 평균적인 사람이 아니라 피해자들과 같은 처지에 있는 평균적인 사람의 입장에서 성적굴욕감이나 혐오감을 느낄 수 있는 정도였는지를 기준으로 심리·판단**해야 한다. (대법원 2018. 4. 12. 선고 2017두74702 판결)

여성가족부에서 국가인권위원회 및 법원의 판례를 바탕으로 성적 언동에 해당된다고 밝힌 행위는 다음과 같다. 이 중 육체적 성희롱의 경우에는 동시에 강제추행죄 등의 성범죄가 될 수도 있다.

육체적 성희롱
- 허리에 손 두르기와 함께 손으로 엉덩이를 툭툭 치는 행위
- 허리를 잡고 다리를 만지는 행위
- 블루스를 추자고 허리에 손을 대고 쓰다듬는 행위
- 안마를 해 준다며 어깨를 만지는 행위
- 테이블 아래에서 발로 다리를 건드리는 행위
- "노래방 가서 술도 한잔하고 놀자"며 팔짱을 끼고 억지로 차에 태우는 행위
- 업무를 보고 있는데 의자를 끌어와 몸을 밀착시키는 행위
- 가슴을 스치고 지나가는 행위 등

언어적 성희롱

- "딱 붙은 옷 입으니까 섹시하고 보기 좋은데? 항상 그렇게 입고 다녀. 회사 다닐 맛 난다."
- "여자가 들어갈 때 들어가고 나올 데 나와야 하는데 넌 말라서 안 섹시해."
- "여자가 그렇게 뚱뚱해서 어떤 남자가 좋아하겠어?"
- "○○ 씨도 여잔데 미니스커트나 파인 옷 같은 것도 입고 다녀"
- "술집 여자같이 그런 옷차림이 뭐야?"
- "아가씨 엉덩이라 탱탱하네."
- "술 먹고 같이 자자."
- 자신의 성생활을 이야기하거나 상대방의 성생활에 대해 질문하는 행위
- "어제 또 야동 봤지?"
- "남자는 허벅지가 튼실해야 하는데, 좀 부실하다."
- "운동하고 왔어? 어깨 한번 만져 보고 싶다."
- "우리는 여직원이 많아서 여자 나오는 술집은 갈 필요가 없어."
- "술은 여자가 따라야 제맛이지. ○○ 씨가 부장님 술 좀 따라 드려"
- "우리 ○○ 씨~ 우리 이쁜이~ 우리 애인 어제 잘 들어갔어? 등

시각적 성희롱

- 성기 모양으로 조각한 당근을 개수대에 담가놓은 행위
- 컴퓨터 모니터로 야한 사진을 보여 주거나 바탕화면, 스크린세이버로 깔아 놓는 행위
- 야한 사진이나 농담 시리즈를 카톡, 메신저 등을 통해 전송하는 행위

- 다른 직원들 앞에서 자신의 바지를 내려 상의를 바지 속으로 넣는 행위
- 원치 않는 윙크를 계속하는 행위
- 음란한 시선으로 빤히 쳐다보는 행위 등

기타 성희롱
(그 밖에 사회통념상 성적굴욕감 또는 혐오감을 느끼게 하는 것으로 인정되는 언어나 행동)
- 원하지 않는 만남이나 교제를 강요하는 행위
- 좋아한다며 원치 않는 접촉을 계속 시도하는 행위
- 사적인 내용의 문자를 보내서 보내지 말라고 했더니 동료들 앞에서 인격적으로 무시하는 행위
- 직장 내 성희롱의 피해를 제기하거나 거절의 의사를 표시하였더니 불이익을 주는 행위
- 퇴폐적인 술집에서 이루어진 회식에 원치 않는 근로자의 참석을 강요하는 행위
- 거래처 접대를 해야 한다며 원치 않는 식사
- 술자리 참석을 강요하거나 거래처 직원과의 만남을 강요하는 행위 등

(여성가족부, 직장 내 성희롱·성폭력 사건 처리 매뉴얼, 2018)

성폭력 혐의에 대한 징계위원회에는 반드시 법무장교가 간사로 임명되어야 하며, 피해자가 여군 또는 여군무원인 경우에는 적어도 1명 이상의 여성 징계위원이 포함되도록 하고 있다. 「군인 징계령」은 군인의 징계혐의가 성폭력인 경우 징계혐의자가 성실하고 적극적인 업무수행 또는 감경할 수 있는 상훈 등이 있더라도 징계에 있어서 감경사유로 고려될 수

없다고 규정하고 있다.(제20조 제2항) 「국방부 군인·군무원 징계업무처리 훈령」은 성추행의 기본 양정기준을 강등, 성희롱에 대해서는 정직으로 정하고 있다.(제4조의 5 제1항에 따른 별표 제3) 강등과 정직은 중징계이며, 군인사법시행규칙 제57조에 따라 중징계를 당한 군인은 현역복무부적합으로 조사를 받을 사유에 해당된다. 성폭력에 대한 국방부의 엄중한 기조하에서 군인들이 성폭력 행위로 인해 원(願)에 의하지 않는 전역처분을 받고 있는 사례가 과거에 비하여 증가하고 있다. 또한 성폭력으로 인해 징계를 받은 군인에 대해서는 퇴직 시 포상(훈장) 대상에서 제외하도록 하고 있다.

군인이 성범죄 및 성희롱으로 형사처벌 또는 징계처분을 받는 경우 다음과 같은 불이익이 있다. 「군인사법」은 성폭력범죄로 자격정지 이상의 선고유예를 받는 경우와 100만 원 이상의 벌금형을 선고받은 경우는 군에서 제적하도록 규정하고 있다.(제10조, 제40조) 군인을 대상으로 한 성범죄, 즉 군형법상 성범죄는 법정형이 징역형 이상이고 벌금형이 없다. 따라서 기소되어 유죄판결을 받으면 최소한 징역형의 선고유예 이상의 처벌을 받는다. 결론적으로 군인이 성범죄로 기소되면 완전한 무죄를 선고받지 않는 한 군 생활을 할 수 없다.

성폭력 및 성희롱으로 인한 형사처벌과 징계가 군인연금에 미치는 영향을 살펴보면 다음과 같다. 징역 또는 금고형의 집행유예 이상의 처벌을 받으면 퇴직급여가 반으로 감액된다.(군인연금법 제38조, 동법 시행령 제41조) 징계로 파면처분을 받아도 퇴직급여가 반으로 감액된다. 하지만 해임이 된 경우는 그러하지 않다. 「공무원연금법」은 성폭력행위로 해임된 자에 대해 퇴직

급여를 25% 감액하는 것으로 법령 개정을 추진하고 있다. 이러한 경향은 곧 군인연금법에도 영향을 미쳐 곧 개정될 것으로 보인다.

군인들의 성과 관련한 일탈이 종종 언론에 보도된다. 필자는 군 복무 중 외국 법무장교를 접촉할 기회가 많았다. 이들도 자국의 군에서 성폭력이 증가하고 있고 이를 해결하는 데 많은 고충이 있음을 토로했다. 즉 'Me Too 운동'이 세계적인 추세인 것처럼 군 내 성폭력도 세계적인 추세이다.

성폭력에 대한 원인과 예방책을 분석해 보았다. 무엇보다 군인의 성인지력이 그리 높지 않다는 것이다. 특히 세대 간에 성인지력의 편차가 크다. 결국 성폭력은 세대 간의 성인지력 차이에 따른 갈등으로 볼 수 있다. 물론 이때 성적 자기결정권의 침해 여부에 대한 기준은 피해자이자 후임자의 성인지력이 기준이 될 수밖에 없다. 이 경우 상급자는 억울해하고 과거에는 그냥 넘어가던 일인데 부하들이 야속하다고 푸념하기도 한다. 특히 고급 지휘관들은 자신들의 성인지력을 기준으로 삼으며 스스로 이것이 높다고 생각한다. 이것은 매우 위험한 생각이다. 계급이 높은 간부에 대해서는 성 문제에 대해 실수가 있더라도 누구도 쉽게 지적할 수 없다. 그래서 자신은 모르고 지나간다. 그것이 곪아서 나중에 터지고 돌이킬 수 없는 상태가 된다. 고급 지휘관들은 성인지 교육 등에 빠지지 말고 스스로를 보호하기 위해 적극 참여해야 하고, 또 개인적인 공부와 노력도 필요하다. 이 부분은 상급자들의 솔선수범이 더욱 요구되는 영역이다.

많은 성폭력 사건이 음주와 관련이 있다. 2018년 미군의 성폭력실태

보고서를 보고 Robert Neller 미 해병대사령관도 해병대 성폭력 사고의 상당수가 음주가 원인이라고 분석했다. 우리나라도 예외가 아니다. 특히 고급 장교의 경우 평소 잠재되었던 성향이 나타난 것인지 아니면 술로 인해 실수를 한 것인지 몰라도 술자리에서 성폭력 사고 특히 성추행 사고가 많이 일어나고 있다. 과음을 자제해야 한다. 술에 취한 것이 성폭력범죄에 있어서 감경이 안 된다는 것은 앞에서 보았다.

불필요한 신체 접촉과 성적인 농담을 하지 말아야 한다. 가해자들은 피해자가 딸 같아서 다독여 주었다는 변명을 할 때가 있다. 장성한 딸들도 부모의 신체접촉을 좋아하지 않는다. 앞에서 언급한 특정 신체 부위는 특히 접촉을 하지 말아야 한다. 그리고 군 생활 중 성적인 농담, 외모와 관련한 농담을 하지 말아야 한다. 동성끼리도 마찬가지이다. 이러한 농담이 어색한 분위기를 깨는 것이 아니라 좋은 분위기를 망칠 뿐이다. 단체 카톡방에서 성적인 농담 또는 음란물을 게시하는 것도 금물이다. 음란물을 게시할 경우 형사처벌을 받을 수도 있다. 군 생활을 같이하는 상급자, 동료, 후임자는 같은 직장에서 국방이라는 하나의 목표를 위해 일하는 전우이다. 항상 존중과 배려의 자세로 일해 나가야 한다. 계급이 높거나 연령이 높다고 조심성 없이 행동하면 다른 장병의 성적 자기결정권을 침해할 수 있다. 모든 군인들은 병영에서 전우들에게 성적 불쾌감을 주지 않도록 항상 유념해야 한다. 군에서 성폭력은 원 스트라이크 아웃이다. 기회가 다시 주어지지 않는다. 적어도 지금은 그런 분위기이다. '나는 해당되지 않는다'는 자만은 금물이다. 조심하고 조심할 뿐이다. 그리고 그 바탕에는 동료에 대한 존중과 배려가 있어야 함은 당연하다.

제 5 장
군대와 처벌

1. 군대와 형사 사법절차

고사성어 중 엄정한 처벌을 나타내는 말들은 군대와 관련되어 있다. 제갈량이 울면서 마속을 베었다는 읍참마속(泣斬馬謖)이 그러하며, 손무가 오왕 합려 앞에서 자신의 명령을 비웃는 궁녀를 처벌함으로써 군령을 세웠다는 것에 유래한 일벌백계(一罰百戒)도 그러하다. 전통적으로 군령은 엄했다. 이러한 군대의 영(令)을 세우기 위한 처벌권한과 그 절차는 각 나라마다 다양하다.

우리 헌법은 군인·군무원에 대한 형사재판을 위해 군사법원에 대한 규정을 두고 있다.(제110조) 헌법은 또 군인·군무원이 아닌 사람은 원칙적으로 군사법원에서 재판을 받지 않는다고 규정하고 있다.(제27조 제2항) 그러나 1948년 건국 헌법에서는 군사재판에 대한 이러한 내용이 포함되어 있지 않았다. 군인에 대해서는 군사법원이 재판을 하는 것이 당연하다고 생각했고 특별히 헌법적 근거가 필요하지 않았다고 판단했던 것 같다. 군사재판에 대한 근거가 헌법에 규정된 것은 1954년에서야 가능했다. 그 이전에는 군사재판은 헌법적 근거 없이 국방경비법에 의해 군사재판이 이루어졌다.

전 세계에 걸쳐 군인에 대한 형사재판제도는 다양하고 그 스펙트럼은 넓다. 그렇지만 대체로 다음과 같이 구별할 수 있다. 1단계, 상설 군사법원이 없고 관할관이 사건이 있을 때마다 재판부를 구성하고 소집하는 비상설 군법회의제도가 있다. 2단계, 군인으로 구성된 상설 군사법원이 설치되어 운영되는 경우이다. 이 경우 부대단위로 군사법원이 설치되는 경우와 지휘권과 관계없이 지역적으로 설치되는 경우가 있다. 3단계, 군인에 대한 재판을 민간 사법제도에 맡기되 민간 법원에 군사재판을 전담하는 특별부를 두는 경우이며, 재판부에 군인 군판사가 포함되기도 한다. 4단계, 평시에는 민간 법원이 군인에 대해 재판권을 행사하고, 전시에는 별도의 군사법원이 군인에 대해서 재판하는 경우이다. 5단계, 전·평시를 막론하고 민간 법원이 군인에 대한 형사재판 권한을 가지는 경우이다. 각 국가는 자국이 처한 안보상황, 군의 위상 등을 고려해서 선택한다. 미국의 군법회의제도는 1단계에 속하고, 그 동안의 우리 군사법제도는 1단계 내지 2단계에 해당되었으나, 개정되어 2022. 7. 1. 시행될 군사법원법의 내용은 2단계에 해당하는 지역단위 상설 군사법원이다.

민간 법원과 구별되는 별도의 군사법원제도를 두는 이유는 여러 가지이다. 첫째, 군부대가 민간 법원이 있는 곳과 원거리에 있기 때문에 군인들이 재판을 받기에 불편함이 많다. 극단적인 경우가 해외에 파병된 경우이다. 군인들을 용이하게 재판하기 위해 군사법원을 둔다. 둘째, 군인의 범죄는 그가 속한 부대의 기강에 큰 영향을 미친다. 범죄를 범한 군인이 처벌을 받지 않고 병영에 머무를 경우 다른 군인들에게도 악영향을 미친다. 군인의 범죄에 대해 신속하게 재판하기 위해 군대 내에 군사법원이 있을 필요가 있다. 셋째, 군대는 여러 면에서 사회와는 다른 특수한 면이 있다. 군인의 범죄도 마찬가지이다. 따라서 군 현실과 문화를 잘 아는 사람이 재판관이 되어야 군에서의 범죄를 정확히 재판할 수 있다. 극도의 공포 속에서 전투임무를 수행하던 중 범한 범죄를 평시 상황에 익숙한 민간 법조인들은 이를 이해하기 힘들기 때문이다. 서양의 재판 이념인 '동료에 의한 재판(trial by peer)' 이념이 군에서도 구현된 경우이다. 지휘관 아래에 설치되어 있고 군인만으로 구성된 군사법원의 특수성은 민간인 및 민간 법률가들에 의해 군사법원이 독립적이고 공정하지 못하다는 비판의 주된 이유가 되기도 한다.

군에서 지휘관의 권한은 포괄적이고 막강하다. 역사적으로 동양에서는 임금이 전장으로 나가는 장수에게 부월(斧鉞)을 하사하였다. 이는 부하들의 생사여탈권까지 장수에게 부여하는 지휘권의 상징으로 여겨졌다. 현재 이러한 지휘권은 인정되지 않고 있다. 그러나 지휘관은 부대의 성패에 대해 책임을 지기 때문에 자기 휘하의 병력, 물자, 장비를 가장 효율적으로 운영하도록 그에게 재량이 부여되어 있다. 현재에도 군사법원법과 군인사법은 지휘관에게 여러 인사권과 처벌에 대한 권한을 부여하고 있다. 그러나 사실 1945년 해방 이후 군사법제도의 개혁 및 발전은 지휘관에 의해 운영되는 형사사법권을 전문성과 독립성을 가진 별도의 조직에 그 권한을 위임·분산하는 쪽으로 전개되고 있다. 일벌백계의 엄벌에 의한 군기강 확립보다는 공정하고 독립된 재판절차를 통해 장병을 적정하게 처벌을 했을 때 오히려 군의 기강과 사기가 올라간다는 믿음 속에서 군사법 개혁이 이루어지고 있다. 한편 사회가 복잡해짐에 따라 군대사회도 복잡해져서 지휘관이 더 이상 군 형사처벌에 대한 전문성을 보유하고 있지 못하기 때문이기도 하다.

우리나라 군사법제도는 미국의 군법회의제도에 영향을 받았다. 해방과 더불어 국방경비법이 제정되어 군인에 대한 수사 및 재판권한이 지휘관에게 부여되었다. 지휘관은 관할관으로 수사, 재판, 집행에 있어서 중요한 권한을 행사했다. 지휘관의 권한은 피의자에 대한 구속영장 신청에 대한 승인 권한, 기소 여부를 결정하는 권한, 재판관을 구성하는 권한, 판결의 내용에 대해 확인하는 권한, 판결을 집행하는 권한 등이다. 군 형사절차의 시작에서부터 끝까지, 즉 입건에서부터 형의 집행에 이르기까지 지휘관은 여러 권한을 가지고 있었다. 국방경비법 아래에서는 피고인의 계급과 기소된 범죄의 중요도에 따라 재판을 하는 군법회의도 달랐다. 계급이 낮은 장병들이 범한 범죄, 경미한 범죄에 대해서는 심지어 대대장도 관할관이 될 수 있었다. 그리고 장교이면 군법회의의 재판관의 자격이 인정되었다. 다만 중요한 사건을 다루는 고등군법회의에서만 법무장교가 반드시 재판관에 포함하도록 규정되어 있었다. 당시 형벌은 지금과는 차이가 있었다. 전 급여 몰수, 강등, 불명예 전역 등 현재에 없는 형벌이 포함되어 있었다. 이 국방경비법은 1962년에 군법회의법, 군형법, 군행형법, 군인사법으로 각 분화되었고, 이 법체계의 근간은 대체로 현재까지 이어지고 있다.

현재 군사법제도를 규율하고 있는 3개의 법률은 군사법원법, 군형법, 군형집행법이다.

군사법원법은 민간의 형사소송법, 검찰청법, 법원조직법 등이 규정하고 있는 내용을 담고 있다. 즉 군에서 재판 및 수사를 담당하는 기관의 조직 등에 대한 규정과 군형사소송 절차에 대해서 규정하고 있다. 이전에는 군법회의법으로 불리다가 1987년 헌법 개정에 따라 군사법원법으로 법 제명이 바뀌었다.

군인은 국민으로서 대한민국의 모든 형사법을 준수해야 한다. 뿐만 아니라 군대를 규율하는 형사법도 준수해야 한다. 군인 및 군무원에 대해 군의 기강을 세우기 위한 특별 형법이 군형법이다. 군형법은 군에서 일어날 수 있는 행위를 유형화하여 범죄를 규정하고 있다. 형법에 의해 처벌되는 행위가 그 주체 및 대상이 군인인 경우에 그 법정형을 상향하여 제정한 경우도 있다. 이를 비순정군사범죄(非純正軍事犯罪)라고 한다. 군인등강간죄 또는 상관공연모욕죄가 이에 해당된다. 반면 민간사회에서는 범죄가 되지 않는 행위이지만 군에서는 범죄로 규정한 경우가 있다. 이를 순정군사범죄(純正軍事犯罪)라고 한다. 군무이탈죄, 무단이탈죄, 상관면전모욕죄 등이 이에 해당된다. 이러한 범죄에 해당하는 행위를 민간사회에서 저지른 경우 범죄는 성립되지 않고 이는 기껏해야 직장에서 징계처분을 받을 수 있는 행위에 해당된다. 즉 직장에서 무단이탈을 하면 징계를 받을 수 있지만 이러한 행위로 형사처벌은 받지 않는다. 군형법은 부대와 전시에 일어날 수 있는 여러 행위를 범죄로 규정하고 있다. 군 간부라면 적어도 1년에 한 번 정도는 군형법을 정독해야 한다. 그래야 본인도 군형법에 저촉되는 행위를 하지 않고 또 부하들을 교육할 수 있기 때문이다.

군 형사절차에서 구금된 피의자, 피고인 및 판결에 의해 형이 확정된 자들의 처우에 대해 규정한 법률이 「군에서의 형의 집행 및 군수용자의 처우에 관한 법률(약칭: 군형집행법)」이다. 군에는 민간의 유치장 및 구치소와 같은 역할을 하는 시설이 미결수용실이다.[15] 미결수용실은 군사경찰에서 운영하고 있다. 한편 군사법원에서 형이 확정된 수용자를 수용하는 곳으로 국군교도소가 있다. 국군교도소에는 군사법원 및 상소법원에서 실형을 선고받고 항소 또는 상고한 피고인도 수용되고 있다. 과거 경기도 남한산성 밑에 위치하여서 남한산성으로도 불렸으나 지금은 경기도 장호원에 소재한다. 이 교도소에는 간부 출신 기결수와 1년 6월 이하의 징역(금고)형을 받은 기결수가 복역한다. 1년 6월 이상의 징역(금고)형을 받은 병 출신 기결수는 법무부 산하 민간교도소로 이감된다. 간부 출신 기결수는 군사보안을 고려해서 원칙적으로 국군교도소에 수용하되 주기적으로 심사하여 필요한 경우 민간교도소로 이감한다. 나머지 교도소의 운영은 민간교도소와 거의 동일하다.

현행법상 군사법원에서 재판을 받는 사람은 현역 군인이다. 그 외 군인

---

15 군에서는 미결 수용실을 영창이라고 불렀다. 단지 해군만 이를 구치소라고 불렀다. 한편 영창은 군인사법에 따른 병에 대한 징계벌목이기도 하였다. 그러나 영창제도가 헌법재판소에서 위헌결정이 나고, 군인사법이 개정되어 병에 대한 징계벌목인 영창은 폐지되었다. 대신 "군기교육과 감봉"이라는 새로운 벌목이 신설되었다. 과거 군 영창에는 징계 영창처분을 받은 자와 구속영장에 의해 구금된 미결수가 같이 수용되었다. 다만, 이들은 영창 내에서 서로 구분된 공간에 수용되었으며 그 처우에도 차이가 있었다.

에 준하는 사람들도 군사법원에서 재판을 받는다. 이들을 준군인(準軍人) 이라고 한다. 이들에는 군무원, 사관생도, 사관후보생, 부사관후보생, 공군 항공과학고등학교 학생, 소집하여 훈련 중인 예비군, 보충역 등이 있다.(군사 법원법 제2조, 군형법 제1조) 뿐만 아니라 군형법이 명시한 일정한 범죄에 대해서는 그 신분을 불문하고 군사법원에서 재판권을 가진다.(군형법 제1조 제4항, 군사법원법 제2조) 군사법원은 또 국군부대가 관리하는 포로(군사법원법 제2조 2)와 비상계엄이 선포된 지역에서의 일정한 범죄를 범한 경우나, 군사기밀보호법이 규정한 업무상 군사기밀을 누설한 경우에는 민간인에 대해서도 재판권을 가진다. (군사법원법 제3조)

 2022년 7월 1일부터 시행되는 군사법원법에 따르면 군사법원 및 군 수사기관의 재판권과 수사권이 축소된다. 즉 기존에 군사법원과 군수사 기관이 재판 및 수사권을 가졌던 성폭력범죄, 군인 등이 사망하거나 사망 에 이른 경우 그 원인이 되는 범죄, 군인 등이 신분을 취득하기 전에 범 한 범죄(입대전 범죄)가 그러하다. 이러한 범죄는 민간 법원 및 수사기관 이 재판 및 수사를 하게된다. 다만, 국방부 장관이 국가안전보장, 군사기 밀보호, 그 밖에 이에 준하는 사정이 있을 때에는 해당 사건을 군사법원 에 기소할 수 있도록 결정할 수 있다. 이 경우에도 해당 사건이 이미 법 원에 기소된 후에는 그러한 결정을 할 수 없다.(제2조 제2항)

 군사법원이 재판권을 가진 사람에 대해서는 군 검찰과 군 수사기관이 수사권을 가진다. 군 검찰과 수사기관은 군인 등의 범죄 혐의에 대해 스 스로 수사를 개시하거나, 피해자 등의 고소 또는 고발에 의하여 수사를 개시한다. 군 내 수사기관은 군사법경찰관과 군 검찰로 구분된다. 군사법경찰관은 수사 업무에 종사하는 군사경찰 수사관, 군사안보지원사령부 수사관, 검찰수사관으로 대별된다.(군사법원법 제43조) 군사안보지원사령부 수사관은 형법상 내란죄·외환의 죄, 군형법상 반란죄·이적죄·군사기밀에 관한 죄, 국가보안법 및 군사기밀보호법, 남북교류협력에 관한 법률, 집회 및 시위에 관한 법률 위반죄에 대해서 수사권을 가진다. 군사경찰 수사관은 군사안보지원사령부 수사관이 수사권을 가진 그 외의 범죄에 대해 수사권을 가진다. 반면 검찰수사관은 군사법원이 재판권을 가지는 모든 범죄에 대해 수사권을 가진다. 이들 군사법경찰관들은 군검사에게 신청하여 강제수사를 할 수 있다. 이 수사기관은 사건을 정식으로 수사한 경우 수사를 자체 종결할 수 없고 서류와 증거물을 첨부하여 군 검찰에 송치하여야 한다.(군사법원법 제283조)

군검사는 독자적으로 또는 군사법경찰관이 송치한 사건에 대해 수사를 한다. 과거 군검찰부는 육군의 경우 상비사단, 해군은 함대사령부, 공군은 비행단 등 전국 90여곳에 군검찰부가 설치되어 있었다. 개정 군사법원법에 따라 2022년 7월 1일 부터는 전국에 4개의 검찰단만 편성되고, 군검사는 국방부 또는 각군 본부 검찰단에 소속되게 된다.(제36조) 군검사는 군판사로부터 압수·수색 또는 구속영장을 발부받아 강제수사를 할 수 있다. 군검사가 피의자를 구속할 수 있는 기간은 원칙적으로 10일이다. 예외적인 경우에는 군판사의 승인을 받아 10일을 연장할 수 있다. 군검사는 범죄혐의에 대해 충분히 수사를 한 후 사건을 종결한다. 종결하는 내용은 범죄의 혐의가 인정되면 군사법원에 공소를 제기한다. 줄여서 기소라고 한다. 군사법원에 기소하지 아니하는 처분을 포괄하여 불기소처분이라고 한다.(군사법원법 제285조) 불기소처분은 범죄의 혐의가 인정되지만 정상을 참작하여 기소하지 아니하는 기소유예, 수사결과 범죄혐의가 인정되지 않는 혐의 없음, 그 외 공소시효가 만료되었거나 친고죄에 있어서 고소가 없는 등 공소권을 행사할 수 없는 경우 공소권 없음, 범죄자가 체포되지 않은 경우 기소중지 등의 결정을 할 수 있다.(군사법원법 제285조) 군검사는 고소·고발된 사건에 대해서 처분을 한 경우 고소·고발인에 대해 통지를 해야 한다. 고소·고발인은 군검사의 불기소처분에 불복할 경우 그 당부의 판단을 고등법원에 재정신청할 수 있다.(군사법원법 제301조) 또한 군검사가 기소유예처분을 한 경우 피의자는 혐의 없음의 취지로 헌법재판소에 헌법소원을 제기하여 구제받을 수도 있다.(헌법재판소법 제68조 제1항)

2022년 7월 1일 이전에는 군사법원은 1심인 보통군사법원, 2심인 고등군사법원으로 구분되었다. 그러나 개정 군사법원법은 1심만 군사법원이 관할하게 함에 따라 보통 및 고등군사법원의 구분은 의미가 없게 되고, 1심 군사법원을 군사법원이라고 지칭하게 되었다. 군사법원의 재판에 대한 항소심은 서울고등법원이 담당하게 된다.(제10조) 개정전에는 군사법원은 장성급 부대에 설치하도록 되어 있었으나, 개정 군사법원법은 1심 군사법원을 국군조직법에 따른 각급 제대에 설치하는 것이 아니라 전체 군사법원을 국방부 장관 직속으로 하되 전국을 지역적으로 5개로 구분하여 군사법원을 두도록 하였다. 중앙지역법원(서울), 제1지역군사법원(충청, 전라, 제주), 제2지역군사법원(경기, 인천), 제3지역군사법원(강원), 제4지역군사법원(경남북, 대구, 부산, 울산)이 해당 지역을 관할하는 군사법원이다.(제6조) 군판사들은 이곳에 파견되어 순회하면서 재판을 하고 있다. 군검사는 피의자가 자백하거나 벌금형이 선고될 사안에 대해서는 약식기소할 수 있다. 약식기소 사건에 대해서는 1인의 군판사가 공소장 및 수사서류를 바탕으로 재판하며 결정으로 벌금형을 선고할 수 있다. 이때 군판사는 약식재판으로 처리하는 것이 적절하지 않다고 판단할 경우 공판절차에 회부하여 정식재판을 진행할 수 있다. 한편 약식명령 결정을 받은 피고인은 그 결과에 대하여 법리적용 및 양형에 대해 만족하지 못할 경우 정식재판을 청구할 수 있다. 정식재판은 3명의 재판관으로 구성된 재판부가 재판을 진행한다.(군사법원법 제3편 제3장 약식절차) 약식명령이 청구된 경우는 정식기소된 경우에 비해 군인에게 미치는 인사상 불이익이 적다. 휴직명령을 발령하지 않거나, 진급시킬 수 없는 사유에 해당되지 않는다.(군인사법 제48조 제2항, 군인사법 시행령 제38조 제1항 제1호)

군사재판이 민간의 형사재판과 차이가 나는 점 중 하나는 정식 기소된 군사법원 형사사건은 모두 필요적 변호사건이라는 점이다.(군사법원법 제62조) 즉 정식으로 기소된 피고인은 변호사의 조력을 받을 헌법상의 권리를 향유한다. 군에서는 피고인의 범죄의 중요성 또는 피고인의 경제력을 따지지 않고 피고인이 변호인을 선임하지 않으면 군사법원에서 변호인을 선정해 주고 있다. 현재 각 군사법원은 지방 변호사협회와 협의하여 군사법원에서 국선변호를 할 수 있는 변호사단(Pool)을 구성하여 두고 있다. 국선변호사단에는 국선전담 군법무관도 포함되어 있다. 피의자가 영장실질심사를 받는 경우나 구속적부심사를 받는 경우에도 변호인이 없을 경우 국선변호인이 선정되어 지원을 받는다.(군사법원법 제238조의 2 제8항, 제252조 제10항)

군사법원의 재판은 여느 민간 형사재판과 대동소이하다. 재판부는 지휘부나 법무참모 등으로부터 독립하여 재판을 한다. 군사법원의 재판부는 3명의 군판사로 구성되며 그중 선임군판사가 재판장이 된다. 법률가가 아닌 심판관은 개정 군사법원법에 의해 전시가 아닌 평시에는 운영되지 않는다.(군사법원법 제22조) 피고인에 대해 유죄판결을 하면 그 법정형의 범위 내에서 선고하되 세부적인 양형은 대법원 양형위원회의 양형기준을 준수해서 적정한 형을 선고하도록 하고 있다.(군사법원법 제73조의 2) 2022년 7월 1일부로 평시 관할관제도는 폐지되었다. 즉 군사법원은 이제 국방부 직할로 설치되고 야전의 부대에 설치되지 않게 되었다. 그 결과 야전 지휘관의 군사법원에 대한 권한은 더 이상 존재하지 않는다. 2022년 7월 1일 이전에는 지휘관(관할관)이 군사법행정에 대한 지휘, 감독권을 가졌다. 즉 재판관을 지정하는 등 재판사무 행정에 관여를 하였다. 그리고 판결에 대해 제반 사정을 고려하여 형을 감경하는 권한을 가졌었다. 그러나 법개정으로 이러한 권한은 폐지되었다. 다만, 전시에는 전시특례규정에 의하여 군사법원이 다시 각급 제대에 환원됨에 관할권의 권한도 부활된다. 군사법정은 군 부대 내에 있다고 하더라도 공개재판이 원칙이기 때문에 재판을 방청하려는 자에게는 출입이 허용된다.(군사법원법 제67조)

군사법원의 판결에 대해 불복할 경우 고등법원에 항소할 수 있다. 2022년 6월 30일까지 항소심은 국방부 고등군사법원에서 관할하였다. 서울 용산에 위치하였고 실질적으로 군사법원 행정을 담당하기도 하였다. 2022년 7월 1일부터는 항소심 재판은 서울고등법원이 관할하게 되었다. 다만, 항소심 재판에 대한 공판수행은 각군 검찰단의 고등군검사가 수행하게 된다. 재판관은 더 이상 군판사가 아닌 법관이 재판관이 된다. 항소심 판결에 대해 불복할 경우 대법원에 상고할 수 있다. 상고장은 판결 선고일로부터 7일 이내에 고등법원에 제출하여야 한다. 2022. 이전에 대법원에 상고되는 군사재판 사건 수는 연간 약 150건 내외였다.

각 판결은 피고인 및 군검사가 항소 또는 상고하지 않거나 대법원이 판결함으로써 확정된다. 판결이 확정되면 판결의 내용에 따라 형이 집행된다. 징역, 금고, 무기 징역, 무기 금고, 사형이 선고된 경우 국군교도소에 수용된다. 병으로서 징역 또는 금고 1년 6월 이상의 형을 선고받으면 법무부 산하 민간교도소로 이감된다. 그 이하의 형을 받은 병들은 국군교도소에서 수용되며 그 형기를 마칠 즈음 원소속대로 복귀하지 않고 현역복무부적합 심의를 거쳐 전역되고 재복무를 하지 않는 것이 관례이다. 간부 수용자는 원칙적으로 국군교도소에 수용되고 민간교도소로 이감되지 않으며 예외적으로 1년에 2회 심의를 거쳐 민간교도소로 이감된다. 사형의 집행은 민간의 경우 교수(絞首)로 집행하지만 군은 총살(銃殺)로써 하도록 규정되어 있다.(군형법 제3조) 현재 군교도소에는 약간 명의 사형이 확정된 수용자들이 있지만 20여 년 이상 그 형이 집행되지 않고 있다. 군사법원에서 금고 이상의 집행유예 판결을 받은 군 간부는 당해 계급에서 제적되어 보충역에 편입된다.(군인사법 제40조 제1항 제4호, 병역법 제66조 제1항) 과거처럼 유죄 판결을 받았다고 해서 이등병으로 강등되지는 않는다. 한편 유죄판결을 받은 사안에 대해서는 별도로 징계처분을 받게 된다.

군사법절차에서 본인이 피의자 및 피고인이 되었을 때는 자신의 권리를 정확하게 알고 대응하는 것이 중요하다. 기소된 경우에는 국선변호인의 도움을 받을 수 있지만, 그런데 이 단계는 이미 군사경찰 및 군 검찰 단계에서 주요한 수사가 종료된 이후이다. 즉 재판에서의 변호인의 조력도 중요하지만 사실 수사 단계에서부터 변호인의 조력을 받는 것이 문제를 더 키우지 않고 조기에 종결할 수 있는 방법 중 하나이다. 따라서 자신이 형사사건에 연루되어 수사의 대상이 된 경우에는 신속하게 군 내 법무장교나 변호사를 통해 법률상담을 받는 것이 중요하다. 변호사의 조력을 받을 권리는 헌법이 보장하는 권리이며 군인 형사 피의자 및 피고인도 당연히 누리는 권리이다. 특히 군대는 도시로부터 멀리 떨어진 곳에 위치해 있고, 군인은 피의자 및 피고인이라는 신분 외에 군인으로서 계급을 보유하고 있기 때문에 병 또는 하위 계급자는 형사절차에서 더욱 심리적으로 위축될 수 있다. 이러한 때에 변호인의 조력을 받음으로써 법률적인 조력을 받을 수 있고 수사 및 재판에 있어서 본인이 심리적인 안정을 취할 수도 있다.

2021년 공군 이중사 사망사건을 계기로 군사법제도에 대한 불만이 비등하여 그 동안 지지부진하던 군사법원법 개정안이 갑자기 급물살을 타고 2021년 8월 31일 국회 본회의를 통과하였다. 그 핵심은 그 동안 군 수사기관 및 군사법원이 지휘관 예하에 편성되어 있어 독립성과 공정성이 미흡했다는 비판, 지휘관이 수사 및 재판에 이르기까지 광범위한 권한을 보유하여 수사 재판이 지휘관의 영향을 받을 수 있다는 우려와 비판, 군판사, 군검사가 상호 보직이 교류되고 이로 인해 이들에 대한 인사상 독립과 전문성이 부족하다는 비판을 고려한 법률 개정이 이뤄졌다.

먼저, 군사법원에 관한 사항은 사실심에서도 헌법과 법률이 정한 법관에 의한 재판을 받을 수 있는 기본권을 보장하기 위해 국방부 고등군사법원을 폐지하고 서울고등법원으로 재판권을 이관토록 하였다. 또한 사건 은폐 및 온정적 처리로 비판은 받은 성폭력 범죄, 군 입대전 범죄, 군인 및 군무원이 사망한 경우 그 원인이 되는 범죄에 대해서는 수사 및 재판권을 민간수사기관 및 법원에 이양토록 하였다. 그 동안 국군조직법상 지휘계통에 따라 설치되었던 보통군사법원 30개를 국방부 소속 5개 지역 군사법원으로 통합하여 상설화하였다. 그에 따라 군사법원의 행정사무를 지휘, 감독하고 선고형을 감경할 수 있는 관할관 제도는 자연스럽게 폐지되었다. 또한 70여년 군사재판에서 법률가가 아닌 일반장교로서 재판관으로 참여한 심판관제도도 폐지하였다. 비법률가에 의한 재판이라는 비판을 수용한 것으로 보인다. 마지막으로 군판사를 군판사인사위원회에서 일정한 자격을 갖춘 법무장교 중에서 선발토록 하고, 임기와 정년을 보장하고, 순환보직을 금지토록 하여 군판사의 인사의 공정성과 재판의 독립성과 전문성을 제고토록 하였다.

검찰분야에 대해서는, 90여개가 넘게 각 부대에 설치되었던 검찰부를 폐지하고, 대신 군찰부를 국방부장관 및 각 군 참모총장 소속으로 4개의 검찰단만 두도록 하였다. 지금까지 지휘관 휘하에 있던 군검사와 수사관을 검찰단장 소속으로 하였다. 각 급 제대 지휘관의 군검찰에 대한 권한을 삭제하고, 오로지 국방부장관과 각군 참모총장만이 구체적 사건에 대해 소속 검찰단장만을 지휘, 감독하도록 하였다. 또한 군검사의 구속영장 청구시 지휘관의 승인권도 폐지하였다.

다만 법개정을 통해 폐지되는 대부분의 제도는 전시에는 효율적인 군사법제도를 운영하기 위해서 전시특례조항을 통해 다시 복원된다.

군 사법제도는 민간사법제도와는 차이가 있다. 다른 점이 있다는 것은 특수성이 있다는 점이다. 그러나 특수성이 있다고 하더라도 절차가 공정하게 운영되지 않을 때에는 그 제도가 계속 유지될 수 없다. 따라서 군사법제도는 신속·공정하고 독립된 절차를 통해 실체진실을 발견하고 적정한 기소권 및 형벌권이 행사되어야 한다. 이로써 군의 기강을 확립하고 전투대비태세를 완비하여 싸워 이길 수 있는 국군이 되도록 해야 한다. 군사법운영자 및 지휘관, 모든 장병이 이를 명심해야 할 사항이다.

2. 형사처벌의 불이익

군인이 군사법원에서 형사처벌을 받게 되면 형법이 정한 형벌을 받게 된다. 징역·금고형을 선고받았으면 군교도소에서 수감되어 복역하게 된다. 군인이 형사처벌을 받을 경우에는 형벌 외에 「군인사법」과 「군인연금법」, 「군인보수법」, 「군인 재해보상법」 등 관련 법령에 따라 추가적인 불이익을 받는다. 불이익은 군인 신분상의 불이익과 급여, 처우에 있어서 불이익으로 구분된다.

군인이 범죄혐의로 수사를 받을 때 혐의가 중하고 그 직위를 유지하는 것이 적절하지 않을 경우 보직에서 해임될 수 있다. 의무복무 기간을 마친 군인 간부는 원칙적으로 본인의 원에 의해서 언제든지 전역을 할 수 있다. 그러나 형사사건으로 기소되거나 수사기관에서 비위와 관련하여 조사 또는 수사 중일 때에는 전역이 제한될 수 있다. 과거 대통령 훈령으로 전역을 제한하던 것을 2016년 군인사법 개정을 통해 법률로 제한하였다.(군인사법 제35조의 2) 또한 군사법원에 기소될 경우 군인사법에 따라서 본인의 의사와 상관없이 휴직이 될 수도 있다.(군인사법 제48조 제2항) 뿐만 아니라 진급 선발이 되었더라도 진급발령이 나기 전에 군사법원에 기소된 경우(약식명령은 제외)에는 진급 선발자 명단에서 삭제될 수 있다.(군인사법 제32조, 시행령 제38조)

군인이 일정한 형벌을 받으면 제적된다. 「군인사법」은 원칙적으로 징역·금고 이상의 형의 집행유예를 선고받는 군인은 제적하도록 하고 있다. 뇌물죄, 직무와 관련한 횡령죄 또는 배임죄, 업무상 횡령죄 또는 배임죄, 성폭력범죄로 자격정지 이상의 선고유예를 받은 군인도 현역에서 제적된다. 뿐만 아니라 성폭력범죄로 인하여 100만 원 이상의 벌금을 받은 경우에도 현역에서 제적된다.(군인사법 제40조, 제10조)

과거에는 군인이 징역·금고형의 집행유예 이상의 처벌을 받을 때만 제적되었으나, 연이은 법률 개정을 통해 공무원의 부패범죄, 성폭력범죄에 대해서는 군인의 결격 요건을 더욱 엄격히 하고 있다. 군인이 형벌을 받고 제적되면 이등병 전역을 하는 것으로 알고 있는 사람도 있다. 1994년 12월까지는 군인이 형벌을 받고 제적될 때 보충역 이등병 처분을 받았다. 하지만 그 후 법률이 개정되어 제적 당시의 계급을 유지하되 보충역으로 편입하게 되었다.

군인이 위에서 든 부패범죄나 성폭력범죄를 제외한 범죄로 인해 선고유예나 벌금형이 확정되면 진급예정자로 선발되었다고 하더라도 재판 진행 중에는 진급이 보류되었다가 확정적으로 명단에서 삭제된다. 뿐만 아니라 선고유예, 벌금형을 받은 군인은 자동적으로 현역복무부적합 조사위원회에서 조사를 받을 사유에 해당된다. 따라서 위 조사위원회에서 현역복무부적합 판정을 받으면 전역심사위원회에 회부되어 현역복무부적합 전역처분을 받을 가능성도 있다.

군인이 위와 같은 사유로 제적된 경우에는 퇴직금 감액의 불이익을 입는다. 「군인연금법」은 군인이 복무 중의 사유로 금고 이상의 형을 받은 경우 퇴직급여와 퇴직수당을 100분의 50을 감액하여 지급하도록 규정하고 있다. 다만 범죄가 직무와 관련이 없는 과실로 인한 경우 및 소속 상관의 정당한 명령에 따르다가 과실로 인한 경우는 제외된다. 해당 군인이 퇴직연금을 받을 자이면 연금이 반으로 감액되어 지급받는다.(제38조) 군인이 형법상의 내란죄, 외환죄, 군형법상의 반란의 죄, 국가보안법에 규정된 범죄를 범해서 금고 이상의 형이 확정된 경우에는 급여는 지급하지 않고 자신이 이미 낸 기여금에 민법이 정한 이자를 가산한 금액만 받을 수 있다.(제38조 제4항) 임용결격 사유에 해당하는 사건으로 수사 또는 재판이 진행 중인 때에는 그 사람에게 지급될 급여의 반만 지급하고 나머지는 불기소처분을 받을 때, 금고이상의 형의 선고를 받지 아니한 때, 금고 이상의 형의 선고유예를 받았을 때에는 유예 기간(1년)이 지난 후에 나머지 잔액을 지급한다.

(군인연금법 시행령 제41조 제5항)

한편 제적사유에 해당하는 형벌을 받지 않아 군 생활을 계속한다고 하더라도 형사처벌을 받은 경우 인사상 일정한 불이익을 받는다. 즉 형사처벌 기록이 인사기록에 반영되어 일정 기간 말소되지 않으며, 또 진급에 있어서도 감점을 받는다. 형사처벌을 받더라도 이어서 징계처분을 또 받을 수 있고, 이에 연계하여 성과상여금 수급 제한, 명예전역 및 수당 수급권 제한, 퇴역표창 등을 받을 수 없는 불이익을 받는다.

「국립묘지의 설치 및 운영에 관한 법률(약칭: 국립묘지법)」에 의하면 장성급 장교 또는 20년 이상 군에 복무한 사람 중 전역·퇴역·면역을 한 사람은 국립묘지 안장대상이 된다. 그러나 복무 중의 사유로 금고 이상의 형을 선고받거나 안장대상심의위원회에서 국립묘지의 영예성(榮譽性)을 훼손한다고 인정한 경우 국립묘지 안장대상에서 제외될 수 있다. 따라서 군인이 20년 이상 복무하였더라도 범죄로 인해서 형사처벌을 받은 경우에는 안장대상에서 제외되는 불이익을 받을 수도 있다.(제5조 제4항)

3. 징계처분이 미치는 불이익

군인이 징계처분을 받는 경우 「군인사법」에서 정한 징계 종류에 따른 처분을 받는다. 파면이나 해임을 당하면 군인의 신분을 박탈당하고, 강등을 당하면 해당 계급에서 1계급 낮아진다. 정직처분을 받으면 1개월 이상 3개월 이내 기간 동안 직무에 종사하지 못하며, 보수의 3분의 2가 감액된다. 감봉처분을 받으면 1개월 이상 3개월 이내의 기간 동안 보수의 3분의 1이 감액된다. 근신은 근무시간 후 10일 이내의 범위에서 일정한 장소에서 반성을 해야 하고, 견책을 받은 경우 징계권자로부터 훈계를 받게 된다. (군인사법 제57조) 군인은 군인사법이 정한 징계처분의 효과 외에도 다른 법령에 따라 부가적인 불이익을 입는다.

군인이 파면, 해임을 당하면 제적됨과 동시에 각각 5년, 3년 동안 공직자로 임용될 수 없다.(국가공무원법 제33조) 해임을 당한 자가 다시 군인이 되기 위해서는 5년이 경과되어야 한다.(군인사법 제10조 제2항 제7호) 파면된 군인은 퇴직

급여가 반으로 감액된다. 금품 및 향응수수(饗應授受) 또는 공금횡령·유용으로 해임된 경우에는 퇴직급여의 25%가 감액된다.(군인연금법 제38조, 동법 시행령 제41조)

군인이 징계처분을 받으면 급여적인 측면에서 불이익을 입는다.

징계처분을 받는 자는 호봉승급 제한을 받게 된다. 징계의 내용에 따라 호봉승급 기간의 차이가 있다.

징계처분	승급 제한 기간	징계처분	승급 제한 기간
견책	6개월	정직	18개월+정직 기간
근신	6개월+근신 기간	강등	18개월+3월(군무원만 해당)
감봉	12개월+감봉 기간	파면, 해임은 제적처리됨	

※ 금품 및 향응수수, 공금의 횡령·유용, 성폭력·성희롱, 배임·절도·사기로 인한 징계처분의 경우에는 3개월 가산(공무원 보수규정 제14조)

신분 상실에 이르지 않는 징계처분을 받은 군인은 징계의 종류에 불문하고 연 2회 지급되는 정근수당 중 징계처분을 받은 다음 분기의 정근수당을 받지 못한다.(공무원수당 등에 관한 규정, 제7조 제2항) 급여의 감액이 이루어지는 감봉, 정직처분을 받으면 본봉뿐만 아니라 「공무원의수당에 관한 규정」에 규정된 수당과 지원비, 보상비 등도 감액 또는 지급되지 않는다.[16]

---

16 정근수당가산급, 정근수당추가가산금, 가족수당, 가족수당가산금, 주택수당, 군무원대우수당, 자녀학비수당은 각 감액 부분만큼, 관리업무수당, 정액급식비, 교통보조비, 명절휴가비, 가계지원비, 직급보조비, 시간외 수당에 대해서 감봉처분을 받은 군인은 전액 지급을 받는 반면 정직처분을 받은 군인은 정직 기간 동안 이 부분을 지급받지 못한다.

군인은 「공무원수당 등에 관한 규정」에 따라 근무성적 및 업무실적이 우수하면 매년 성과상여금을 지급받을 수 있다. 그러나 징계처분을 받은 군인은 당해 연도에 성과상여금 지급대상에서 제외된다.(국방부, 17년 성과상여금 업무처리에 관한 지시, 제11조 제4항)

또한 의무복무 기간을 마친 군인은 언제든지 자진하여 전역을 할 수 있다. 그러나 징계위원회에 중징계에 해당되는 사유로 징계의결이 되거나, 수사기관 및 감사원에서 중징계에 해당되는 사유로 수사 또는 조사 중인 때에는 전역이 제한된다. 비위를 저지른 군인이 처벌을 회피하기 위해 전역 지원을 하는 것을 방지하기 위함이다.(군인사법 제35조의 2, 제1항)

군인이 20년 이상 근속한 후 정년에 이르기 전에 스스로 명예롭게 전역하는 경우에는 예산의 범위에서 명예전역수당을 지급하게 된다.(군인사법 제53조의 2) 그러나 군인이 징계처분을 받은 경우에는 명예롭게 전역한 사람에 해당되지 않아서 명예전역수당 지급 대상에서 제외된다. 즉 징계처분 요구 중이거나 징계처분을 받은 자는 명예전역 수당지급 대상에서 제외된다. 다만 징계처분이 말소된 경우에는 그러하지 않다.(국방인사관리훈령 제96조)

징계처분은 공직사회의 내부질서 유지 및 기강을 위한 처벌이다. 따라서 당연히 징계처분은 공직자의 진급, 보직, 급여 등 여러 인사영역에 영향을 미친다. 징계처분을 받으면 먼저 인사자력표에 기록된다. 인사자력표에 등재되어 있는 기간 당해 군인을 인사할 경우 참고자료로 활용된다. 특히 초급 간부를 대상으로 장기복무 선발 또는 주요 직책 선발을 할 때에 징계처분받은 자를 배제하고 있는 것이 현실이다. 뿐만 아니라 진급에 있어서 징계처분을 받은 경우에는 명시적으로 일정한 감점을 받게 된다. 각 징계처분에 대해서는 처벌기록이 일정 기간 동안 보존되며 원칙적으로 그 기간이 도과되면 기록이 말소된다. 그러나 정책적으로 부패행위로 인한 징계처분, 성폭력으로 인한 징계처분, 음주운전으로 인한 징계처분에 대해서는 심의위원회의 심의를 통해서 말소 기간을 연장할 수 있도록 하고 있다.(육군규정 110, 장교인사관리규정 제244조) 흔히 One Out 제도라 불리는 제도인데, 특정 비행에 대해서는 그 사람이 군 생활을 마칠 때까지 처벌사실을 인사에 반영하겠다는 제도이다.

징계처분을 받은 사람은 진급대상권에 포함되어도 일정한 감점을 받는 것은 앞에서 살핀 바와 같다. 그 외에도 진급예정자로 선발되었다고 하더라도 중징계처분(정직, 강등)을 받은 경우에는 그 명단에서 삭제된다.(군인사법 제31조, 시행령 제38조 제1항 제2호)

또 중징계 처분을 받거나 2회 이상 경징계 처분을 받게 되는 경우에는 현역복무 부적합자로 조사를 받을 사유가 되어(군인사법 시행규칙 제57조) 현역복무부적합조사위원회와 전역심사위원회의 심의를 통해서 불명예 전역조치 될 수도 있다.

징계처분을 받으면 군 내부 상훈을 받는 데도 일정한 제한이 있는 것은 당연하다. 정부포상도 제한이 된다. 특히 장기 복무를 하고 전역을 하는 군인은 퇴직포상을 받게 된다. 33년 이상 복무를 하고 전역을 할 경우에는 보국훈장을 받을 수 있고, 이 상훈을 등록할 경우 국가유공자로

등록된다. 그러나 징계처분을 받은 사실에 대해 사면이 이루어지지 않는 경우 정부포상을 받을 수 없다. 장기간 군 복무한 명예가 징계처분으로 인해 수포로 돌아갈 수 있는 것이다.(행정자치부, 2018년도 정부포상업무지침)

장성으로 근무하거나 군인으로 20년 이상 근무한 사람은 서울국립현충원, 대전국립현충원의 안장 대상자가 된다. 국가에 대한 복무를 현충하기 위함이다. 그러나 20년 이상 장기간 복무했더라도 징계처분으로 파면 또는 해임이 된 경우 국립묘지 안장자격이 박탈된다.(국립묘지의 설치 및 운영에 관한 법률 제5조 제4항 제4호)

「군인사법」이 규정한 징계처분은 신분을 박탈하는 파면, 해임을 제외하고는 징계처분을 통해 군인을 교육시키고 다시 복무에 전념토록 하는 제도이다. 그러나 가장 낮은 견책처분이라도 군인의 신분에 막대한 영향을 끼친다. 군인의 기강을 바로 세우기 위한 징계처분에 여러 가지 불이익을 연계시키고 있어 경미한 징계처분도 군인에게는 치명적인 불이익이 미친다. 따라서 군인들은 징계처분의 불이익을 잘 인식하고 항상 공직자로서의 의무와 품위를 지켜야 할 것이다. 반면 상급자는 부하들의 기강을 엄정히 세우되 사소한 잘못에 대해서 지나치게 징계권을 남용하지 않도록 해야 한다. 사소한 비위에 대해 징계를 하는 경우 비위당사자는 과오를 시정할 기회를 갖지 못하고 오히려 군 생활을 포기해야 하는 경우가 있기 때문이다. 물론 군인으로서의 품위를 심각하게 훼손한 행위에 대해서는 엄중하게 처벌해야 할 것이다. 다만 군인사법이 최초에 상정하지 않았던 여러 가지 불이익을 징계처분에 너무 많이 연계한 것이 아닌지에 대해 정책적으로 검토해 볼 문제이다. 많은 군인이 징계처분으로 인해 복무 의욕을 상실하고, 그렇다고 의무복무 기간 때문에 전역도 못 한다면 원래 징계처분이 의도했던 바가 아니기 때문이다.

4. 형사처벌 외에 징계처분까지 한 것은 이중처벌인가?

　군인이 군 생활 중 잘못을 범하면 그에 따른 책임을 져야 하고 과오가 중할 경우 형사처벌을 받는다. 일부 장병들이 군인이기 때문에 다른 공무원 또는 민간인에 비해 더 큰 불이익을 받는다고 불만을 토로하는 경우가 있다. 형사처벌을 받았는데 다시 징계처분을 받는 것도 이 중에 하나다. 이러한 처벌은 이중처벌에 해당하고 과도한 처벌이라고 주장한다. 결론적으로 말하면 형사처벌과 징계처분은 목적과 내용이 서로 다르기 때문에 병과(竝科)가 가능하며, 다른 공무원의 경우도 마찬가지이다. 일반 공무원에 비교하여 군인만 가혹하게 처벌하는 것은 아니다.

　법률 전문가가 아닌 일반 장병들로서는 그렇게 생각할 수 있는 이유가 있다. 민간에서는 공무원이 범죄를 범한 경우 그 공무원이 속한 조직과는 별개의 기관인 경찰과 검찰에서 수사를 받는다. 기소가 되었을 때에는 법원에서 재판을 받고 판결 내용에 따라 처벌을 받는다. 수사기관은 수사의 개시와 종료 상황을 그 공무원이 속한 기관에 이를 통보하게 된다. 통보를 받은 기관은 징계절차를 개시한다. 즉 수사·재판을 하는 기관과 징계업무를 수행하는 기관은 서로 다르다. 반면 군에서는 고급 지휘관이 형사처벌과 징계업무에 대한 최종적인 권한을 가지며, 실무적으로 형사처벌과 징계업무를 군 법무조직에서 수행한다. 따라서 일반 장병은 같은 군의 법무부서로부터 형사처벌을 받고 또다시 징계처분을 받는다고 생각하여 이중적인 처벌이라고 생각할 수는 있다.

입법례를 살펴보면 형사처벌과 징계를 병과하지 않는 나라도 있다. 미국이 대표적인 예이다. 미국에서는 장병이 심각한 잘못을 범한 경우 최종적으로 지휘관에게 보고되고 지휘관이 군법회의 회부 또는 징계처분(Non Judicial Punishment)을 할 것인지를 결정한다. 장병이 군법회의에 회부되어 처벌을 받으면 다시 징계처분을 받지 않는다. 이것이 가능한 이유는 형사처벌과 징계처분이 동일한 법률(UCMJ: Uniform Code of Justice)에 근거하기 때문이다. 이스라엘도 이 법제를 따르고 있다.

우리나라는 이와 달리 군사법원법과 군인사법이 형사처벌과 징계처분에 대해 각각 별도로 규정하고 있어 여러모로 구분이 된다. 형사처벌은 국가의 일반적인 통치권에 그 근거를 두고 일반사회의 법질서를 유지하기 위함이며, 처벌이 되는 범죄는 법률에 명시되어 있다. 범죄자는 공소시효가 만료되지 않는 이상 신분의 변동과 상관없이 처벌을 받는다. 반면 징계처분은 특별한 조직의 내부 질서를 유지하기 위하여 해당 조직에 부여된 권한이며 징계사유는 법률에서 대강만 정하고 세부적인 것은 하위 규범에 위임된 경우가 많다. 또 공무원의 신분을 보유하고 있는 동안만 징계처분을 할 수 있다. 그 처벌의 내용도 가장 중한 처벌이 공무원의 신분을 박탈하는 것에 한정된다.

형사처벌과 징계처분이 병과되는 절차를 음주운전의 예를 들어 설명하고자 한다. 음주운전이 적발되어 사건이 경찰에서 군에 송치되면 군사경찰과 군 검찰이 추가·보완수사를 한다. 군 검찰은 혐의가 인정될 경우 사건을 군사법원에 기소하며 그 처분 결과를 음주운전자의 소속 부대에 통보한다. 군사법원은 음주운전 공소사실이 인정되면 통상 벌금형을 선고한다. 음주운전을 한 군인이 소속된 부대의 법무 또는 인사부서는 군사재판에 이어 음주운전자에 대해 징계절차를 개시한다. 이때 법무장교 또는 인사실무자가 징계간사가 된다. 형사처벌과 징계사유에 동시에 해당하는 비행행위에 대해서는 형사절차가 선행되는 것이 원칙이다. 다만, 징계시효가 만료될 우려가 있는 등 특별한 경우에는 징계절차가 선행될 수도 있다.

형사절차의 결과가 징계처분에 영향을 미칠 수 있는가가 문제된다. 형사절차에서 무혐의 또는 무죄가 선고된 경우에는 대부분의 경우에는 징계사유 또한 되지 않는다. 「국방부 군인·군무원 징계업무처리 훈령」은 혐의가 없거나 죄가 되지 않더라도 징계의 사유에 해당되거나 징계의 필요성이 인정되면 징계절차를 개시할 수 있다고 규정하고 있다.(제4조의 2) 대법원도 형사피고사건이 죄가 되지 않아 무죄가 선고되었다 하더라도 이는 형사처벌 법규상의 법적 평가에 관한 것일 뿐 징계사유로서의 비위사실과는 별개의 평가에 속하는 것이라 할 것이라고 하면서 징계를 할 수 있다고 밝혔다.

(대법원 1985. 4. 9. 선고 84누654 판결)

예를 들면 구 형법상 간통죄 규정이 2015년 5월 26일에 위헌결정이 났기 때문에 불륜을 저지른 공무원은 더 이상 형사처벌을 받지 않는다. 그러나 공무원이 불륜을 저질렀을 경우에는 공무원의 품위를 손상한 행위이기 때문에 징계사유가 될 수 있다. 또 다른 예로서 군인이 부하 군인에 대해 강제추행을 한 행위로 기소되었으나 법원에서 강제성이 인정되지 않아 무죄로 확정되더라도 그의 행위가 군인의 품위를 떨어뜨린 행위에 해당된다면 징계사유가 될 수 있다.

언론에서 단순 음주운전이 보도되는 예는 드물고, 사회 저명인사나 공무원, 그중에서도 고급 공무원이 음주운전을 한 경우에 보도된다. 보도된 당사자는 창피하고 억울하다고 생각할 수 있다. 그런데 공무원은 국민 전체에 대한 봉사자이고 보다 높은 수준의 품위를 유지해야 할 의무가 있다. 그러므로 군인들도 형사처벌과는 별도로 징계처분이 주어지는 것에 대해서는 불평하기보다는 국민이 군인에게 더 높은 도덕성과 품위를 유지할 것을 기대하므로 더욱 성실하게 군 복무를 해야 하지 않을까 생각한다.

5. 어떻게 사과할 것인가?

켄 블랜차드 외 3인의 『칭찬은 고래도 춤추게 한다』는 책이 국내에서 많은 인기를 누렸다. 군의 리더십을 이야기할 때 부하들에게 칭찬, 즉 긍정적인 피드백을 함으로써 부하들의 역량을 극대화할 수 있다고 한다. 맞는 말이다. 그런데 상관이 칭찬 못지않게 자신이 부하들에게 실수를 했을 때 권위를 내려놓고 솔직하게 사과하며 용서를 구하는 것도 리더십의 중요한 덕목이다. 모두들 자신이 옳다고 주장하는 현 세태에서 지혜롭고 진솔한 사과는 그 사람의 인품과 리더십을 더욱 돋보이게 하고 갈등을 해소한다.

군대도 사회이다. 사람이 사는 사회에는 항상 갈등이 있기 마련이다. 계급사회인 군대에서도 상급자와 부하, 동료 간에 갈등이 있을 수 있다. 과거에도 갈등은 있었다. 과거에는 서로가 상대방에게 누구나 실수는 할 수 있는 일이라 여기고 술 한잔하면서 풀었다. 상급자가 나서서 중재하여 화해를 주선하기도 했다. 이러한 것이 군대의 미덕이고 전통이라 여겼다.

그러나 최근에는 부대원들 사이의 갈등이 원만하게 해결되지 않고 외부 기관이나 법에 호소하는 경우가 늘어나고 있다. 주지하다시피 우리나라가 다른 나라에 비해서 고소·고발이 상당히 많다. 군에서도 고소·고발이 늘어나고 있다. 수사 결과에 불복해서 재정신청을 하는 건수도 점점 증가하고 있다. 부대원들 간의 화합과 단결이 점점 어려워지는 추세이다.

군에서는 부대원들 사이에 일어나는 폭언·폭행·성폭행을 부대의 단결을 해치고 동료 군인의 인권을 침해하는 행위로 여기고 이를 예방하기 위해 부단히 노력하고 교육을 하고 있다. 적발 시에는 엄벌에 처하고 있다. 그런데 엄벌이 능사는 아니다. 이러한 일이 발생할 경우 군에서는 최종적으로 진실을 밝히고, 그에 응당한 처벌을 하고 나아가 부대의 기강을 바로잡고 화합단결을 회복하여 부대를 정상화해야 한다. 화합단결을 위해서는 최종적으로 갈등의 당사자인 가해자와 피해자가 서로 사과를 구하고 용서하여 결국 화해를 해야 한다. 그것이 완전한 피해회복이며 관계회복이고 그래야 부대의 평온과 단결이 보장되기 때문이다. 관계회복을 위해서는 가해자가 먼저 진솔한 사과를 해야 한다. 그런데 군인들이 그런 사과 방법을 잘 모른다는 점이 문제이다. 특히 가해자가 피해자의 상급자인 경우 더욱 그러하다. 아래에서는 필자가 군 생활을 하는 중 경험하거나 느낀 사과의 방법에 대해 설명하고자 한다.

사과를 할 때는 조건을 붙여서는 안 된다. 상급자가 부하에게 모욕적인 폭언을 했다고 가정해 보자. 이때 바람직한 사과는 "잘못했습니다", "정말 죄송합니다"이다. "기분이 나빴어? 기분 나빴다면 미안하다." 이것은 진정한 사과가 아니며 오히려 상대방의 마음을 더욱 화나게 하는 것이다. "죄송스럽게 생각합니다"나 "유감으로 생각합니다", 이렇게 말하는 것도 너무 진부한 사과 방법이다. 미안하다고 직설적으로 이야기하면 된다. '생각한다'라는 말을 이용해서 자신의 자존심을 조금이라도 유보할 필요가 없다. 이런 표현은 국회 등 정치권에서 자주 볼 수 있는 사과의 방법인데 군인이 할 표현 방법은 아니다. 이런 표현을 한 경우 가해자는 사과를 했다고 생각하나 피해자는 가해자가 진정으로 사과했다고 생각하지 않는다.

사과는 즉시 해야 한다. 이 정도의 실수는 부하가 이해할 것이라고 주관적으로 판단하거나 상대방이 크게 문제 삼지 않는데 먼저 사과할 필요가 없다고 생각하기도 한다. 자신은 실수를 대수롭지 않게 생각하더라도 주변에서 잘못되었다고 인식을 하고 있다면 당사자인 자신은 신속하게 사과를 해야 한다. 본인이 사과 없이 시간을 보내고, 반면 피해자나 주변에서 이 일로 수군거리게 되면 피해자는 2차 피해를 입거나 마음이 더욱 상한다. 결국 가해자는 피해자에게 사과하기와 용서받기가 더 어려워진다. 즉 사과의 골든타임을 놓치게 된다.

사과를 함에 있어서는 사과의 핵심 내용이 포함되어야 한다. 자신의 잘못이 무엇인지, 그로 인해 상대방이 어떠한 정신적·육체적 피해를 입었고 그 심정이 어떠했을지 공감하고, 다시는 그런 행위를 하지 않겠다고 다짐하는 내용이 들어 있어야 한다. 자신의 입장 피력이 앞서는 잘못된 사과는 용서받기는커녕 오히려 상대방의 마음을 더욱 상하게 하는 경우도 있다. 예를 들면 다음과 같다. "내가 이번에 진급심사에 들어가는데 나의 잘못을 선처해 주길 바란다", "우리 가족 중 누가 아픈데 이 사실을 알면 안 되니 선처를 부탁한다", "30년 가까이 군 생활을 했는데 연금을 타야 하지 않겠는가?" 이러한 자신의 입장이 우선된 선처 또는 합의 요구는 피해 상대방으로부터 공감을 얻기가 어렵다.

사과는 역지사지의 마음으로 해야 한다. 예를 들면 중견 부하에 대해 폭언을 한 행위에 대해 사과를 한다고 가정한다면 다음과 같다. '당신(피해자)도 상당한 계급이 있고, 관리하는 부하들도 있으며, 한 가정의 가장으로서 자존감이 있을 터인데, 여러 사람 앞에서 나로부터 무시당하는 발언을 들었을 때 그 느낌, 그 자존감 상실과 느꼈을 모멸감을 충분히 이해한다. 정말 미안하다. 용서를 바란다.'

피해를 입은 사람이 여러 명이면 차별 없이 똑같이 사과해야 한다. 피해자들은 성별이 다를 수도, 임관 구분이 다를 수도 있다. 장교와 부사관 또는 병사일 수도 있다. 사과의 방법은 어느 정도 적절히 구분할 수는 있지만 차별적인 사과는 차별당하는 사람의 마음에 상처를 입히기 쉽다. 예를 들어 피해자 중 같은 임관 출신 피해자에 대해서는 자신을 잘 이해해 줄 것이라 생각하고 별도로 사과하지 않고 다른 임관 출신 피해자에게만 사과를 해서는 안 된다. 믿었던 같은 출신의 후배로부터 더 큰 원망을 살 수 있다. 믿고 따르던 같은 출신 선배의 부당한 대우에 후배 장교는 어쩌면 더 큰 마음의 상처를 입을 수 있기 때문이다.

가해자와 피해자는 화해하였다고 하더라도 가해자는 가능하면 신속히 피해자와 근무지를 달리하는 것이 좋다. 서로 마음의 상처가 아무는 데 시간이 필요하기 때문이다. 이때 가해자가 근무지를 바꾸는 것이 좋다. 서로가 물리적으로 분리되어 더 이상 보지 않도록 하는 것이 좋다. 이러한 사례가 있었다. 상관인 가해자가 술에 취해 후배 장교에게 부적절한 신체접촉을 시도했다. 가해자는 다음날 사과를 했고 피해자는 가해자의 사과를 받아들이고 더 이상 문제 삼지 않기로 했다. 그런데 가해자는 시간이 지나자 오히려 피해자에 대한 자신의 행위를 피해자의 약점으로 생각하거나 술자리에서 자신의 행위를 무용담으로 이야기했다. 이러한 사실은 결국 빛의 속도로 피해자의 귀에 들어갔다. 분개한 피해자는 가해자의 엄벌을 요구하는 고소를 하였고 가해자는 나중에 더 큰 처벌을 받게 되었다.

가해자는 사과를 구할 때 가급적 '합의'라는 용어의 사용을 자제하는 것이 좋다. 형사사건이나 징계사건에 있어서 피해자의 의견은 처벌 여부 및 처벌 수준에 큰 영향을 미친다. 일부 범죄는 피해자의 적극적인 고소가 없으면 처벌할 수 없거나 피해자가 가해자에 대한 처벌을 원하지 않는 경우에는 가해자를 처벌할 수 없다. 피해자가 가해자를 용서 또는 처벌을 원하지 않는다는 의사표시를 '합의'라고 한다. 이 경우 대부분 가해자는 피해자에 대한 손해배상금, 위자료 형식으로 합의금을 지급한다. 따라서 합의라고 하면 합의금을 전제로 하는 경우가 많다. 그런데 군대에서 가해자와 피해자가 모두 군인인 경우 용어를 조심스럽게 선택해야 한다. 가해자인 군인이 피해자에게 합의하자고 하면 피해자 군인은 마치 자신이 '돈' 때문에 사건화하였다는 오해를 받는다고 생각하고 합의에 대한 일종의 거부감을 가지고 있다. 가해자는 합의라는 표현보다는 사과하고 싶다는 표현을 선택하는 것이 상대방의 마음을 배려하고 쉽게 합의를 받아낼 수 있는 방법이다.

그러면 군인 피해자에게는 합의금을 주지 않아도 되는 것인가? 그렇지는 않다. 자신의 잘못에 대해서는 이에 상응한 금전적 배상을 해야 사과의 진정성이 담겨져 있다고 볼 수 있기 때문이다. 다만 피해자와 가해자 모두 적정한 선에서 합의금을 정하는 것이 좋다. 피해자가 지나치게 많은 합의금을 요구할 경우 이러한 사실이 부대에 알려져 돈 때문에 사건화했다는 비난을 받을 수 있기 때문이다.

부대원들 간의 이러한 갈등에 대해서 지휘관 및 상급자, 동료들이 조심해야 할 것이 있다. 반드시 양쪽의 의견을 다 들어 보고 공정하게 처리를 해야 하는 점이다. 가해자나 피해자 어느 쪽을 지지함으로 인해서 문제가 더 커질 수 있기 때문이다. 인간적으로 조언을 하되 갈등이 범죄나 심각한 인권침해에 해당되는 사항에 대해서는 지휘관으로서 적절한 지휘조치와 아울러 수사기관으로 하여금 정식으로 사건을 처리하게 해야 한다.

부대원들은 병영 내에서 서로 존중하고 지내며 갈등을 만들지 않는 것이 가장 좋다. 그러나 사람이 살면서 실수를 할 수도 있고, 서로 오해할 수도 있다. 대신 실수를 하거나 오해를 야기한 사람은 먼저 사과를 해야 한다. 사과를 할 때는 계급이나 직책을 내려놓고 상대방의 마음을 헤아려 진정성 있게 사과를 해야 한다. 자신의 자존심을 지키기 위해 하는 '꼬이고 꼬인 사과'는 오히려 하지 않는 것보다 못한 경우도 있다. 사과를 받는 사람도 함께 고생하는 전우가 진심으로 자신의 잘못을 고백하고 용서를 빈다면 이를 받아 줄 아량도 필요하다. 용서하는 것은 상대방을 위한 것이 아니라 자신을 위한 것이기도 하기 때문이다.

부록
군 간부가 반드시 알아야 할 법령

대한민국헌법

[시행 1988. 2. 25] [헌법 제10호, 1987. 10. 29, 전부 개정]

전문

유구한 역사와 전통에 빛나는 우리 대한국민은 3·1운동으로 건립된 대한민국임시정부의 법통과 불의에 항거한 4·19민주이념을 계승하고, 조국의 민주개혁과 평화적 통일의 사명에 입각하여 정의·인도와 동포애로써 민족의 단결을 공고히 하고, 모든 사회적 폐습과 불의를 타파하며, 자율과 조화를 바탕으로 자유민주적 기본질서를 더욱 확고히 하여 정치·경제·사회·문화의 모든 영역에 있어서 각인의 기회를 균등히 하고, 능력을 최고도로 발휘하게 하며, 자유와 권리에 따르는 책임과 의무를 완수하게 하여, 안으로는 국민생활의 균등한 향상을 기하고 밖으로는 항구적인 세계평화와 인류공영에 이바지함으로써 우리들과 우리들의 자손의 안전과 자유와 행복을 영원히 확보할 것을 다짐하면서 1948년 7월 12일에 제정되고 8차에 걸쳐 개정된 헌법을 이제 국회의 의결을 거쳐 국민투표에 의하여 개정한다.

제1장 총강

제1조 ① 대한민국은 민주공화국이다.
② 대한민국의 주권은 국민에게 있고, 모든 권력은 국민으로부터 나온다.

제2조 ① 대한민국의 국민이 되는 요건은 법률로 정한다.
② 국가는 법률이 정하는 바에 의하여 재외국민을 보호할 의무를 진다.

제3조 대한민국의 영토는 한반도와 그 부속도서로 한다.

제4조 대한민국은 통일을 지향하며, 자유민주적 기본질서에 입각한 평화적 통일 정책을 수립하고 이를 추진한다.

제5조 ① 대한민국은 국제평화의 유지에 노력하고 침략적 전쟁을 부인한다.
② 국군은 국가의 안전보장과 국토방위의 신성한 의무를 수행함을 사명으로 하며, 그 정치적 중립성은 준수된다.

제6조 ① 헌법에 의하여 체결·공포된 조약과 일반적으로 승인된 국제법규는 국내법과 같은 효력을 가진다.
② 외국인은 국제법과 조약이 정하는 바에 의하여 그 지위가 보장된다.

제7조 ① 공무원은 국민전체에 대한 봉사자이며, 국민에 대하여 책임을 진다.
② 공무원의 신분과 정치적 중립성은 법률이 정하는 바에 의하여 보장된다.

제8조 ① 정당의 설립은 자유이며, 복수정당제는 보장된다.
② 정당은 그 목적·조직과 활동이 민주적이어야 하며, 국민의 정치적 의사형성에 참여하는데 필요한 조직을 가져야 한다.

③ 정당은 법률이 정하는 바에 의하여 국가의 보호를 받으며, 국가는 법률이 정하는 바에 의하여 정당운영에 필요한 자금을 보조할 수 있다.
　　④ 정당의 목적이나 활동이 민주적 기본질서에 위배될 때에는 정부는 헌법재판소에 그 해산을 제소할 수 있고, 정당은 헌법재판소의 심판에 의하여 해산된다.
제9조　국가는 전통문화의 계승·발전과 민족문화의 창달에 노력하여야 한다.

제2장 국민의 권리와 의무

제10조　모든 국민은 인간으로서의 존엄과 가치를 가지며, 행복을 추구할 권리를 가진다. 국가는 개인이 가지는 불가침의 기본적 인권을 확인하고 이를 보장할 의무를 진다.
제11조　① 모든 국민은 법 앞에 평등하다. 누구든지 성별·종교 또는 사회적 신분에 의하여 정치적·경제적·사회적·문화적 생활의 모든 영역에 있어서 차별을 받지 아니한다.
　　② 사회적 특수계급의 제도는 인정되지 아니하며, 어떠한 형태로도 이를 창설할 수 없다.
　　③ 훈장등의 영전은 이를 받은 자에게만 효력이 있고, 어떠한 특권도 이에 따르지 아니한다.
제12조　① 모든 국민은 신체의 자유를 가진다. 누구든지 법률에 의하지 아니하고는 체포·구속·압수·수색 또는 심문을 받지 아니하며, 법률과 적법한 절차에 의하지 아니하고는 처벌·보안처분 또는 강제노역을 받지 아니한다.
　　② 모든 국민은 고문을 받지 아니하며, 형사상 자기에게 불리한 진술을 강요당하지 아니한다.
　　③ 체포·구속·압수 또는 수색을 할 때에는 적법한 절차에 따라 검사의 신청에 의하여 법관이 발부한 영장을 제시하여야 한다. 다만, 현행범인인 경우와 장기 3년 이상의 형에 해당하는 죄를 범하고 도피 또는 증거인멸의 염려가 있을 때에는 사후에 영장을 청구할 수 있다.
　　④ 누구든지 체포 또는 구속을 당한 때에는 즉시 변호인의 조력을 받을 권리를 가진다. 다만, 형사피고인이 스스로 변호인을 구할 수 없을 때에는 법률이 정하는 바에 의하여 국가가 변호인을 붙인다.
　　⑤ 누구든지 체포 또는 구속의 이유와 변호인의 조력을 받을 권리가 있음을 고지받지 아니하고는 체포 또는 구속을 당하지 아니한다. 체포 또는 구속을 당한 자의 가족등 법률이 정하는 자에게는 그 이유와 일시·장소가 지체없이 통지되어야 한다.
　　⑥ 누구든지 체포 또는 구속을 당한 때에는 적부의 심사를 법원에 청구할 권리를 가진다.
　　⑦ 피고인의 자백이 고문·폭행·협박·구속의 부당한 장기화 또는 기망 기타의 방법에 의하여 자의로 진술된 것이 아니라고 인정될 때 또는 정식재판에 있어서 피고인의 자백이 그에게 불리한 유일한 증거일 때에는 이를 유죄의 증거로 삼거나 이를 이유로 처벌할 수 없다.
제13조　① 모든 국민은 행위시의 법률에 의하여 범죄를 구성하지 아니하는 행위로 소추되지 아

니하며, 동일한 범죄에 대하여 거듭 처벌받지 아니한다.

　② 모든 국민은 소급입법에 의하여 참정권의 제한을 받거나 재산권을 박탈당하지 아니한다.

　③ 모든 국민은 자기의 행위가 아닌 친족의 행위로 인하여 불이익한 처우를 받지 아니한다.

제14조　모든 국민은 거주·이전의 자유를 가진다.

제15조　모든 국민은 직업선택의 자유를 가진다.

제16조　모든 국민은 주거의 자유를 침해받지 아니한다. 주거에 대한 압수나 수색을 할 때에는 검사의 신청에 의하여 법관이 발부한 영장을 제시하여야 한다.

제17조　모든 국민은 사생활의 비밀과 자유를 침해받지 아니한다.

제18조　모든 국민은 통신의 비밀을 침해받지 아니한다.

제19조　모든 국민은 양심의 자유를 가진다.

제20조　① 모든 국민은 종교의 자유를 가진다.

　② 국교는 인정되지 아니하며, 종교와 정치는 분리된다.

제21조　① 모든 국민은 언론·출판의 자유와 집회·결사의 자유를 가진다.

　② 언론·출판에 대한 허가나 검열과 집회·결사에 대한 허가는 인정되지 아니한다.

　③ 통신·방송의 시설기준과 신문의 기능을 보장하기 위하여 필요한 사항은 법률로 정한다.

　④ 언론·출판은 타인의 명예나 권리 또는 공중도덕이나 사회윤리를 침해하여서는 아니 된다. 언론·출판이 타인의 명예나 권리를 침해한 때에는 피해자는 이에 대한 피해의 배상을 청구할 수 있다.

제22조　① 모든 국민은 학문과 예술의 자유를 가진다.

　② 저작자·발명가·과학기술자와 예술가의 권리는 법률로써 보호한다.

제23조　① 모든 국민의 재산권은 보장된다. 그 내용과 한계는 법률로 정한다.

　② 재산권의 행사는 공공복리에 적합하도록 하여야 한다.

　③ 공공필요에 의한 재산권의 수용·사용 또는 제한 및 그에 대한 보상은 법률로써 하되, 정당한 보상을 지급하여야 한다.

제24조　모든 국민은 법률이 정하는 바에 의하여 선거권을 가진다.

제25조　모든 국민은 법률이 정하는 바에 의하여 공무담임권을 가진다.

제26조　① 모든 국민은 법률이 정하는 바에 의하여 국가기관에 문서로 청원할 권리를 가진다.

　② 국가는 청원에 대하여 심사할 의무를 진다.

제27조　① 모든 국민은 헌법과 법률이 정한 법관에 의하여 법률에 의한 재판을 받을 권리를 가진다.

　② 군인 또는 군무원이 아닌 국민은 대한민국의 영역안에서는 중대한 군사상 기밀·초병·초소·유독음식물공급·포로·군용물에 관한 죄중 법률이 정한 경우와 비상계엄이 선포된 경우를 제외하고는 군사법원의 재판을 받지 아니한다.

　③ 모든 국민은 신속한 재판을 받을 권리를 가진다. 형사피고인은 상당한 이유가 없는 한 지체없이 공개재판을 받을 권리를 가진다.

④ 형사피고인은 유죄의 판결이 확정될 때까지는 무죄로 추정된다.

⑤ 형사피해자는 법률이 정하는 바에 의하여 당해 사건의 재판절차에서 진술할 수 있다.

제28조 형사피의자 또는 형사피고인으로서 구금되었던 자가 법률이 정하는 불기소처분을 받거나 무죄판결을 받은 때에는 법률이 정하는 바에 의하여 국가에 정당한 보상을 청구할 수 있다.

제29조 ① 공무원의 직무상 불법행위로 손해를 받은 국민은 법률이 정하는 바에 의하여 국가 또는 공공단체에 정당한 배상을 청구할 수 있다. 이 경우 공무원 자신의 책임은 면제되지 아니한다.

② 군인·군무원·경찰공무원 기타 법률이 정하는 자가 전투·훈련등 직무집행과 관련하여 받은 손해에 대하여는 법률이 정하는 보상외에 국가 또는 공공단체에 공무원의 직무상 불법행위로 인한 배상은 청구할 수 없다.

제30조 타인의 범죄행위로 인하여 생명·신체에 대한 피해를 받은 국민은 법률이 정하는 바에 의하여 국가로부터 구조를 받을 수 있다.

제31조 ① 모든 국민은 능력에 따라 균등하게 교육을 받을 권리를 가진다.

② 모든 국민은 그 보호하는 자녀에게 적어도 초등교육과 법률이 정하는 교육을 받게 할 의무를 진다.

③ 의무교육은 무상으로 한다.

④ 교육의 자주성·전문성·정치적 중립성 및 대학의 자율성은 법률이 정하는 바에 의하여 보장된다.

⑤ 국가는 평생교육을 진흥하여야 한다.

⑥ 학교교육 및 평생교육을 포함한 교육제도와 그 운영, 교육재정 및 교원의 지위에 관한 기본적인 사항은 법률로 정한다.

제32조 ① 모든 국민은 근로의 권리를 가진다. 국가는 사회적·경제적 방법으로 근로자의 고용의 증진과 적정임금의 보장에 노력하여야 하며, 법률이 정하는 바에 의하여 최저임금제를 시행하여야 한다.

② 모든 국민은 근로의 의무를 진다. 국가는 근로의 의무의 내용과 조건을 민주주의원칙에 따라 법률로 정한다.

③ 근로조건의 기준은 인간의 존엄성을 보장하도록 법률로 정한다.

④ 여자의 근로는 특별한 보호를 받으며, 고용·임금 및 근로조건에 있어서 부당한 차별을 받지 아니한다.

⑤ 연소자의 근로는 특별한 보호를 받는다.

⑥ 국가유공자·상이군경 및 전몰군경의 유가족은 법률이 정하는 바에 의하여 우선적으로 근로의 기회를 부여받는다.

제33조 ① 근로자는 근로조건의 향상을 위하여 자주적인 단결권·단체교섭권 및 단체행동권을 가진다.

② 공무원인 근로자는 법률이 정하는 자에 한하여 단결권·단체교섭권 및 단체행동권을 가진다.
③ 법률이 정하는 주요방위산업체에 종사하는 근로자의 단체행동권은 법률이 정하는 바에 의하여 이를 제한하거나 인정하지 아니할 수 있다.

제34조 ① 모든 국민은 인간다운 생활을 할 권리를 가진다.
② 국가는 사회보장·사회복지의 증진에 노력할 의무를 진다.
③ 국가는 여자의 복지와 권익의 향상을 위하여 노력하여야 한다.
④ 국가는 노인과 청소년의 복지향상을 위한 정책을 실시할 의무를 진다.
⑤ 신체장애자 및 질병·노령 기타의 사유로 생활능력이 없는 국민은 법률이 정하는 바에 의하여 국가의 보호를 받는다.
⑥ 국가는 재해를 예방하고 그 위험으로부터 국민을 보호하기 위하여 노력하여야 한다.

제35조 ① 모든 국민은 건강하고 쾌적한 환경에서 생활할 권리를 가지며, 국가와 국민은 환경보전을 위하여 노력하여야 한다.
② 환경권의 내용과 행사에 관하여는 법률로 정한다.
③ 국가는 주택개발정책등을 통하여 모든 국민이 쾌적한 주거생활을 할 수 있도록 노력하여야 한다.

제36조 ① 혼인과 가족생활은 개인의 존엄과 양성의 평등을 기초로 성립되고 유지되어야 하며, 국가는 이를 보장한다.
② 국가는 모성의 보호를 위하여 노력하여야 한다.
③ 모든 국민은 보건에 관하여 국가의 보호를 받는다.

제37조 ① 국민의 자유와 권리는 헌법에 열거되지 아니한 이유로 경시되지 아니한다.
② 국민의 모든 자유와 권리는 국가안전보장·질서유지 또는 공공복리를 위하여 필요한 경우에 한하여 법률로써 제한할 수 있으며, 제한하는 경우에도 자유와 권리의 본질적인 내용을 침해할 수 없다.

제38조 모든 국민은 법률이 정하는 바에 의하여 납세의 의무를 진다.

제39조 ① 모든 국민은 법률이 정하는 바에 의하여 국방의 의무를 진다.
② 누구든지 병역의무의 이행으로 인하여 불이익한 처우를 받지 아니한다.

제3장 국회

제40조 입법권은 국회에 속한다.
제41조 ① 국회는 국민의 보통·평등·직접·비밀선거에 의하여 선출된 국회의원으로 구성한다.
② 국회의원의 수는 법률로 정하되, 200인 이상으로 한다.
③ 국회의원의 선거구와 비례대표제 기타 선거에 관한 사항은 법률로 정한다.
제42조 국회의원의 임기는 4년으로 한다.

제43조 국회의원은 법률이 정하는 직을 겸할 수 없다.

제44조 ① 국회의원은 현행범인인 경우를 제외하고는 회기중 국회의 동의없이 체포 또는 구금되지 아니한다.

② 국회의원이 회기전에 체포 또는 구금된 때에는 현행범인이 아닌 한 국회의 요구가 있으면 회기중 석방된다.

제45조 국회의원은 국회에서 직무상 행한 발언과 표결에 관하여 국회외에서 책임을 지지 아니한다.

제46조 ① 국회의원은 청렴의 의무가 있다.

② 국회의원은 국가이익을 우선하여 양심에 따라 직무를 행한다.

③ 국회의원은 그 지위를 남용하여 국가공공단체 또는 기업체와의 계약이나 그 처분에 의하여 재산상의 권리·이익 또는 직위를 취득하거나 타인을 위하여 그 취득을 알선할 수 없다.

제47조 ① 국회의 정기회는 법률이 정하는 바에 의하여 매년 1회 집회되며, 국회의 임시회는 대통령 또는 국회재적의원 4분의 1 이상의 요구에 의하여 집회된다.

② 정기회의 회기는 100일을, 임시회의 회기는 30일을 초과할 수 없다.

③ 대통령이 임시회의 집회를 요구할 때에는 기간과 집회요구의 이유를 명시하여야 한다.

제48조 국회는 의장 1인과 부의장 2인을 선출한다.

제49조 국회는 헌법 또는 법률에 특별한 규정이 없는 한 재적의원 과반수의 출석과 출석의원 과반수의 찬성으로 의결한다. 가부동수인 때에는 부결된 것으로 본다.

제50조 ① 국회의 회의는 공개한다. 다만, 출석의원 과반수의 찬성이 있거나 의장이 국가의 안전보장을 위하여 필요하다고 인정할 때에는 공개하지 아니할 수 있다.

② 공개하지 아니한 회의내용의 공표에 관하여는 법률이 정하는 바에 의한다.

제51조 국회에 제출된 법률안 기타의 의안은 회기중에 의결되지 못한 이유로 폐기되지 아니한다. 다만, 국회의원의 임기가 만료된 때에는 그러하지 아니하다.

제52조 국회의원과 정부는 법률안을 제출할 수 있다.

제53조 ① 국회에서 의결된 법률안은 정부에 이송되어 15일 이내에 대통령이 공포한다.

② 법률안에 이의가 있을 때에는 대통령은 제1항의 기간내에 이의서를 붙여 국회로 환부하고, 그 재의를 요구할 수 있다. 국회의 폐회중에도 또한 같다.

③ 대통령은 법률안의 일부에 대하여 또는 법률안을 수정하여 재의를 요구할 수 없다.

④ 재의의 요구가 있을 때에는 국회는 재의에 붙이고, 재적의원과반수의 출석과 출석의원 3분의 2 이상의 찬성으로 전과 같은 의결을 하면 그 법률안은 법률로서 확정된다.

⑤ 대통령이 제1항의 기간내에 공포나 재의의 요구를 하지 아니한 때에도 그 법률안은 법률로서 확정된다.

⑥ 대통령은 제4항과 제5항의 규정에 의하여 확정된 법률을 지체없이 공포하여야 한다. 제5항에 의하여 법률이 확정된 후 또는 제4항에 의한 확정법률이 정부에 이송된 후 5일

이내에 대통령이 공포하지 아니할 때에는 국회의장이 이를 공포한다.
⑦ 법률은 특별한 규정이 없는 한 공포한 날로부터 20일을 경과함으로써 효력을 발생한다.

제54조 ① 국회는 국가의 예산안을 심의·확정한다.
② 정부는 회계연도마다 예산안을 편성하여 회계연도 개시 90일전까지 국회에 제출하고, 국회는 회계연도 개시 30일전까지 이를 의결하여야 한다.
③ 새로운 회계연도가 개시될 때까지 예산안이 의결되지 못한 때에는 정부는 국회에서 예산안이 의결될 때까지 다음의 목적을 위한 경비는 전년도 예산에 준하여 집행할 수 있다.
  1. 헌법이나 법률에 의하여 설치된 기관 또는 시설의 유지·운영
  2. 법률상 지출의무의 이행
  3. 이미 예산으로 승인된 사업의 계속

제55조 ① 한 회계연도를 넘어 계속하여 지출할 필요가 있을 때에는 정부는 연한을 정하여 계속비로서 국회의 의결을 얻어야 한다.
② 예비비는 총액으로 국회의 의결을 얻어야 한다. 예비비의 지출은 차기국회의 승인을 얻어야 한다.

제56조 정부는 예산에 변경을 가할 필요가 있을 때에는 추가경정예산안을 편성하여 국회에 제출할 수 있다.

제57조 국회는 정부의 동의없이 정부가 제출한 지출예산 각항의 금액을 증가하거나 새 비목을 설치할 수 없다.

제58조 국채를 모집하거나 예산외에 국가의 부담이 될 계약을 체결하려 할 때에는 정부는 미리 국회의 의결을 얻어야 한다.

제59조 조세의 종목과 세율은 법률로 정한다.

제60조 ① 국회는 상호원조 또는 안전보장에 관한 조약, 중요한 국제조직에 관한 조약, 우호통상항해조약, 주권의 제약에 관한 조약, 강화조약, 국가나 국민에게 중대한 재정적 부담을 지우는 조약 또는 입법사항에 관한 조약의 체결·비준에 대한 동의권을 가진다.
② 국회는 선전포고, 국군의 외국에의 파견 또는 외국군대의 대한민국 영역안에서의 주류에 대한 동의권을 가진다.

제61조 ① 국회는 국정을 감사하거나 특정한 국정사안에 대하여 조사할 수 있으며, 이에 필요한 서류의 제출 또는 증인의 출석과 증언이나 의견의 진술을 요구할 수 있다.
② 국정감사 및 조사에 관한 절차 기타 필요한 사항은 법률로 정한다.

제62조 ① 국무총리·국무위원 또는 정부위원은 국회나 그 위원회에 출석하여 국정처리상황을 보고하거나 의견을 진술하고 질문에 응답할 수 있다.
② 국회나 그 위원회의 요구가 있을 때에는 국무총리·국무위원 또는 정부위원은 출석·답변하여야 하며, 국무총리 또는 국무위원이 출석요구를 받은 때에는 국무위원 또는 정부위원으로 하여금 출석·답변하게 할 수 있다.

제63조 ① 국회는 국무총리 또는 국무위원의 해임을 대통령에게 건의할 수 있다.

② 제1항의 해임건의는 국회재적의원 3분의 1 이상의 발의에 의하여 국회재적의원 과반수의 찬성이 있어야 한다.

제64조 ① 국회는 법률에 저촉되지 아니하는 범위안에서 의사와 내부규율에 관한 규칙을 제정할 수 있다.

② 국회는 의원의 자격을 심사하며, 의원을 징계할 수 있다.

③ 의원을 제명하려면 국회재적의원 3분의 2 이상의 찬성이 있어야 한다.

④ 제2항과 제3항의 처분에 대하여는 법원에 제소할 수 없다.

제65조 ① 대통령·국무총리·국무위원·행정각부의 장·헌법재판소 재판관·법관·중앙선거관리위원회 위원·감사원장·감사위원 기타 법률이 정한 공무원이 그 직무집행에 있어서 헌법이나 법률을 위배한 때에는 국회는 탄핵의 소추를 의결할 수 있다.

② 제1항의 탄핵소추는 국회재적의원 3분의 1 이상의 발의가 있어야 하며, 그 의결은 국회재적의원 과반수의 찬성이 있어야 한다. 다만, 대통령에 대한 탄핵소추는 국회재적의원 과반수의 발의와 국회재적의원 3분의 2 이상의 찬성이 있어야 한다.

③ 탄핵소추의 의결을 받은 자는 탄핵심판이 있을 때까지 그 권한행사가 정지된다.

④ 탄핵결정은 공직으로부터 파면함에 그친다. 그러나, 이에 의하여 민사상이나 형사상의 책임이 면제되지는 아니한다.

제4장 정부

제1절 대통령

제66조 ① 대통령은 국가의 원수이며, 외국에 대하여 국가를 대표한다.

② 대통령은 국가의 독립·영토의 보전·국가의 계속성과 헌법을 수호할 책무를 진다.

③ 대통령은 조국의 평화적 통일을 위한 성실한 의무를 진다.

④ 행정권은 대통령을 수반으로 하는 정부에 속한다.

제67조 ① 대통령은 국민의 보통·평등·직접·비밀선거에 의하여 선출한다.

② 제1항의 선거에 있어서 최고득표자가 2인 이상인 때에는 국회의 재적의원 과반수가 출석한 공개회의에서 다수표를 얻은 자를 당선자로 한다.

③ 대통령후보자가 1인일 때에는 그 득표수가 선거권자 총수의 3분의 1 이상이 아니면 대통령으로 당선될 수 없다.

④ 대통령으로 선거될 수 있는 자는 국회의원의 피선거권이 있고 선거일 현재 40세에 달하여야 한다.

⑤ 대통령의 선거에 관한 사항은 법률로 정한다.

제68조 ① 대통령의 임기가 만료되는 때에는 임기만료 70일 내지 40일전에 후임자를 선거한다.

② 대통령이 궐위된 때 또는 대통령 당선자가 사망하거나 판결 기타의 사유로 그 자격

을 상실한 때에는 60일 이내에 후임자를 선거한다.

제69조 대통령은 취임에 즈음하여 다음의 선서를 한다.

"나는 헌법을 준수하고 국가를 보위하며 조국의 평화적 통일과 국민의 자유와 복리의 증진 및 민족문화의 창달에 노력하여 대통령으로서의 직책을 성실히 수행할 것을 국민 앞에 엄숙히 선서합니다."

제70조 대통령의 임기는 5년으로 하며, 중임할 수 없다.

제71조 대통령이 궐위되거나 사고로 인하여 직무를 수행할 수 없을 때에는 국무총리, 법률이 정한 국무위원의 순서로 그 권한을 대행한다.

제72조 대통령은 필요하다고 인정할 때에는 외교·국방·통일 기타 국가안위에 관한 중요정책을 국민투표에 붙일 수 있다.

제73조 대통령은 조약을 체결·비준하고, 외교사절을 신임·접수 또는 파견하며, 선전포고와 강화를 한다.

제74조 ① 대통령은 헌법과 법률이 정하는 바에 의하여 국군을 통수한다.

② 국군의 조직과 편성은 법률로 정한다.

제75조 대통령은 법률에서 구체적으로 범위를 정하여 위임받은 사항과 법률을 집행하기 위하여 필요한 사항에 관하여 대통령령을 발할 수 있다.

제76조 ① 대통령은 내우·외환·천재·지변 또는 중대한 재정·경제상의 위기에 있어서 국가의 안전보장 또는 공공의 안녕질서를 유지하기 위하여 긴급한 조치가 필요하고 국회의 집회를 기다릴 여유가 없을 때에 한하여 최소한으로 필요한 재정·경제상의 처분을 하거나 이에 관하여 법률의 효력을 가지는 명령을 발할 수 있다.

② 대통령은 국가의 안위에 관계되는 중대한 교전상태에 있어서 국가를 보위하기 위하여 긴급한 조치가 필요하고 국회의 집회가 불가능한 때에 한하여 법률의 효력을 가지는 명령을 발할 수 있다.

③ 대통령은 제1항과 제2항의 처분 또는 명령을 한 때에는 지체없이 국회에 보고하여 그 승인을 얻어야 한다.

④ 제3항의 승인을 얻지 못한 때에는 그 처분 또는 명령은 그때부터 효력을 상실한다. 이 경우 그 명령에 의하여 개정 또는 폐지되었던 법률은 그 명령이 승인을 얻지 못한 때부터 당연히 효력을 회복한다.

⑤ 대통령은 제3항과 제4항의 사유를 지체없이 공포하여야 한다.

제77조 ① 대통령은 전시·사변 또는 이에 준하는 국가비상사태에 있어서 병력으로써 군사상의 필요에 응하거나 공공의 안녕질서를 유지할 필요가 있을 때에는 법률이 정하는 바에 의하여 계엄을 선포할 수 있다.

② 계엄은 비상계엄과 경비계엄으로 한다.

③ 비상계엄이 선포된 때에는 법률이 정하는 바에 의하여 영장제도, 언론·출판·집회·결사

의 자유, 정부나 법원의 권한에 관하여 특별한 조치를 할 수 있다.

④ 계엄을 선포한 때에는 대통령은 지체없이 국회에 통고하여야 한다.

⑤ 국회가 재적의원 과반수의 찬성으로 계엄의 해제를 요구한 때에는 대통령은 이를 해제하여야 한다.

제78조 대통령은 헌법과 법률이 정하는 바에 의하여 공무원을 임면한다.

제79조 ① 대통령은 법률이 정하는 바에 의하여 사면·감형 또는 복권을 명할 수 있다.

② 일반사면을 명하려면 국회의 동의를 얻어야 한다.

③ 사면·감형 및 복권에 관한 사항은 법률로 정한다.

제80조 대통령은 법률이 정하는 바에 의하여 훈장 기타의 영전을 수여한다.

제81조 대통령은 국회에 출석하여 발언하거나 서한으로 의견을 표시할 수 있다.

제82조 대통령의 국법상 행위는 문서로써 하며, 이 문서에는 국무총리와 관계 국무위원이 부서한다. 군사에 관한 것도 또한 같다.

제83조 대통령은 국무총리·국무위원·행정각부의 장 기타 법률이 정하는 공사의 직을 겸할 수 없다.

제84조 대통령은 내란 또는 외환의 죄를 범한 경우를 제외하고는 재직중 형사상의 소추를 받지 아니한다.

제85조 전직대통령의 신분과 예우에 관하여는 법률로 정한다.

제2절 행정부

제1관 국무총리와 국무위원

제86조 ① 국무총리는 국회의 동의를 얻어 대통령이 임명한다.

② 국무총리는 대통령을 보좌하며, 행정에 관하여 대통령의 명을 받아 행정각부를 통할한다.

③ 군인은 현역을 면한 후가 아니면 국무총리로 임명될 수 없다.

제87조 ① 국무위원은 국무총리의 제청으로 대통령이 임명한다.

② 국무위원은 국정에 관하여 대통령을 보좌하며, 국무회의의 구성원으로서 국정을 심의한다.

③ 국무총리는 국무위원의 해임을 대통령에게 건의할 수 있다.

④ 군인은 현역을 면한 후가 아니면 국무위원으로 임명될 수 없다.

제2관 국무회의

제88조 ① 국무회의는 정부의 권한에 속하는 중요한 정책을 심의한다.

② 국무회의는 대통령·국무총리와 15인 이상 30인 이하의 국무위원으로 구성한다.

③ 대통령은 국무회의의 의장이 되고, 국무총리는 부의장이 된다.

제89조 다음 사항은 국무회의의 심의를 거쳐야 한다.

1. 국정의 기본계획과 정부의 일반정책

2. 선전·강화 기타 중요한 대외정책
3. 헌법개정안·국민투표안·조약안·법률안 및 대통령령안
4. 예산안·결산·국유재산처분의 기본계획·국가의 부담이 될 계약 기타 재정에 관한 중요사항
5. 대통령의 긴급명령·긴급재정경제처분 및 명령 또는 계엄과 그 해제
6. 군사에 관한 중요사항
7. 국회의 임시회 집회의 요구
8. 영전수여
9. 사면·감형과 복권
10. 행정각부간의 권한의 획정
11. 정부안의 권한의 위임 또는 배정에 관한 기본계획
12. 국정처리상황의 평가분석
13. 행정각부의 중요한 정책의 수립과 조정
14. 정당해산의 제소
15. 정부에 제출 또는 회부된 정부의 정책에 관계되는 청원의 심사
16. 검찰총장·합동참모의장·각군참모총장·국립대학교총장·대사 기타 법률이 정한 공무원과 국영기업체관리자의 임명
17. 기타 대통령·국무총리 또는 국무위원이 제출한 사항

제90조 ① 국정의 중요한 사항에 관한 대통령의 자문에 응하기 위하여 국가원로로 구성되는 국가원로자문회의를 둘 수 있다.
② 국가원로자문회의의 의장은 직전대통령이 된다. 다만, 직전대통령이 없을 때에는 대통령이 지명한다.
③ 국가원로자문회의의 조직·직무범위 기타 필요한 사항은 법률로 정한다.

제91조 ① 국가안전보장에 관련되는 대외정책·군사정책과 국내정책의 수립에 관하여 국무회의의 심의에 앞서 대통령의 자문에 응하기 위하여 국가안전보장회의를 둔다.
② 국가안전보장회의는 대통령이 주재한다.
③ 국가안전보장회의의 조직·직무범위 기타 필요한 사항은 법률로 정한다.

제92조 ① 평화통일정책의 수립에 관한 대통령의 자문에 응하기 위하여 민주평화통일자문회의를 둘 수 있다.
② 민주평화통일자문회의의 조직·직무범위 기타 필요한 사항은 법률로 정한다.

제93조 ① 국민경제의 발전을 위한 중요정책의 수립에 관하여 대통령의 자문에 응하기 위하여 국민경제자문회의를 둘 수 있다.
② 국민경제자문회의의 조직·직무범위 기타 필요한 사항은 법률로 정한다.

제3관 행정각부

제94조　행정각부의 장은 국무위원 중에서 국무총리의 제청으로 대통령이 임명한다.

제95조　국무총리 또는 행정각부의 장은 소관사무에 관하여 법률이나 대통령령의 위임 또는 직권으로 총리령 또는 부령을 발할 수 있다.

제96조　행정각부의 설치·조직과 직무범위는 법률로 정한다.

제4관 감사원

제97조　국가의 세입·세출의 결산, 국가 및 법률이 정한 단체의 회계검사와 행정기관 및 공무원의 직무에 관한 감찰을 하기 위하여 대통령 소속하에 감사원을 둔다.

제98조　① 감사원은 원장을 포함한 5인 이상 11인 이하의 감사위원으로 구성한다.

② 원장은 국회의 동의를 얻어 대통령이 임명하고, 그 임기는 4년으로 하며, 1차에 한하여 중임할 수 있다.

③ 감사위원은 원장의 제청으로 대통령이 임명하고, 그 임기는 4년으로 하며, 1차에 한하여 중임할 수 있다.

제99조　감사원은 세입·세출의 결산을 매년 검사하여 대통령과 차년도국회에 그 결과를 보고하여야 한다.

제100조　감사원의 조직·직무범위·감사위원의 자격·감사대상공무원의 범위 기타 필요한 사항은 법률로 정한다.

제5장 법원

제101조　① 사법권은 법관으로 구성된 법원에 속한다.

② 법원은 최고법원인 대법원과 각급법원으로 조직된다.

③ 법관의 자격은 법률로 정한다.

제102조　① 대법원에 부를 둘 수 있다.

② 대법원에 대법관을 둔다. 다만, 법률이 정하는 바에 의하여 대법관이 아닌 법관을 둘 수 있다.

③ 대법원과 각급법원의 조직은 법률로 정한다.

제103조　법관은 헌법과 법률에 의하여 그 양심에 따라 독립하여 심판한다.

제104조　① 대법원장은 국회의 동의를 얻어 대통령이 임명한다.

② 대법관은 대법원장의 제청으로 국회의 동의를 얻어 대통령이 임명한다.

③ 대법원장과 대법관이 아닌 법관은 대법관회의의 동의를 얻어 대법원장이 임명한다.

제105조　① 대법원장의 임기는 6년으로 하며, 중임할 수 없다.

② 대법관의 임기는 6년으로 하며, 법률이 정하는 바에 의하여 연임할 수 있다.

③ 대법원장과 대법관이 아닌 법관의 임기는 10년으로 하며, 법률이 정하는 바에 의하

여 연임할 수 있다.

④ 법관의 정년은 법률로 정한다.

제106조 ① 법관은 탄핵 또는 금고 이상의 형의 선고에 의하지 아니하고는 파면되지 아니하며, 징계처분에 의하지 아니하고는 정직·감봉 기타 불리한 처분을 받지 아니한다.

② 법관이 중대한 심신상의 장해로 직무를 수행할 수 없을 때에는 법률이 정하는 바에 의하여 퇴직하게 할 수 있다.

제107조 ① 법률이 헌법에 위반되는 여부가 재판의 전제가 된 경우에는 법원은 헌법재판소에 제청하여 그 심판에 의하여 재판한다.

② 명령·규칙 또는 처분이 헌법이나 법률에 위반되는 여부가 재판의 전제가 된 경우에는 대법원은 이를 최종적으로 심사할 권한을 가진다.

③ 재판의 전심절차로서 행정심판을 할 수 있다. 행정심판의 절차는 법률로 정하되, 사법절차가 준용되어야 한다.

제108조 대법원은 법률에 저촉되지 아니하는 범위안에서 소송에 관한 절차, 법원의 내부규율과 사무처리에 관한 규칙을 제정할 수 있다.

제109조 재판의 심리와 판결은 공개한다. 다만, 심리는 국가의 안전보장 또는 안녕질서를 방해하거나 선량한 풍속을 해할 염려가 있을 때에는 법원의 결정으로 공개하지 아니할 수 있다.

제110조 ① 군사재판을 관할하기 위하여 특별법원으로서 군사법원을 둘 수 있다.

② 군사법원의 상고심은 대법원에서 관할한다.

③ 군사법원의 조직·권한 및 재판관의 자격은 법률로 정한다.

④ 비상계엄하의 군사재판은 군인·군무원의 범죄나 군사에 관한 간첩죄의 경우와 초병·초소·유독음식물공급·포로에 관한 죄중 법률이 정한 경우에 한하여 단심으로 할 수 있다. 다만, 사형을 선고한 경우에는 그러하지 아니하다.

제6장 헌법재판소

제111조 ① 헌법재판소는 다음 사항을 관장한다.

1. 법원의 제청에 의한 법률의 위헌여부 심판
2. 탄핵의 심판
3. 정당의 해산 심판
4. 국가기관 상호간, 국가기관과 지방자치단체간 및 지방자치단체 상호간의 권한쟁의에 관한 심판
5. 법률이 정하는 헌법소원에 관한 심판

② 헌법재판소는 법관의 자격을 가진 9인의 재판관으로 구성하며, 재판관은 대통령이 임명한다.

③ 제2항의 재판관중 3인은 국회에서 선출하는 자를, 3인은 대법원장이 지명하는 자를

임명한다.
④ 헌법재판소의 장은 국회의 동의를 얻어 재판관중에서 대통령이 임명한다.

제112조 ① 헌법재판소 재판관의 임기는 6년으로 하며, 법률이 정하는 바에 의하여 연임할 수 있다.
② 헌법재판소 재판관은 정당에 가입하거나 정치에 관여할 수 없다.
③ 헌법재판소 재판관은 탄핵 또는 금고 이상의 형의 선고에 의하지 아니하고는 파면되지 아니한다.

제113조 ① 헌법재판소에서 법률의 위헌결정, 탄핵의 결정, 정당해산의 결정 또는 헌법소원에 관한 인용결정을 할 때에는 재판관 6인 이상의 찬성이 있어야 한다.
② 헌법재판소는 법률에 저촉되지 아니하는 범위안에서 심판에 관한 절차, 내부규율과 사무처리에 관한 규칙을 제정할 수 있다.
③ 헌법재판소의 조직과 운영 기타 필요한 사항은 법률로 정한다.

제7장 선거관리

제114조 ① 선거와 국민투표의 공정한 관리 및 정당에 관한 사무를 처리하기 위하여 선거관리위원회를 둔다.
② 중앙선거관리위원회는 대통령이 임명하는 3인, 국회에서 선출하는 3인과 대법원장이 지명하는 3인의 위원으로 구성한다. 위원장은 위원중에서 호선한다.
③ 위원의 임기는 6년으로 한다.
④ 위원은 정당에 가입하거나 정치에 관여할 수 없다.
⑤ 위원은 탄핵 또는 금고 이상의 형의 선고에 의하지 아니하고는 파면되지 아니한다.
⑥ 중앙선거관리위원회는 법령의 범위안에서 선거관리·국민투표관리 또는 정당사무에 관한 규칙을 제정할 수 있으며, 법률에 저촉되지 아니하는 범위안에서 내부규율에 관한 규칙을 제정할 수 있다.
⑦ 각급 선거관리위원회의 조직·직무범위 기타 필요한 사항은 법률로 정한다.

제115조 ① 각급 선거관리위원회는 선거인명부의 작성등 선거사무와 국민투표사무에 관하여 관계 행정기관에 필요한 지시를 할 수 있다.
② 제1항의 지시를 받은 당해 행정기관은 이에 응하여야 한다.

제116조 ① 선거운동은 각급 선거관리위원회의 관리하에 법률이 정하는 범위안에서 하되, 균등한 기회가 보장되어야 한다.
② 선거에 관한 경비는 법률이 정하는 경우를 제외하고는 정당 또는 후보자에게 부담시킬 수 없다.

제8장 지방자치

제117조 ① 지방자치단체는 주민의 복리에 관한 사무를 처리하고 재산을 관리하며, 법령의 범위안에서 자치에 관한 규정을 제정할 수 있다.
② 지방자치단체의 종류는 법률로 정한다.

제118조 ① 지방자치단체에 의회를 둔다.
② 지방의회의 조직·권한·의원선거와 지방자치단체의 장의 선임방법 기타 지방자치단체의 조직과 운영에 관한 사항은 법률로 정한다.

제9장 경제

제119조 ① 대한민국의 경제질서는 개인과 기업의 경제상의 자유와 창의를 존중함을 기본으로 한다.
② 국가는 균형있는 국민경제의 성장 및 안정과 적정한 소득의 분배를 유지하고, 시장의 지배와 경제력의 남용을 방지하며, 경제주체간의 조화를 통한 경제의 민주화를 위하여 경제에 관한 규제와 조정을 할 수 있다.

제120조 ① 광물 기타 중요한 지하자원·수산자원·수력과 경제상 이용할 수 있는 자연력은 법률이 정하는 바에 의하여 일정한 기간 그 채취·개발 또는 이용을 특허할 수 있다.
② 국토와 자원은 국가의 보호를 받으며, 국가는 그 균형있는 개발과 이용을 위하여 필요한 계획을 수립한다.

제121조 ① 국가는 농지에 관하여 경자유전의 원칙이 달성될 수 있도록 노력하여야 하며, 농지의 소작제도는 금지된다.
② 농업생산성의 제고와 농지의 합리적인 이용을 위하거나 불가피한 사정으로 발생하는 농지의 임대차와 위탁경영은 법률이 정하는 바에 의하여 인정된다.

제122조 국가는 국민 모두의 생산 및 생활의 기반이 되는 국토의 효율적이고 균형있는 이용·개발과 보전을 위하여 법률이 정하는 바에 의하여 그에 관한 필요한 제한과 의무를 과할 수 있다.

제123조 ① 국가는 농업 및 어업을 보호·육성하기 위하여 농·어촌종합개발과 그 지원등 필요한 계획을 수립·시행하여야 한다.
② 국가는 지역간의 균형있는 발전을 위하여 지역경제를 육성할 의무를 진다.
③ 국가는 중소기업을 보호·육성하여야 한다.
④ 국가는 농수산물의 수급균형과 유통구조의 개선에 노력하여 가격안정을 도모함으로써 농·어민의 이익을 보호한다.
⑤ 국가는 농·어민과 중소기업의 자조조직을 육성하여야 하며, 그 자율적 활동과 발전을 보장한다.

제124조 국가는 건전한 소비행위를 계도하고 생산품의 품질향상을 촉구하기 위한 소비자보호

　　　　운동을 법률이 정하는 바에 의하여 보장한다.
제125조　국가는 대외무역을 육성하며, 이를 규제·조정할 수 있다.
제126조　국방상 또는 국민경제상 긴절한 필요로 인하여 법률이 정하는 경우를 제외하고는, 사영기업을 국유 또는 공유로 이전하거나 그 경영을 통제 또는 관리할 수 없다.
제127조　① 국가는 과학기술의 혁신과 정보 및 인력의 개발을 통하여 국민경제의 발전에 노력하여야 한다.
　　　　② 국가는 국가표준제도를 확립한다.
　　　　③ 대통령은 제1항의 목적을 달성하기 위하여 필요한 자문기구를 둘 수 있다.

제10장 헌법개정

제128조　① 헌법개정은 국회재적의원 과반수 또는 대통령의 발의로 제안된다.
　　　　② 대통령의 임기연장 또는 중임변경을 위한 헌법개정은 그 헌법개정 제안 당시의 대통령에 대하여는 효력이 없다.
제129조　제안된 헌법개정안은 대통령이 20일 이상의 기간 이를 공고하여야 한다.
제130조　① 국회는 헌법개정안이 공고된 날로부터 60일 이내에 의결하여야 하며, 국회의 의결은 재적의원 3분의 2 이상의 찬성을 얻어야 한다.
　　　　② 헌법개정안은 국회가 의결한 후 30일 이내에 국민투표에 붙여 국회의원선거권자 과반수의 투표와 투표자 과반수의 찬성을 얻어야 한다.
　　　　③ 헌법개정안이 제2항의 찬성을 얻은 때에는 헌법개정은 확정되며, 대통령은 즉시 이를 공포하여야 한다.

부칙(생략)

세계인권선언
(1948년 12월 10일 유엔총회 제정)

인류가족 모두의 존엄성과 양도할 수 없는 권리를 인정하는 것이 세계의 자유, 정의, 평화의 기초다. 인권을 무시하고 경멸하는 만행이 과연 어떤 결과를 초래했던가를 기억해보라. 인류의 양심을 분노케 했던 야만적인 일들이 일어나지 않았던가?

그러므로 오늘날 보통사람들이 바라는 지고지순의 염원은 '이제 제발 모든 인간이 언론의 자유, 신념의 자유, 공포와 결핍으로 부터의 자유를 누릴 수 있는 세상이 왔으면 좋겠다'는 것이리라.

유엔헌장은 이미 기본적 인권, 인간의 존엄과 가치, 남녀의 동등한 권리에 대한 신념을 재확인했고, 보다 폭넓은 자유 속에서 사회진보를 촉진하고 생활수준을 향상시키자고 다짐했었다. 그런데 이러한 약속을 제대로 실천하려면 도대체 인권이 무엇이고 자유가 무엇인지에 대해 모든 사람이 이해할 수 있도록 하는 것이 가장 중요하지 않겠는가?

유엔총회는 이제 모든 개인과 조직이 이 선언을 항상 마음속 깊이 간직하면서, 지속적인 국내적 국제적 조치를 통해 회원국 국민들의 보편적 자유와 권리신장을 위해 노력하도록, 모든 인류가 '다 함께 달성해야 할 하나의 공통기준'으로서 '세계인권선언'을 선포한다.

제1조
모든 사람은 태어날 때부터 자유롭고, 존엄하며, 평등하다. 모든 사람은 이성과 양심을 가지고 있으므로 서로에게 형제애의 정신으로 대해야 한다.

제12조
모든 사람은 인종, 피부색, 성, 언어, 종교 등 어떤 이유로도 차별받지 않으며, 이 선언에 나와 있는 모든 권리와 자유를 누릴 자격이 있다.

제3조
모든 사람은 자기 생명을 지킬 권리, 자유를 누릴 권리, 그리고 자신의 안전을 지킬 권리가 있다.

제4조
어느 누구도 노예가 되거나 타인에게 예속된 상태에 놓여서는 안된다. 노예제도와 노예매매는 어떤 형태로든 일절 금지한다.

제5조
어느 누구도 고문이나 잔인하고 비인도적인 모욕, 형벌을 받아서는 안 된다.

제6조
모든 사람은 법 앞에서 '한 사람의 인간'으로 인정받을 권리가 있다.

제7조
모든 사람은 법 앞에 평등하며, 차별 없이 법의 보호를 받을 수 있다.

제8조
모든 사람은 헌법과 법률이 보장하는 기본권을 침해당했을 때, 해당 국가 법원에 의해 효과적으로 구제받을 권리가 있다.

제9조
어느 누구도 자의적으로 체포, 구금, 추방을 당하지 않는다.

제10조
모든 사람은 자신의 행위가 범죄인지 아닌지를 판별받을 때, 독립적이고 공평한 법정에서 공평하고 공개적인 심문을 받을 권리가 있다.

제11조
범죄의 소추를 받은 사람은 자신을 변호하는 데 필요한 모든 것을 보장받아야 하고, 누구든지 공개재판을 통해 유죄가 입증될 때까지 무죄로 추정될 권리가 있다.

제12조
개인의 프라이버시, 가족, 주택, 통신에 대해 타인이 함부로 간섭해서는 안 되며, 어느 누구의 명예와 평판에 대해서도 타인이 침해해서는 안 된다.

제13조
모든 사람은 자기 나라 영토 안에서 어디든 갈 수 있고, 어디서든 살 수 있다. 또한 그 나라를 떠날 권리가 있고, 다시 돌아올 권리도 있다.

제14조
모든 사람은 박해를 피해, 타국에 피난처를 구하고 그곳에 망명할 권리가 있다.

제15조
누구나 국적을 가질 권리가 있다. 누구든지 정당한 근거 없이 국적을 빼앗기지 않으며, 자기 국적을 바꾸거나 다른 국적을 취득할 권리가 있다.

제16조
성년이 된 남녀는 인종, 국적, 종교의 제한을 받지 않고 결혼할 수 있으며, 가정을 이룰 권리가 있다. 결혼에 관한 모든 문제에 있어서 남녀는 똑같은 권리를 갖는다.

제17조
모든 사람은 단독으로 또는 타인과 공동하여 재산을 소유할 권리를 가진다. 누구나 자의적으로 자신의 재산을 빼앗기지 않는다.

제18조
모든 사람은 사상, 양심, 종교의 자유를 누릴 권리가 있다.

제19조

모든 사람은 의사표현의 자유를 누릴 권리가 있다.

제20조

모든 사람은 평화적인 집회 및 결사의 자유를 누릴 권리가 있다.

제21조

모든 사람은 직접 또는 자유롭게 선출된 대표자를 통해, 자국의 정치에 참여할 권리가 있다. 모든 사람은 자기 나라의 공직을 맡을 권리가 있다.

제22조

모든 사람은 사회의 일원으로서 사회보장을 받을 권리가 있다.

제23조

모든 사람은 일할 권리, 자유롭게 직업을 선택할 권리, 공정하고 유리한 조건으로 일할 권리, 실업상태에서 보호받을 권리가 있다. 모든 사람은 차별 없이 동일한 노동에 대해 동일한 보수를 받을 권리가 있다.

제24조

모든 사람은 노동시간의 합리적인 제한과 정기적 유급휴가를 포함하여, 휴식할 권리와 여가를 즐길 권리가 있다.

제25조

모든 사람은 먹을거리, 입을 옷, 주택, 의료, 사회서비스 등을 포함해 가족의 건강과 행복에 적합한 생활수준을 누릴 권리가 있다.

제26조

모든 사람은 교육받을 권리가 있다. 초등교육과 기초교육은 무상이어야 하며, 특히 초등교육은 의무적으로 실시해야 한다. 부모는 자기 자녀가 어떤 교육을 받을지 '우선적으로 선택할 권리'가 있다.

제27조

모든 사람은 자기가 속한 사회의 문화생활에 자유롭게 참여하고, 예술을 즐기며, 학문적 진보와 혜택을 공유할 권리가 있다.

제28조

모든 사람은 이 선언의 권리와 자유가 온전히 실현될 수 있는 체제에서 살아갈 자격이 있다.

제29조

모든 사람은 자신이 속한 공동체에 대해 한 인간으로서 의무를 진다.

제30조

이 선언에서 말한 어떤 권리와 자유도 다른 사람의 권리와 자유를 짓밟기 위해 사용될 수 없다. 어느 누구에게도 남의 권리를 파괴할 목적으로 자기 권리를 사용할 권리는 없다.

군인의 지위 및 복무에 관한 기본법

(약칭: 군인복무기본법)

국방부(병영정책과) 02-748-5167

제1장 총칙

제1조(목적)

이 법은 국가방위와 국민의 보호를 사명으로 하는 군인의 기본권을 보장하고, 군인의 의무 및 병영생활에 대한 기본사항을 정함으로써 선진 정예 강군 육성에 이바지하는 것을 목적으로 한다.

제2조(정의)

이 법에서 사용하는 용어의 뜻은 다음과 같다.

1. "군인"이란 현역에 복무하는 장교·준사관·부사관 및 병(兵)을 말한다.
2. "지휘관"이란 중대급 이상의 단위부대의 장, 함선부대의 장 또는 함정, 항공기를 지휘하는 자를 말한다.
3. "상관"이란 명령복종관계에 있는 사람 사이에서 명령권을 가진 사람으로서 국군통수권자부터 당사자의 바로 위 상급자까지를 말한다.
4. "명령"이란 상관이 직무상 내리는 지시를 말한다.
5. "병영생활"이란 내무생활, 근무, 교육훈련, 그 밖의 병영을 중심으로 이루어지는 모든 활동을 말한다.
6. "내무생활"이란 영내 거주의무가 있는 군인의 생활관을 중심으로 이루어지는 일상활동을 말한다.

제3조(적용범위)

이 법은 군인에게 적용하되, 다음 각 호의 사람에게는 군인에 준하여 이 법을 적용한다.

1. 사관생도·사관후보생·준사관후보생 및 부사관후보생
2. 소집되어 군에 복무하는 예비역 및 보충역
3. 군무원

제4조(국가의 책무)

① 국가는 군인의 기본권을 보장하기 위하여 필요한 제도를 마련하여야 하며 이를 위한 시책을 적극적으로 추진하여야 한다.

② 국가는 군인이 임무를 충실히 수행하고 군 복무에 대한 자긍심을 높일 수 있도록 복무여건을 개선하고 군인의 삶의 질 향상을 위하여 노력하여야 한다.

제5조(국군의 강령)

① 국군은 국민의 군대로서 국가를 방위하고 자유 민주주의를 수호하며 조국의 통일에 이바지함을 그 이념으로 한다.

② 국군은 대한민국의 자유와 독립을 보전하고 국토를 방위하며 국민의 생명과 재산을 보호하고

나아가 국제평화의 유지에 이바지함을 그 사명으로 한다.
③ 군인은 명예를 존중하고 투철한 충성심, 진정한 용기, 필승의 신념, 임전무퇴의 기상과 죽음을 무릅쓰고 책임을 완수하는 숭고한 애국애족의 정신을 굳게 지녀야 한다.

제6조(다른 법률과의 관계)
군인의 복무에 관한 다른 법률을 제정 또는 개정하는 경우에는 이 법의 목적과 기본 이념에 맞도록 하여야 한다.

제2장 군인복무기본정책 등

제7조(군인복무기본정책)
① 국방부장관은 군인복무기본정책(이하 "기본정책"이라 한다)을 5년마다 수립하여야 한다.
② 기본정책에는 다음 각 호의 사항이 포함되어야 한다.
   1. 기본목표
   2. 연도별·과제별 추진계획
   3. 재원(財源) 확보에 관한 사항
   4. 그 밖에 군인의 복무에 관하여 중요한 사항
③ 기본정책은 제8조에 따른 군인복무정책심의위원회의 심의를 거쳐 확정한다.
④ 국방부장관은 기본정책에 따라 그 시행계획을 수립하고 시행하여야 한다.
⑤ 기본정책과 제4항에 따른 시행계획의 수립에 필요한 사항은 대통령령으로 정한다.

제8조(군인복무정책심의위원회의 설치)
다음 각 호의 사항을 심의하기 위하여 국방부장관 소속으로 군인복무정책심의위원회(이하 "위원회"라 한다)를 둔다.
1. 군인의 기본권 보장에 관한 사항
2. 군인의 의무에 관한 사항
3. 기본정책의 수립에 관한 사항
4. 군인복무와 관련한 법령과 제도의 개선에 관한 사항
5. 그 밖에 군인복무와 관련하여 위원장이 심의에 부치는 사항

제9조(위원회의 구성 등)
① 위원회는 위원장 1명을 포함한 12명 이내의 위원으로 구성한다.
② 위원장은 국방부장관으로 하고, 위원은 다음 각 호의 사람으로 한다.
   1. 합참의장, 각 군 참모총장 및 해병대 사령관
   2. 국회 소관 상임위원회에서 추천하는 사람 중에서 국방부장관이 위촉하는 사람 3명
   3. 군인의 기본권 보장 등에 관하여 전문적 학식과 경험이 풍부한 사람 중에서 국방부장관이 위촉하는 사람 3명
③ 제2항제2호 및 제3호에 따라 위촉된 위원의 임기는 2년으로 하고, 한 차례만 연임할 수 있다.

④ 그 밖에 위원회의 운영에 필요한 사항은 대통령령으로 정한다.

제3장 군인의 기본권

제10조(군인의 기본권과 제한)
① 군인은 대한민국 국민으로서 일반 국민과 동일하게 헌법상 보장된 권리를 가진다.
② 제1항에 따른 권리는 법률에서 정한 군인의 의무에 따라 군사적 직무의 필요성 범위에서 제한될 수 있다.

제11조(평등대우의 원칙)
군인은 이 법의 적용에 있어 평등하게 대우받아야 하며 차별을 받지 아니한다.

제12조(영내대기의 금지)
① 지휘관은 영내 거주 의무가 없는 군인을 근무시간 외에 영내에 대기하도록 하여서는 아니 된다. 다만, 다음 각 호의 어느 하나에 해당하는 경우에는 그러하지 아니하다.
  1. 전시·사변 또는 이에 준하는 국가비상사태가 발생한 경우
  2. 침투 및 국지도발(局地挑發) 상황 등 작전상황이 발생한 경우
  3. 경계태세의 강화가 필요한 경우
  4. 천재지변이나 그 밖의 재난이 발생한 경우
  5. 소속 부대의 교육훈련·평가·검열이 실시 중인 경우
② 제1항 단서에 따라 영내대기를 시킬 수 있는 세부기준 등 필요한 사항은 대통령령으로 정한다.

제13조(사생활의 비밀과 자유)
국가는 병영생활에서 군인의 사생활의 비밀과 자유가 최대한 보장되도록 하여야 한다.

제14조(통신의 비밀보장)
① 군인은 서신 및 통신의 비밀을 침해받지 아니한다.
② 군인은 작전 등 주요임무수행과 관련된 부대편성·이동·배치와 주요직위자에 관한 사항 등 군사보안에 저촉되는 사항을 통신수단 및 우편물 등을 이용하여 누설하여서는 아니 된다.

제15조(종교생활의 보장)
① 지휘관은 부대의 임무 수행에 지장이 없는 범위에서 군인의 종교생활을 보장하여야 한다.
② 영내 거주 의무가 있는 군인은 지휘관이 지정하는 종교시설 및 그 밖의 장소(이하 "종교시설등"이라 한다)에서 행하는 종교의식에 참여할 수 있으며, 종교시설등 외에서 행하는 종교의식에 참여하고자 할 때에는 지휘관의 허가를 받아야 한다.
③ 모든 군인은 자기의 의사에 반하여 종교의식에 참여하도록 강요받거나 참여를 제한받지 아니한다.

제16조(대외발표 및 활동)
군인이 국방 및 군사에 관한 사항을 군 외부에 발표하거나, 군을 대표하여 또는 군인의 신분으로 대외활동을 하고자 할 때에는 국방부장관의 허가를 받아야 한다. 다만, 순수한 학술·문화·체육

등의 분야에서 개인적으로 대외활동을 하는 경우로서 직무수행에 지장이 없는 경우에는 그러하지 아니하다.

제17조(의료권의 보장)
군인은 건강을 유지하고 복무 중에 발생한 질병이나 부상을 치료하기 위하여 적절하고 효과적인 의료처우를 받을 권리가 있다.

제18조(휴가 등의 보장)
① 군인은 대통령령으로 정하는 바에 따라 휴가·외출·외박을 보장받는다.
② 지휘관은 다음 각 호의 어느 하나에 해당하는 경우에는 군인의 휴가·외출·외박을 제한하거나 보류할 수 있다.
　1. 전시·사변 또는 이에 준하는 국가비상사태가 발생한 경우
　2. 침투 및 국지도발 상황 등 작전상황이 발생한 경우
　3. 천재지변이나 그 밖의 재난이 발생한 경우
　4. 소속부대의 교육훈련·평가검열이 실시 중이거나 실시되기 직전인 경우
　5. 형사피의자·피고인 또는 징계심의대상자인 경우
　6. 환자로서 휴가를 받기에 적절하지 아니한 경우
　7. 전투준비 등 부대임무수행을 위해 부대병력유지가 필요한 경우

제4장 군인의 의무 등

제19조(선서)
군인은 입영하거나 임관할 때에는 대통령령으로 정하는 바에 따라 선서하여야 한다.

제20조(충성의 의무)
군인은 국군의 사명인 국가의 안전보장과 국토방위의 의무를 수행하고, 국민의 생명·신체 및 재산을 보호하여 국가와 국민에게 충성을 다하여야 한다.

제21조(성실의 의무)
군인은 직무 수행에 따르는 위험과 책임을 회피하지 아니하고 성실하게 그 직무를 수행하여야 한다.

제22조(정직의 의무)
군인은 명령의 하달이나 전달, 보고 및 통보를 할 때에 정직하여야 한다.

제23조(청렴의 의무)
① 군인은 직무와 관련하여 직접 또는 간접을 불문하고 사례·증여 또는 향응을 주거나 받아서는 아니 된다.
② 군인은 직무상의 관계 여하를 불문하고 그 소속 상관에게 증여하거나 소속 부하로부터 증여를 받아서는 아니 된다.

제24조(명령 발령자의 의무)
① 군인은 직무와 관계가 없거나 법규 및 상관의 직무상 명령에 반하는 사항 또는 자신의 권한

밖의 사항에 관하여 명령을 발하여서는 아니 된다.
② 명령은 지휘계통에 따라 하달하여야 한다. 다만, 부득이한 경우에는 지휘계통에 따르지 아니하고 하달할 수 있고, 이 경우 명령자와 수명자는 이를 지체 없이 지휘계통의 중간지휘관에게 알려야 한다.
③ 명령의 하달은 신속·정확하게 이루어져야 한다.
④ 군인은 자신이 내린 명령의 이행 결과에 대하여 책임을 진다.

제25조(명령 복종의 의무)
군인은 직무를 수행할 때 상관의 직무상 명령에 복종하여야 한다.

제26조(사적 제재 및 직권남용의 금지)
군인은 어떠한 경우에도 구타, 폭언, 가혹행위 및 집단 따돌림 등 사적 제재를 하거나 직권을 남용하여서는 아니 된다.

제27조(군기문란 행위 등의 금지)
① 군인은 다음 각 호의 행위를 하여서는 아니 된다.
  1. 성희롱·성추행 및 성폭력 등의 행위
  2. 상급자·하급자나 동료를 음해(陰害)하거나 유언비어를 유포하는 행위
  3. 의견 건의 또는 고충처리 등을 고의로 방해하거나 부당한 영향을 주는 행위
  4. 그 밖에 군기를 문란하게 하는 행위
② 제1항에 따른 금지행위에 관한 세부기준은 국방부령으로 정한다.

제28조(비밀 엄수의 의무)
① 군인은 복무 중일 때뿐만 아니라 전역 후에도 복무 중 알게 된 비밀을 엄격히 지켜야 한다.
② 군인은 직무상 알게 된 비밀을 공무 외의 목적으로 사용하여서는 아니 된다.

제29조(직무이탈 금지)
군인은 상관의 허가 또는 정당한 사유 없이 직무를 이탈하여서는 아니 된다.

제30조(영리행위 및 겸직 금지)
① 군인은 군무(軍務) 외에 영리를 목적으로 하는 업무에 종사하지 못하며 국방부장관의 허가를 받지 아니하고는 다른 직무를 겸할 수 없다.
② 제1항에 따른 영리를 목적으로 하는 업무의 범위 등에 관한 사항은 대통령령으로 정한다.

제31조(집단행위의 금지)
① 군인은 다음 각 호에 해당하는 집단행위를 하여서는 아니 된다.
  1. 노동단체의 결성, 단체교섭 및 단체행동
  2. 군무에 영향을 주기 위한 목적의 결사 및 단체행동
  3. 집단으로 상관에게 항의하는 행위
  4. 집단으로 정당한 지시를 거부하거나 위반하는 행위
  5. 군무와 관련된 고충사항을 집단으로 진정 또는 서명하는 행위

② 군인은 사회단체에 가입하고자 하는 경우에는 국방부장관의 허가를 받아야 한다. 다만, 순수한 학술·문화·체육·친목·종교 활동을 목적으로 하는 단체 등 대통령령으로 정하는 단체의 경우에는 그러하지 아니하다.
③ 국방부장관은 제2항 단서에 따른 단체의 목적이나 활동이 군인의 의무에 위반되거나 직무수행에 지장을 준다고 인정하는 경우에는 그 단체의 가입을 제한하거나 탈퇴를 명할 수 있다.

제32조(불온표현물 소지·전파 등의 금지)
군인은 불온 유인물·도서·도화, 그 밖의 표현물을 제작·복사·소지·운반·전파 또는 취득하여서는 아니 되며, 이를 취득한 때에는 즉시 상관 또는 수사기관 등에 신고하여야 한다.

제33조(정치 운동의 금지)
① 군인은 정당이나 그 밖의 정치단체의 결성에 관여하거나 이에 가입할 수 없다.
② 군인은 선거에서 특정 정당 또는 특정인을 지지 또는 반대하기 위한 다음 각 호의 행위를 하여서는 아니 된다.
  1. 투표를 하거나 하지 아니하도록 권유 운동을 하는 것
  2. 서명 운동을 기도·주재하거나 권유하는 것
  3. 문서나 도서를 공공시설 등에 게시하거나 게시하게 하는 것
  4. 기부금을 모집 또는 모집하게 하거나, 공공자금을 이용 또는 이용하게 하는 것
  5. 타인에게 정당이나 그 밖의 정치단체에 가입하게 하거나 가입하지 아니하도록 권유 운동을 하는 것
③ 군인은 다른 군인에게 제1항과 제2항에 위배되는 행위를 하도록 요구하거나, 정치적 행위에 대한 보상 또는 보복으로서 이익 또는 불이익을 약속하여서는 아니 된다.

제34조(전쟁법 준수의 의무)
① 군인은 무력충돌 행위에 관련된 모든 국제법 중에서 대한민국이 당사자로서 가입한 조약과 일반적으로 승인된 국제법규(이하 "전쟁법"이라 한다)를 준수하여야 한다.
② 군인은 전쟁법을 숙지하여야 하며, 국방부장관은 대통령령으로 정하는 바에 따라 군인에게 전쟁법에 대한 교육을 실시하여야 한다.

제5장 병영생활

제35조(군인 상호간의 관계)
① 군인은 동료의 인격과 명예, 권리를 존중하며, 전우애에 기초하여 동료를 곤경과 위험으로부터 보호하여야 한다.
② 군인은 동료의 가치관을 존중하고 배려하여야 한다.
③ 병 상호간에는 직무에 관한 권한이 부여된 경우 이외에는 명령, 지시 등을 하여서는 아니 된다.

제36조(상관의 책무)
① 상관은 직무수행 시는 물론 직무 외에서도 부하에게 모범을 보여야 한다.

② 상관은 직무에 관하여 부하를 지휘·감독하여야 한다.
③ 상관은 부하의 인격을 존중하고 배려하여야 한다.
④ 상관은 직무와 관계가 없거나 법규 및 상관의 직무상 명령에 반하는 사항 또는 자신의 권한 밖의 사항 등을 명령하여서는 아니 된다.

제37조(다문화 존중)
① 군인은 다문화적 가치를 존중하여야 한다.
② 국방부장관은 군인에게 다문화적 가치의 존중과 이해를 위한 교육을 실시하여야 한다.

제38조(기본권교육 등)
① 국방부장관은 「대한민국헌법」과 이 법에서 보장하고 있는 군인의 기본권과 의무 및 기본권 침해시 구제절차 등에 관한 교육(이하 "기본권교육"이라 한다)을 대통령령으로 정하는 바에 따라 주기적으로 실시하여야 한다.
② 다음 각 호의 어느 하나에 해당하는 사람은 대통령령으로 정하는 바에 따라 기본권교육을 필수적으로 이수하여야 한다.
  1. 대대급 이상의 부대 또는 대대급 이상의 부대에 상응하는 조직의 지휘관 또는 책임자로 임명이 예정된 사람
  2. 이 법 제3조제1호에 따른 사람

제6장 군인의 권리구제

제39조(의견 건의)
① 군인은 군과 관련된 제도의 개선 등 군에 유익한 의견이나 복무와 관련된 정당한 의견이 있는 경우에는 지휘계통에 따라 단독으로 상관에게 건의할 수 있다.
② 군인은 제1항에 따른 의견 건의를 이유로 불이익한 처분이나 대우를 받지 아니한다.
③ 제1항에 따른 건의를 접수한 상관은 그 내용을 검토한 후 검토 결과를 14일 이내에 건의한 당사자에게 서면이나 구술 등의 방법으로 통보하여야 한다.
④ 제1항에 따른 건의를 접수한 상관은 건의사항이 제41조제1항에 따른 병영생활 전문상담관 또는 같은 조 제2항에 따른 성고충 전문상담관의 상담사항에 해당한다고 판단하는 경우 지체 없이 건의한 당사자가 해당 전문상담관의 상담을 받을 수 있도록 하여야 한다.

제40조(고충 처리)
① 군인은 근무여건·인사관리 및 신상문제 등에 관하여 군인고충심사위원회에 고충의 심사를 청구할 수 있다.
② 군인은 제1항에 따른 고충심사 청구를 이유로 불이익한 처분이나 대우를 받지 아니한다.
③ 제1항에 따라 청구된 고충을 심사하기 위하여 국방부, 각 군 본부 및 장성급(將星級) 장교가 지휘하는 부대에 군인고충심사위원회를 둔다.
④ 청구인은 심사 결과에 이의가 있는 경우에는 다음 각 호에 따른 위원회에 재심(再審)을 청구

할 수 있다.
1. 장교·준사관·부사관: 「군인사법」 제51조에 따른 중앙 군인사소청심사위원회
2. 병: 차상급 장성급 장교 지휘 부대에 설치된 군인고충심사위원회
⑤ 군인고충심사위원회의 구성·운영과 심사절차에 필요한 사항은 대통령령으로 정한다.

제41조(전문상담관)
① 군인이 다음 각 호의 사항으로 군 생활의 고충이나 어려움을 호소하는 경우에 이에 대한 상담 등을 하기 위하여 대통령령으로 정하는 규모 이상의 부대 또는 기관에 병영생활 전문상담관을 둔다.
1. 군 생활에 따른 부적응에 관한 사항
2. 가족관계 및 개인 신상에 관한 사항
3. 구타, 폭언, 가혹행위 및 집단 따돌림 등 군 내 기본권 침해에 관한 사항
4. 질병·질환 및 건강 악화 등 신체에 관한 사항
5. 장기복무 군인가족의 자녀교육 및 현지생활 부적응 등 사회복지에 관한 사항
6. 그 밖에 군 생활로 인하여 발생하는 고충이나 어려움에 관한 사항
② 성희롱, 성폭력, 성차별 등 성(性)관련 고충 상담을 전담하기 위하여 대통령령으로 정하는 규모 이상의 부대 또는 기관에 성(性)고충 전문상담관을 둔다.
③ 제1항에 따른 병영생활 전문상담관과 제2항에 따른 성고충 전문상담관(이하 "전문상담관"이라 한다)은 군 생활 또는 개인 신상문제 등으로 인한 어려움을 겪고 있는 군인에 대하여 상담을 실시하고, 전문상담관이 배치되어 있는 부대 또는 기관의 장에게 피해자의 보호 등 필요한 조치를 요청할 수 있다.
④ 제3항에 따라 조치를 요청받은 부대 또는 기관의 장은 조치 계획 또는 결과를 3일 이내에 상담을 실시한 당사자에게 통보하여야 한다.
⑤ 전문상담관은 다음 각 호의 어느 하나에 해당하는 사람 중에서 국방부장관이 임명한다.
1. 대통령령으로 정하는 심리상담 또는 사회복지분야 관련 자격증을 소지하고 일정 기간 이상의 상담경험이 있는 사람
2. 대통령령으로 정하는 자격을 갖추고 일정 기간 이상의 군 복무 경력이 있는 사람
⑥ 전문상담관의 구체적 자격기준, 채용절차, 신분, 업무 및 그 운영 등에 관한 사항은 대통령령으로 정한다.

제42조(군인권보호관)
① 군인의 기본권 보장 및 기본권 침해에 대한 권리구제를 위하여 군인권보호관을 두도록 한다.
② 제1항에 따른 군인권보호관의 조직과 업무 및 운영 등에 관하여는 따로 법률로 정한다.

제43조(신고의무 등)
① 군인은 병영생활에서 다른 군인이 구타, 폭언, 가혹행위 및 집단 따돌림 등 사적 제재를 하거나, 성추행 및 성폭력 행위를 한 사실을 알게 된 경우에는 즉시 상관에게 보고하거나 제42조제1항에 따른 군인권보호관 또는 군 수사기관 등에 신고하여야 한다.

② 군인은 제1항과 관련된 사항에 대하여 별도로 「국가인권위원회법」, 「부패방지 및 국민권익위원회의 설치와 운영에 관한 법률」 또는 그 밖에 다른 법령에서 정하는 방법에 따라 국가인권위원회 등에 진정을 할 수 있다.

제44조(신고자에 대한 비밀보장)
누구든지 제43조에 따른 보고, 신고 또는 진정 등(이하 "신고등"이라 한다)을 한 사람(이하 "신고자"라 한다)이라는 사정을 알면서 그의 인적사항이나 그가 신고자임을 미루어 알 수 있는 사실을 다른 사람에게 알려주거나 공개 또는 보도하여서는 아니 된다. 다만, 신고자가 동의한 때에는 그러하지 아니하다.

제45조(신고자 보호)
① 누구든지 신고등을 이유로 신고자에게 징계조치 등 어떠한 신분상 불이익이나 근무조건상의 차별대우(이하 "불이익조치"라 한다)를 하여서는 아니 된다.
② 국방부장관은 신고자와 신고등의 내용에 대한 비밀을 보장하고 신고자가 신고등을 이유로 불이익조치를 받지 않도록 하여야 한다.
③ 국방부장관은 신고자가 신고등을 이유로 불이익조치를 받은 경우에는 원상회복 또는 시정을 위하여 필요한 조치를 취하여야 한다.

제7장 특별근무 등

제46조(특별근무)
① 부대의 인원과 재산을 보호하고 규율과 보안을 유지하며 각종 사고를 예방하고 비상사태에 대비하기 위하여 부대별로 당직근무·영내위병근무 등 특별근무를 실시한다.
② 특별근무는 계급과 직책에 따라 공정하게 배정하여야 한다.
③ 특별근무의 구분 및 실시 등에 필요한 사항은 대통령령으로 정한다.

제47조(비상소집 등)
① 군인은 대통령령으로 정하는 비상소집이 발령된 때에는 지체 없이 소속 부대에 집결하여야 한다.
② 장성급 지휘관은 전시·사변 또는 이에 준하는 국가비상사태에 신속히 대응하기 위하여 필요한 경우에는 대통령령으로 정하는 바에 따라 소속 부대원의 휴가·외박·외출 등에 있어 이동지역을 제한할 수 있다.

제48조(초병의 무기사용 등)
① 초병은 다음 각 호의 어느 하나에 해당하는 경우에 한정하여 필요한 최소한의 범위에서 휴대하고 있는 무기(초병이 임무수행을 위해 휴대한 소총, 도검 등 모든 장비를 말한다. 이하 같다)를 사용할 수 있다.
   1. 책임구역 내 인원의 생명·신체 또는 재산을 보호함에 있어서 그 상황이 급박하여 무기를 사용하지 아니하면 보호할 방법이 없을 때
   2. 국방부장관이 정하는 방법에 따라 수하(誰何)하여도 이에 불응하여 대답이 없거나, 도주하

거나 또는 초병에게 접근할 때
3. 초병이 폭행을 당하거나 또는 당할 우려가 있는 경우 그 상황이 급박하여 자위상 부득이할 때
② 초병은 지휘계통상의 상관의 명령이나 지시 없이 휴대하고 있는 무기나 탄약을 타인에게 넘겨주어서는 아니 된다.

제8장 보칙 및 벌칙

제49조(권한의 위임)
이 법에 따른 국방부장관의 권한은 대통령령으로 정하는 바에 따라 그 일부를 각 군 참모총장에게 위임할 수 있다.

제50조(복무규정)
군인의 복무에 관하여 이 법에 규정한 것을 제외하고는 따로 대통령령으로 정한다.

제51조(벌칙 적용에서 공무원 의제)
위원회 위원 중 공무원이 아닌 사람은 「형법」 제129조부터 제132조까지를 적용할 때에는 공무원으로 본다.

제52조(벌칙)
① 제44조를 위반하여 신고자의 인적사항이나 신고자임을 미루어 알 수 있는 사실을 다른 사람에게 알려주거나 공개 또는 보도한 자는 3년 이하의 징역 또는 3천만원 이하의 벌금에 처한다.
② 제39조제2항 또는 제40조제2항을 위반하여 의견 건의 또는 고충심사 청구를 이유로 불이익한 처분이나 대우를 한 자는 1년 이하의 징역 또는 1천만원 이하의 벌금에 처한다.

부칙

이 법은 공포한 날부터 시행한다.

군보건의료에 관한 법률

(약칭: 군보건의료법)
국방부(보건정책과) 02-748-6642

제1조(목적)
이 법은 군인 및 군무원의 건강한 군 생활을 위한 군보건의료 체계와 정책에 관한 사항을 규정함으로써 군인 등에게 양질의 보건의료서비스를 제공하고 군보건의료의 발전과 전력 증강에 이바지함을 목적으로 한다.

제2조(정의)
이 법에서 사용하는 용어의 뜻은 다음과 같다.
1. "군인등"이란 「군인사법」 제2조에 따른 군인 및 「군무원인사법」에 따른 군무원을 말한다.
2. "군보건의료"란 군인등의 건강을 보호·증진하기 위하여 국가·지방자치단체·보건의료기관·군보건의료기관 또는 군보건의료인 등이 행하는 모든 활동을 말한다.
3. "군보건의료인"이란 관계 법령에서 정하는 바에 따라 자격·면허 등을 취득하거나 군보건의료기관에서 각종 보건의료 행위를 하도록 허용된 사람으로서 대통령령으로 정하는 사람을 말한다.
4. "군보건의료기관"이란 군병원, 의무대 등 국방부 및 육군·해군·공군 소속의 보건의료기관을 말한다.

제3조(다른 법률과의 관계)
군인등에 대한 보건의료와 관련하여 다른 법률에 특별한 규정이 있는 경우를 제외하고는 이 법에 따른다.

제4조(국가의 책무)
① 국가는 군인등이 건강한 군 생활을 할 수 있도록 군보건의료에 관한 각종 시책을 마련하여야 한다.
② 국가는 군인등의 건강을 증진하고 각종 질병과 부상을 예방·치료하기 위한 각종 법적·제도적 장치를 마련하고 이에 필요한 재원을 확보하여야 한다.

제5조(보건의료접근권의 보장)
① 군인등은 자신의 건강을 보호하고 증진하는 데 필요한 최적의 보건의료서비스를 받아야 한다.
② 군보건의료인은 성실하고 친절하게 직무를 수행하여야 하며, 양질의 보건의료서비스를 제공하기 위하여 노력하여야 한다.
③ 군인등의 상급자 및 군보건의료인은 군인등으로부터 진료를 요청받거나 진료가 필요한 군인등이 있는 경우에 적절한 조치를 취하여야 하며, 정당한 사유 없이 진료요청을 거부하거나 기피하여서는 아니 된다.
④ 군인등은 환자진료에 대하여 군보건의료인의 의료행위를 적극 지원하여야 하며, 군보건의료

인의 의료행위를 방해하여서는 아니 된다.
⑤ 국방부장관은 군인등의 제1항에 따른 보건의료서비스에 대한 이해를 고취시키기 위하여 대통령령으로 정하는 바에 따라 군인등을 대상으로 보건교육을 실시할 수 있다.

제6조(군보건의료발전계획의 수립·시행)
① 국방부장관은 군보건의료발전계획을 3년마다 수립·시행하여야 한다.
② 제1항에 따른 군보건의료발전계획에는 다음 각 호의 사항이 포함되어야 한다.
  1. 군보건의료 발전의 기본 목표 및 추진방향
  2. 군보건의료인의 양성 및 인력 확보에 관한 사항
  3. 군보건의료 발전에 필요한 재원 확보에 관한 사항
  4. 그 밖에 군보건의료의 발전에 관한 사항
③ 군보건의료발전계획은 제7조에 따른 군보건의료발전추진위원회의 심의를 거쳐 확정한다.
④ 국방부장관은 군보건의료발전계획의 추진상황을 매년 점검하여야 한다.

제7조(군보건의료발전추진위원회)
군보건의료에 관하여 다음 각 호의 사항을 심의하기 위하여 국방부에 군보건의료발전추진위원회(이하 "위원회"라 한다)를 둔다.
1. 군보건의료발전계획의 수립에 관한 사항
2. 군보건의료 정책에 관한 사항
3. 군보건의료 제도 개선에 관한 사항
4. 그 밖에 위원장이 심의에 부치는 사항

제8조(위원회의 구성)
① 위원회는 위원장 1명을 포함하여 12명 이내의 위원으로 구성한다.
② 위원회의 위원장은 국방부차관으로 한다.
③ 당연직 위원은 다음 각 호의 사람으로 한다.
  1. 국방부 보건복지관
  2. 국군의무사령관
④ 당연직이 아닌 위원은 다음 각 호의 어느 하나에 해당하는 사람 중에서 국방부장관이 임명하거나 위촉한다.
  1. 관계 중앙행정기관장이 지명하는 고위공무원단에 속하는 공무원
  2. 보건의료에 관한 학식과 경험이 풍부한 사람
⑤ 위원회의 구성·운영과 그 밖에 필요한 사항은 대통령령으로 정한다.

제9조(군보건의료자원의 관리)
① 국방부장관은 군보건의료에 관한 인력, 시설, 물자, 지식 및 기술 등 군보건의료자원을 개발·확보하기 위하여 종합적이고 체계적인 시책을 마련하여야 한다.
② 국방부장관은 군보건의료자원의 장기·단기 수요를 예측하여 군보건의료자원이 적절하게 공급

될 수 있도록 군보건의료자원을 관리하여야 한다.

제10조(군보건의료인의 확보)
① 국방부장관은 제9조제1항에 따라 우수한 군보건의료인의 양성과 군보건의료인의 자질 향상을 위하여 필요한 교육을 실시할 수 있다.
② 국방부장관은 제1항에 따른 군보건의료인을 확보하기 위하여 필요한 경우에는 「고등교육법」 제4조에 따라 설립된 의과대학에 위탁하여 군의관을 양성할 수 있다.
③ 군보건의료인의 보수는 민간의료기관의 보수 수준에 준하여 대통령령으로 정한다.
④ 제2항에 따른 위탁 대상자 선발기준, 위탁 방법 및 절차에 관한 사항은 국방부장관이 정한다.

제11조(군응급의료 체계)
① 국가는 군에서 응급환자가 발생하는 경우에는 신속하고 적절한 응급의료서비스를 제공할 수 있도록 하여야 한다.
② 국방부장관은 군의 특수한 상황을 고려하여 다음 각 호의 사항을 포함하는 군응급의료 체계를 구축하는 데 노력하여야 한다.
  1. 응급전문인력의 확보
  2. 응급환자 후송 역량 강화
  3. 응급처치 교육 강화
③ 군보건의료인은 응급상황이 심각하여 적절한 응급의료를 하기에 곤란하다고 판단하는 경우에는 지체 없이 진료가능한 의료기관에 후송하여 진료를 받을 수 있도록 하여야 한다.

제12조(감염병의 예방 및 관리)
① 국가는 군에서의 감염병 발생과 유행을 방지하고, 그 예방과 관리를 위하여 필요한 시책을 수립·시행하여야 한다.
② 국방부장관은 군에서의 감염병의 발생 여부와 실태를 파악하기 위하여 대통령령으로 정하는 바에 따라 실태조사를 실시하고, 이를 제6조에 따른 군보건의료발전계획을 수립하기 위한 기초자료로 활용하여야 한다.
③ 국방부장관은 감염병을 예방하기 위하여 대통령령으로 정하는 바에 따라 매년 예방접종계획을 수립하고 필요한 예방접종을 실시하여야 한다. 이 경우 국방부장관은 예방접종 이력의 통합관리를 위하여 「감염병의 예방 및 관리에 관한 법률」 제33조의2제2항 각 호의 자료를 관계 중앙행정기관(질병관리본부를 포함한다)의 장과 공유하여야 하며, 공유의 절차, 방법 등 그 밖에 필요한 사항은 대통령령으로 정한다.
④ 국방부장관은 감염병이 발생하여 유행할 우려가 있다고 인정하면 지체 없이 역학조사반을 설치하고 역학조사를 하여야 한다. 이 경우 역학조사의 내용과 시기·방법 및 역학조사반의 구성·임무 등에 필요한 사항은 대통령령으로 정한다.

제13조(다른 의료기관과의 상호 협력)
① 군보건의료기관의 장은 필요한 경우 「의료법」에 따른 의료기관에 환자의 치료 등을 의뢰하

거나 위탁할 수 있다.
② 군보건의료기관은 군인등의 건강관리와 질병의 예방 및 치료를 위하여 「의료법」에 따른 의료기관과 협약을 체결하는 등 상호 협력체계를 구축할 수 있다.
③ 군병원과 민간의료기관 간 군보건의료 인력의 배치, 환자의 진료 등 상호 협력의 구체적인 내용은 국방부장관이 정한다.

제14조(민간의료자문단의 운영)
① 국방부장관은 군보건의료에 관한 의료활동이나 의료업무의 전문적·기술적 자문을 위하여 관련 전문가로 구성된 민간의료자문단을 운영할 수 있다.
② 제1항에 따른 민간의료자문단의 구성 및 운영에 필요한 사항은 대통령령으로 정한다.

제15조(군의료전문연구기관의 설치)
① 국방부장관은 의료정책이나 특수의학 연구 및 개발, 역학조사, 보건교육 등을 수행하게 하기 위하여 군의료전문연구기관을 둘 수 있다.
② 제1항에 따른 군의료전문연구기관의 설치 및 운영에 관한 사항은 대통령령으로 정한다.

제16조(건강검진)
① 국방부장관은 군인등의 건강을 보호하고 질병을 예방하기 위하여 군인등이 전역 또는 퇴직하기 전까지 1회 이상의 건강검진을 실시하여야 한다. 다만, 「국민건강보험법」 제52조에 따른 건강검진의 실시 대상이 되는 군인등에 대하여는 그러하지 아니하다.
② 제1항에 따른 건강검진의 대상 및 항목과 실시 시기에 필요한 사항은 대통령령으로 정한다.

제16조의2(정신건강 실태조사)
① 국방부장관은 군인등의 정신건강 상태를 파악하기 위하여 정기적으로 실태조사를 실시하여야 한다.
② 제1항에 따른 정신건강 실태조사의 대상, 시기, 방법, 절차, 그 밖에 필요한 사항은 대통령령으로 정한다.

제17조(군보건의료의 통계 · 정보 관리)
국방부장관은 군보건의료 정책에 활용할 수 있도록 군보건의료에 관한 통계와 정보를 수집·관리하여야 한다.

제18조(진료기록부의 작성)
군보건의료인은 환자 진료 시 진료기록을 작성하여야 하며, 진료기록의 작성방법은 국방부장관이 정한다.

제19조(군인등 외의 사람에 대한 진료)
① 국방부장관은 군인등의 진료에 차질이 없는 범위에서 군인등 외의 사람에게도 군보건의료기관에서 진료하게 할 수 있다.
② 제1항에 따른 진료의 대상 및 범위 등에 관하여는 국방부장관이 정한다.

제19조의2(군장례식장의 위생관리기준 등)
국방부장관은 군보건의료기관에 장례의식을 하는 장소(이하 "군장례식장"이라 한다)를 설치·운영할 수 있다. 이 경우 대통령령으로 달리 정하는 사항을 제외하고는 「장사 등에 관한 법률」 제29조제1항 및 제2항에 따른 시설·설비 및 안전기준과 위생관리기준을 적용한다.

제20조(벌칙)
제5조제3항 또는 제4항을 위반하여 진료를 거부 또는 기피한 군인등의 상급자 및 군보건의료인, 의료행위를 방해한 군인등은 1년 이하의 징역 또는 1천만원 이하의 벌금에 처한다.

부칙(생략)

군형법
국방부(법무담당관) 02-748-6811

제1편 총칙

제1조(적용대상자)
① 이 법은 이 법에 규정된 죄를 범한 대한민국 군인에게 적용한다.
② 제1항에서 "군인"이란 현역에 복무하는 장교, 준사관, 부사관 및 병(兵)을 말한다. 다만, 전환복무(轉換服務) 중인 병은 제외한다.
③ 다음 각 호의 어느 하나에 해당하는 사람에 대하여는 군인에 준하여 이 법을 적용한다.
  1. 군무원
  2. 군적(軍籍)을 가진 군(軍)의 학교의 학생·생도와 사관후보생·부사관후보생 및 「병역법」 제57조에 따른 군적을 가지는 재영(在營) 중인 학생
  3. 소집되어 복무하고 있는 예비역·보충역 및 전시근로역인 군인
④ 다음 각 호의 어느 하나에 해당하는 죄를 범한 내국인·외국인에 대하여도 군인에 준하여 이 법을 적용한다.
  1. 제13조제2항 및 제3항의 죄
  2. 제42조의 죄
  3. 제54조부터 제56조까지, 제58조, 제58조의2부터 제58조의6까지 및 제59조의 죄
  4. 제66조부터 제71조까지의 죄
  5. 제75조제1항제1호의 죄
  6. 제77조의 죄
  7. 제78조의 죄
  8. 제87조부터 제90조까지의 죄
  9. 제13조제2항 및 제3항의 미수범
  10. 제58조의2부터 제58조의4까지의 미수범
  11. 제59조제1항의 미수범
  12. 제66조부터 제70조까지 및 제71조제1항·제2항의 미수범
  13. 제87조부터 제90조까지의 미수범
⑤ 제1항부터 제3항까지에 규정된 사람이 군복무 중이나 재학 또는 재영 중에 이 법에서 정한 죄를 범한 경우에는 전역·소집해제·퇴직 또는 퇴교나 퇴영 후에도 이 법을 적용한다.

제1조의2(장소적 적용범위)
이 법은 제1조에 규정된 사람이 대한민국의 영역 밖에서 이 법에 규정된 죄(제1조제4항의 적용을 받는 사람에 대하여는 같은 항 각 호에 정한 죄만 해당한다)를 범한 경우에도 적용한다.

제2조(용어의 정의)

이 법에서 사용하는 용어의 뜻은 다음과 같다.

1. "상관"이란 명령복종 관계에서 명령권을 가진 사람을 말한다. 명령복종 관계가 없는 경우의 상위 계급자와 상위 서열자는 상관에 준한다.
2. "지휘관"이란 중대 이상 단위부대의 장과 함선(艦船)부대의 장 또는 함정(艦艇) 및 항공기를 지휘하는 사람을 말한다.
3. "초병(哨兵)"이란 경계를 그 고유의 임무로 하여 지상, 해상 또는 공중에 책임 범위를 정하여 배치된 사람을 말한다.
4. "부대"란 군대, 군의 기관 및 학교와 전시(戰時) 또는 사변 시에 이에 준하여 특별히 설치하는 기관을 말한다.
5. "적전(敵前)"이란 적에 대하여 공격·방어의 전투행동을 개시하기 직전과 개시 후의 상태 또는 적과 직접 대치하여 적의 습격을 경계하는 상태를 말한다.
6. "전시"란 상대국이나 교전단체에 대하여 선전포고나 대적(對敵)행위를 한 때부터 그 상대국이나 교전단체와 휴전협정이 성립된 때까지의 기간을 말한다.
7. "사변"이란 전시에 준하는 동란(動亂)상태로서 전국 또는 지역별로 계엄이 선포된 기간을 말한다.

제3조(사형 집행)

사형은 소속 군 참모총장 또는 군사법원의 관할관이 지정한 장소에서 총살로써 집행한다.

제4조(다른 법의 적용례)

제1조에 따른 이 법의 적용대상자가 범한 죄에 관하여 이 법에 특별한 규정이 없으면 다른 법령에서 정하는 바에 따른다.

제2편 각칙

제1장 반란의 죄

제5조(반란)

작당(作黨)하여 병기를 휴대하고 반란을 일으킨 사람은 다음 각 호의 구분에 따라 처벌한다.

1. 수괴(首魁): 사형
2. 반란 모의에 참여하거나 반란을 지휘하거나 그 밖에 반란에서 중요한 임무에 종사한 사람과 반란 시 살상, 파괴 또는 약탈 행위를 한 사람: 사형, 무기 또는 7년 이상의 징역이나 금고
3. 반란에 부화뇌동(附和雷同)하거나 단순히 폭동에만 관여한 사람: 7년 이하의 징역이나 금고

제6조(반란 목적의 군용물 탈취)

반란을 목적으로 작당하여 병기, 탄약 또는 그 밖에 군용에 공(供)하는 물건을 탈취한 사람은 제5조의 예에 따라 처벌한다.

제7조(미수범)

제5조와 제6조의 미수범은 처벌한다.

제8조(예비, 음모, 선동, 선전)
① 제5조 또는 제6조의 죄를 범할 목적으로 예비 또는 음모를 한 사람은 5년 이상의 유기징역이나 유기금고에 처한다. 다만, 그 목적한 죄의 실행에 이르기 전에 자수한 경우에는 그 형을 감경하거나 면제한다.
② 제5조 또는 제6조의 죄를 범할 것을 선동하거나 선전한 사람도 제1항의 형에 처한다.

제9조(반란 불보고)
① 반란을 알고도 이를 상관 또는 그 밖의 관계관에게 지체 없이 보고하지 아니한 사람은 2년 이하의 징역이나 금고에 처한다.
② 제1항의 경우에 적을 이롭게 할 목적으로 보고하지 아니한 사람은 7년 이하의 징역이나 금고에 처한다.

제10조(동맹국에 대한 행위)
이 장의 규정은 대한민국의 동맹국에 대한 행위에도 적용한다.

제2장 이적(利敵)의 죄

제11조(군대 및 군용시설 제공)
① 군대 요새(要塞), 진영(陣營) 또는 군용에 공하는 함선이나 항공기 또는 그 밖의 장소, 설비 또는 건조물을 적에게 제공한 사람은 사형에 처한다.
② 병기, 탄약 또는 그 밖에 군용에 공하는 물건을 적에게 제공한 사람도 제1항의 형에 처한다.

제12조(군용시설 등 파괴)
적을 위하여 제11조에 규정된 군용시설 또는 그 밖의 물건을 파괴하거나 사용할 수 없게 한 사람은 사형에 처한다.

제13조(간첩)
① 적을 위하여 간첩행위를 한 사람은 사형에 처하고, 적의 간첩을 방조한 사람은 사형 또는 무기징역에 처한다.
② 군사상 기밀을 적에게 누설한 사람도 제1항의 형에 처한다.
③ 다음 각 호의 어느 하나에 해당하는 지역 또는 기관에서 제1항 및 제2항의 죄를 범한 사람도 제1항의 형에 처한다.
　1. 부대·기지·군항(軍港)지역 또는 그 밖에 군사시설 보호를 위한 법령에 따라 고시되거나 공고된 지역
　2. 부대이동지역·부대훈련지역·대간첩작전지역 또는 그 밖에 군이 특수작전을 수행하는 지역
　3. 「방위사업법」에 따라 지정되거나 위촉된 방위산업체와 연구기관

제14조(일반이적)
제11조부터 제13조까지의 행위 외에 다음 각 호의 어느 하나에 해당하는 행위를 한 사람은 사형, 무기 또는 5년 이상의 징역에 처한다.

1. 적을 위하여 진로를 인도하거나 지리를 알려준 사람
2. 적에게 항복하게 하기 위하여 지휘관에게 이를 강요한 사람
3. 적을 숨기거나 비호(庇護)한 사람
4. 적을 위하여 통로, 교량, 등대, 표지 또는 그 밖의 교통시설을 손괴하거나 불통하게 하거나 그 밖의 방법으로 부대 또는 군용에 공하는 함선, 항공기 또는 차량의 왕래를 방해한 사람
5. 적을 위하여 암호 또는 신호를 사용하거나 명령, 통보 또는 보고의 내용을 고쳐서 전달하거나 전달을 게을리하거나 거짓 명령, 통보나 보고를 한 사람
6. 적을 위하여 부대, 함대(艦隊), 편대(編隊) 또는 대원을 해산시키거나 혼란을 일으키게 하거나 그 연락이나 집합을 방해한 사람
7. 군용에 공하지 아니하는 병기, 탄약 또는 전투용에 공할 수 있는 물건을 적에게 제공한 사람
8. 그 밖에 대한민국의 군사상 이익을 해하거나 적에게 군사상 이익을 제공한 사람

제15조(미수범)
제11조부터 제14조까지의 미수범은 처벌한다.

제16조(예비, 음모, 선동, 선전)
① 제11조부터 제14조까지의 죄를 범할 목적으로 예비 또는 음모를 한 사람은 3년 이상의 유기징역에 처한다. 다만, 그 목적한 죄의 실행에 이르기 전에 자수한 경우에는 그 형을 감경하거나 면제한다.
② 제11조부터 제14조까지의 죄를 범할 것을 선동하거나 선전한 사람도 제1항의 형에 처한다.

제17조(동맹국에 대한 행위)
이 장의 규정은 대한민국의 동맹국에 대한 행위에도 적용한다.

제3장 지휘권 남용의 죄

제18조(불법 전투 개시)
지휘관이 정당한 사유 없이 외국에 대하여 전투를 개시한 경우에는 사형에 처한다.

제19조(불법 전투 계속)
지휘관이 휴전 또는 강화(講和)의 고지를 받고도 정당한 사유 없이 전투를 계속한 경우에는 사형에 처한다.

제20조(불법 진퇴)
전시, 사변 시 또는 계엄지역에서 지휘관이 권한을 남용하여 부득이한 사유 없이 부대, 함선 또는 항공기를 진퇴(進退)시킨 경우에는 사형, 무기 또는 7년 이상의 징역이나 금고에 처한다.

제21조(미수범)
이 장의 미수범은 처벌한다.

제4장 지휘관의 항복과 도피의 죄

제22조(항복)
지휘관이 그 할 바를 다하지 아니하고 적에게 항복하거나 부대, 요새, 진영, 함선 또는 항공기를 적에게 방임(放任)한 경우에는 사형에 처한다.

제23조(부대 인솔 도피)
지휘관이 적전에서 그 할 바를 다하지 아니하고 부대를 인솔하여 도피한 경우에는 사형에 처한다.

제24조(직무유기)
지휘관이 정당한 사유 없이 직무수행을 거부하거나 직무를 유기(遺棄)한 경우에는 다음 각 호의 구분에 따라 처벌한다.
1. 적전의 경우: 사형
2. 전시, 사변 시 또는 계엄지역인 경우: 5년 이상의 유기징역 또는 유기금고
3. 그 밖의 경우: 3년 이하의 징역 또는 금고

제25조(미수범)
제22조 및 제23조의 미수범은 처벌한다.

제26조(예비, 음모)
제22조 또는 제23조의 죄를 범할 목적으로 예비 또는 음모를 한 사람은 3년 이상의 유기징역에 처한다.

제5장 수소(守所) 이탈의 죄

제27조(지휘관의 수소 이탈)
지휘관이 정당한 사유 없이 부대를 인솔하여 수소를 이탈하거나 배치구역에 임하지 아니한 경우에는 다음 각 호의 구분에 따라 처벌한다.
1. 적전인 경우: 사형
2. 전시, 사변 시 또는 계엄지역인 경우: 사형, 무기 또는 5년 이상의 징역 또는 금고
3. 그 밖의 경우: 3년 이하의 징역 또는 금고

제28조(초병의 수소 이탈)
초병이 정당한 사유 없이 수소를 이탈하거나 지정된 시간까지 수소에 임하지 아니한 경우에는 다음 각 호의 구분에 따라 처벌한다.
1. 적전인 경우: 사형, 무기 또는 10년 이상의 징역
2. 전시, 사변 시 또는 계엄지역인 경우: 1년 이상의 유기징역
3. 그 밖의 경우: 2년 이하의 징역

제29조(미수범)
이 장의 미수범은 처벌한다.

제6장 군무 이탈의 죄

제30조(군무 이탈)
① 군무를 기피할 목적으로 부대 또는 직무를 이탈한 사람은 다음 각 호의 구분에 따라 처벌한다.
    1. 적전인 경우: 사형, 무기 또는 10년 이상의 징역
    2. 전시, 사변 시 또는 계엄지역인 경우: 5년 이상의 유기징역
    3. 그 밖의 경우: 1년 이상 10년 이하의 징역
② 부대 또는 직무에서 이탈된 사람으로서 정당한 사유 없이 상당한 기간 내에 부대 또는 직무에 복귀하지 아니한 사람도 제1항의 형에 처한다.

제31조(특수 군무 이탈)
위험하거나 중요한 임무를 회피할 목적으로 배치지 또는 직무를 이탈한 사람도 제30조의 예에 따른다.

제32조(이탈자 비호)
제30조 또는 제31조의 죄를 범한 사람을 숨기거나 비호한 사람은 다음 각 호의 구분에 따라 처벌한다.
1. 전시, 사변 시 또는 계엄지역인 경우: 5년 이하의 징역
2. 그 밖의 경우: 3년 이하의 징역

제33조(적진으로의 도주)
적진으로 도주한 사람은 사형에 처한다.

제34조(미수범)
이 장의 미수범은 처벌한다.

제7장 군무 태만의 죄

제35조(근무 태만)
근무를 게을리하여 다음 각 호의 어느 하나에 해당하는 사람은 무기 또는 1년 이상의 징역에 처한다.
1. 지휘관 또는 이에 준하는 장교로서 그 임무를 수행하면서 적과의 교전이 예측되는 경우에 전투준비를 게을리한 사람
2. 장교로서 부대 또는 병원(兵員)을 인솔하여 그 임무를 수행하면서 적을 만나거나 그 밖의 위난(危難)에 처하여 정당한 사유 없이 부대 또는 병원을 유기한 사람
3. 직무상 공격하여야 할 적을 정당한 사유 없이 공격하지 아니하거나 직무상 당연히 감당하여야 할 위난으로부터 이탈한 사람
4. 군사기밀인 문서 또는 물건을 보관하는 사람으로서 위급한 경우에 있어서 부득이한 사유 없이 적에게 이를 방임한 사람
5. 전시, 사변 시 또는 계엄지역에서 병기, 탄약, 식량, 피복 또는 그 밖에 군용에 공하는 물건을 운반 또는 공급하는 사람으로서 부득이한 사유 없이 이를 없애거나 모자라게 한 사람

제36조(비행군기 문란)
비행(飛行)에 관한 법규 또는 명령을 위반하여 항공기를 조종함으로써 비행군기를 문란하게 한 사람은 다음 각 호의 구분에 따라 처벌한다.
1. 적전인 경우: 1년 이상의 유기징역 또는 유기금고
2. 전시, 사변 시 또는 계엄지역인 경우: 3년 이하의 징역 또는 금고
3. 그 밖의 경우: 1년 이하의 징역 또는 금고

제37조(위계로 인한 항행 위험)
거짓 신호를 하거나 그 밖의 방법으로 군용에 공하는 함선 또는 항공기의 항행(航行)에 위험을 발생시킨 사람은 다음 각 호의 구분에 따라 처벌한다.
1. 전시, 사변 시 또는 계엄지역인 경우: 사형, 무기 또는 5년 이상의 징역
2. 그 밖의 경우: 무기 또는 2년 이상의 징역

제38조(거짓 명령, 통보, 보고)
① 군사(軍事)에 관하여 거짓 명령, 통보 또는 보고를 한 사람은 다음 각 호의 구분에 따라 처벌한다.
   1. 적전인 경우: 사형, 무기 또는 5년 이상의 징역
   2. 전시, 사변 시 또는 계엄지역인 경우: 7년 이하의 징역
   3. 그 밖의 경우: 1년 이하의 징역
② 군사에 관한 명령, 통보 또는 보고를 할 의무가 있는 사람이 제1항의 죄를 범한 경우에는 제1항 각 호에서 정한 형의 2분의 1까지 가중한다.

제39조(명령 등의 거짓 전달)
전시, 사변 시 또는 계엄지역에서 군사에 관한 명령, 통보 또는 보고를 전달하는 사람이 거짓으로 전달하거나 전달하지 아니한 경우에는 제38조의 예에 따른다.

제40조(초령 위반)
① 정당한 사유 없이 정하여진 규칙에 따르지 아니하고 초병을 교체하게 하거나 교체한 사람은 다음 각 호의 구분에 따라 처벌한다.
   1. 적전인 경우: 사형, 무기 또는 2년 이상의 징역
   2. 전시, 사변 시 또는 계엄지역인 경우: 5년 이하의 징역
   3. 그 밖의 경우: 2년 이하의 징역
② 초병이 잠을 자거나 술을 마신 경우에도 제1항의 형에 처한다.

제41조(근무 기피 목적의 사술)
① 근무를 기피할 목적으로 신체를 상해한 사람은 다음 각 호의 구분에 따라 처벌한다.
   1. 적전인 경우: 사형, 무기 또는 5년 이상의 징역
   2. 그 밖의 경우: 3년 이하의 징역
② 근무를 기피할 목적으로 질병을 가장하거나 그 밖의 위계(僞計)를 한 사람은 다음 각 호의 구분에 따라 처벌한다.

1. 적전인 경우: 10년 이하의 징역
  2. 그 밖의 경우: 1년 이하의 징역

제42조(유해 음식물 공급)
① 독성이 있는 음식물을 군에 공급한 사람은 10년 이하의 징역에 처한다.
② 제1항의 죄를 범하여 사람을 사망 또는 상해에 이르게 한 사람은 사형, 무기 또는 5년 이상의 징역에 처한다.
③ 과실로 인하여 제1항의 죄를 범한 사람은 5년 이하의 징역이나 금고에 처한다.
④ 적을 이롭게 하기 위하여 제1항의 죄를 범한 사람은 사형, 무기 또는 5년 이상의 징역에 처한다.

제43조(출병 거부)
지휘관이 출병(出兵)을 요구할 수 있는 권한을 가진 사람으로부터 그 요구를 받고 상당한 이유 없이 이에 응하지 아니한 경우에는 7년 이하의 징역이나 금고에 처한다.

제8장 항명의 죄

제44조(항명)
상관의 정당한 명령에 반항하거나 복종하지 아니한 사람은 다음 각 호의 구분에 따라 처벌한다.
1. 적전인 경우: 사형, 무기 또는 10년 이상의 징역
2. 전시, 사변 시 또는 계엄지역인 경우: 1년 이상 7년 이하의 징역
3. 그 밖의 경우: 3년 이하의 징역

제45조(집단 항명)
집단을 이루어 제44조의 죄를 범한 사람은 다음 각 호의 구분에 따라 처벌한다.
1. 적전인 경우: 수괴는 사형, 그 밖의 사람은 사형 또는 무기징역
2. 전시, 사변 시 또는 계엄지역인 경우: 수괴는 무기 또는 7년 이상의 징역, 그 밖의 사람은 1년 이상의 유기징역
3. 그 밖의 경우: 수괴는 3년 이상의 유기징역, 그 밖의 사람은 7년 이하의 징역

제46조(상관의 제지 불복종)
폭행을 하는 사람이 상관의 제지에 복종하지 아니한 경우에는 3년 이하의 징역에 처한다.

제47조(명령 위반)
정당한 명령 또는 규칙을 준수할 의무가 있는 사람이 이를 위반하거나 준수하지 아니한 경우에는 2년 이하의 징역이나 금고에 처한다.

제9장 폭행, 협박, 상해 및 살인의 죄

제48조(상관에 대한 폭행, 협박)
상관을 폭행하거나 협박한 사람은 다음 각 호의 구분에 따라 처벌한다.
1. 적전인 경우: 1년 이상 10년 이하의 징역

2. 그 밖의 경우: 5년 이하의 징역

제49조(상관에 대한 집단 폭행, 협박 등)
① 집단을 이루어 제48조의 죄를 범한 사람은 다음 각 호의 구분에 따라 처벌한다.
　　1. 적전인 경우: 수괴는 무기 또는 10년 이상의 징역, 그 밖의 사람은 3년 이상의 유기징역
　　2. 그 밖의 경우: 수괴는 무기 또는 5년 이상의 징역, 그 밖의 사람은 1년 이상의 유기징역
② 집단을 이루지 아니하고 2명 이상이 공동하여 제48조의 죄를 범한 경우에는 제48조에서 정한 형의 2분의 1까지 가중한다.

제50조(상관에 대한 특수 폭행, 협박)
흉기나 그 밖의 위험한 물건을 휴대하고 제48조의 죄를 범한 사람은 다음 각 호의 구분에 따라 처벌한다.
1. 적전인 경우: 사형, 무기 또는 5년 이상의 징역
2. 그 밖의 경우: 무기 또는 2년 이상의 징역

제51조 삭제

제52조(상관에 대한 폭행치사상)
① 제48조부터 제50조까지의 죄를 범하여 상관을 사망에 이르게 한 사람은 다음 각 호의 구분에 따라 처벌한다.
　　1. 적전인 경우: 사형, 무기 또는 10년 이상의 징역
　　2. 전시, 사변 시 또는 계엄지역인 경우: 사형, 무기 또는 5년 이상의 징역
　　3. 그 밖의 경우: 무기 또는 5년 이상의 징역
② 제48조 또는 제49조의 죄를 범하여 상관을 상해에 이르게 한 사람(제49조제1항 각 호의 죄를 범한 사람 중 수괴는 제외한다)은 다음 각 호의 구분에 따라 처벌한다.
　　1. 적전인 경우: 무기 또는 3년 이상의 징역
　　2. 그 밖의 경우: 1년 이상의 유기징역

제52조의2(상관에 대한 상해)
상관의 신체를 상해한 사람은 다음 각 호의 구분에 따라 처벌한다.
1. 적전인 경우: 무기 또는 3년 이상의 징역
2. 그 밖의 경우: 1년 이상의 유기징역

제52조의3(상관에 대한 집단상해 등)
① 집단을 이루어 제52조의2의 죄를 범한 사람은 다음 각 호의 구분에 따라 처벌한다.
　　1. 적전인 경우: 수괴는 무기 또는 10년 이상의 징역, 그 밖의 사람은 무기 또는 5년 이상의 징역
　　2. 그 밖의 경우: 수괴는 무기 또는 7년 이상의 징역, 그 밖의 사람은 3년 이상의 유기징역
② 집단을 이루지 아니하고 2명 이상이 공동하여 제52조의2의 죄를 범한 경우에는 제52조의2에서 정한 형의 2분의 1까지 가중한다.

제52조의4(상관에 대한 특수상해)
흉기나 그 밖의 위험한 물건을 휴대하고 제52조의2의 죄를 범한 사람은 다음 각 호의 구분에 따라 처벌한다.
1. 적전인 경우: 사형, 무기 또는 10년 이상의 징역
2. 그 밖의 경우: 무기 또는 3년 이상의 징역

제52조의5(상관에 대한 중상해)
제52조제2항 및 제52조의2부터 제52조의4까지의 죄를 범하여 상관의 생명에 위험을 발생하게 하거나 불구 또는 불치나 난치의 질병에 이르게 한 사람은 다음 각 호의 구분에 따라 처벌한다.
1. 적전인 경우: 사형, 무기 또는 10년 이상의 징역
2. 전시, 사변 시 또는 계엄지역인 경우: 사형, 무기 또는 3년 이상의 징역. 다만, 제52조의3제1항제2호의 죄를 범한 사람 중 수괴는 사형, 무기 또는 7년 이상의 징역에 처한다.
3. 그 밖의 경우(제52조의3제1항제2호의 죄를 범한 사람 중 수괴는 제외한다): 무기 또는 3년 이상의 징역

제52조의6(상관에 대한 상해치사)
제52조의2부터 제52조의5까지의 죄를 범하여 상관을 사망에 이르게 한 사람은 다음 각 호의 구분에 따라 처벌한다.
1. 적전인 경우: 사형, 무기 또는 10년 이상의 징역
2. 전시, 사변 시 또는 계엄지역인 경우: 사형, 무기 또는 5년 이상의 징역
3. 그 밖의 경우(제52조의3제1항제2호의 죄를 범한 사람 중 수괴는 제외한다): 무기 또는 5년 이상의 징역

제53조(상관 살해와 예비, 음모)
① 상관을 살해한 사람은 사형 또는 무기징역에 처한다.
② 제1항의 죄를 범할 목적으로 예비 또는 음모를 한 사람은 1년 이상의 유기징역에 처한다.

제54조(초병에 대한 폭행, 협박)
초병에게 폭행 또는 협박을 한 사람은 다음 각 호의 구분에 따라 처벌한다.
1. 적전인 경우: 7년 이하의 징역
2. 그 밖의 경우: 5년 이하의 징역

제55조(초병에 대한 집단 폭행, 협박 등)
① 집단을 이루어 제54조의 죄를 범한 사람은 다음 각 호의 구분에 따라 처벌한다.
　　1. 적전인 경우: 수괴는 5년 이상의 유기징역, 그 밖의 사람은 3년 이상의 유기징역
　　2. 그 밖의 경우: 수괴는 2년 이상의 유기징역, 그 밖의 사람은 1년 이상의 유기징역
② 집단을 이루지 아니하고 2명 이상이 공동하여 제54조의 죄를 범한 경우에는 제54조에서 정한 형의 2분의 1까지 가중한다.

제56조(초병에 대한 특수 폭행, 협박)
흉기나 그 밖의 위험한 물건을 휴대하고 제54조의 죄를 범한 사람은 다음 각 호의 구분에 따라 처벌한다.
1. 적전인 경우: 사형, 무기 또는 3년 이상의 징역
2. 그 밖의 경우: 1년 이상의 유기징역

제57조 삭제

제58조(초병에 대한 폭행치사상)
① 제54조부터 제56조까지의 죄를 범하여 초병을 사망에 이르게 한 사람은 다음 각 호의 구분에 따라 처벌한다.
  1. 적전인 경우: 사형, 무기 또는 5년 이상의 징역
  2. 전시, 사변 시 또는 계엄지역인 경우: 제54조의 죄를 범한 사람은 사형, 무기 또는 3년 이상의 징역, 제55조 또는 제56조의 죄를 범한 사람은 사형, 무기 또는 5년 이상의 징역
  3. 그 밖의 경우: 제54조의 죄를 범한 사람은 무기 또는 3년 이상의 징역, 제55조 또는 제56조의 죄를 범한 사람은 무기 또는 5년 이상의 징역
② 제54조 또는 제55조의 죄를 범하여 초병을 상해에 이르게 한 사람은 다음 각 호의 구분에 따라 처벌한다.
  1. 적전인 경우: 무기 또는 3년 이상의 징역. 다만, 제55조제1항제1호의 죄를 범한 사람 중 수괴는 무기 또는 5년 이상의 징역에 처한다.
  2. 그 밖의 경우(제55조제1항제2호의 죄를 범한 사람 중 수괴는 제외한다): 1년 이상의 유기징역

제58조의2(초병에 대한 상해)
초병의 신체를 상해한 사람은 다음 각 호의 구분에 따라 처벌한다.
1. 적전인 경우: 무기 또는 3년 이상의 징역
2. 그 밖의 경우: 1년 이상의 유기징역

제58조의3(초병에 대한 집단상해 등)
① 집단을 이루어 제58조의2의 죄를 범한 사람은 다음 각 호의 구분에 따라 처벌한다.
  1. 적전인 경우: 수괴는 무기 또는 7년 이상의 징역, 그 밖의 사람은 무기 또는 5년 이상의 징역
  2. 그 밖의 경우: 수괴는 5년 이상의 유기징역, 그 밖의 사람은 3년 이상의 유기징역
② 집단을 이루지 아니하고 2명 이상이 공동하여 제58조의2의 죄를 범한 경우에는 제58조의2에서 정한 형의 2분의 1까지 가중한다.

제58조의4(초병에 대한 특수상해)
흉기나 그 밖의 위험한 물건을 휴대하고 제58조의2의 죄를 범한 사람은 다음 각 호의 구분에 따라 처벌한다.
1. 적전인 경우: 사형, 무기 또는 5년 이상의 징역
2. 그 밖의 경우: 3년 이상의 유기징역

제58조의5(초병에 대한 중상해)
제58조제2항, 제58조의2 및 제58조의3제2항의 죄를 범하여 초병의 생명에 대한 위험을 발생하게 하거나 불구 또는 불치나 난치의 질병에 이르게 한 사람은 다음 각 호의 구분에 따라 처벌한다.
1. 적전인 경우: 무기 또는 5년 이상의 징역
2. 그 밖의 경우: 2년 이상의 유기징역

제58조의6(초병에 대한 상해치사)
제58조의2부터 제58조의5까지의 죄를 범하여 초병을 사망에 이르게 한 사람은 다음 각 호의 구분에 따라 처벌한다.
1. 적전인 경우: 사형, 무기 또는 5년 이상의 징역
2. 전시, 사변 시 또는 계엄지역인 경우: 제58조의2의 죄를 범한 사람은 사형, 무기 또는 3년 이상의 징역, 제58조의3부터 제58조의5까지의 죄를 범한 사람은 사형, 무기 또는 5년 이상의 징역
3. 그 밖의 경우: 제58조의2의 죄를 범한 사람은 무기 또는 3년 이상의 징역, 제58조의3부터 제58조의5까지의 죄를 범한 사람은 무기 또는 5년 이상의 징역

제59조(초병살해와 예비, 음모)
① 초병을 살해한 사람은 사형 또는 무기징역에 처한다.
② 제1항의 죄를 범할 목적으로 예비 또는 음모를 한 사람은 1년 이상 10년 이하의 징역에 처한다.

제60조(직무수행 중인 군인등에 대한 폭행, 협박 등)
① 상관 또는 초병 외의 직무수행 중인 사람(군인 또는 제1조제3항 각 호의 어느 하나에 해당하는 사람에 한한다. 이하 "군인등"이라 한다)에게 폭행 또는 협박을 한 사람은 다음 각 호의 구분에 따라 처벌한다.
  1. 적전인 경우: 7년 이하의 징역
  2. 그 밖의 경우: 5년 이하의 징역 또는 1천만원 이하의 벌금
② 집단을 이루거나 흉기나 그 밖의 위험한 물건을 휴대하고 제1항의 죄를 범한 사람은 다음 각 호의 구분에 따라 처벌한다.
  1. 적전인 경우: 3년 이상의 유기징역
  2. 그 밖의 경우: 1년 이상의 유기징역
③ 집단을 이루지 아니하고 2명 이상이 공동하여 제1항의 죄를 범한 경우에는 제1항에서 정한 형의 2분의 1까지 가중한다.
④ 제1항부터 제3항까지의 죄를 범하여 상관 또는 초병 외의 직무수행 중인 군인등을 사망에 이르게 한 사람은 다음 각 호의 구분에 따라 처벌한다.
  1. 적전인 경우: 사형, 무기 또는 5년 이상의 징역
  2. 전시, 사변 시 또는 계엄지역인 경우: 제1항의 죄를 범한 사람은 사형, 무기 또는 3년 이상의 징역, 제2항 또는 제3항의 죄를 범한 사람은 사형, 무기 또는 5년 이상의 징역
  3. 그 밖의 경우: 제1항의 죄를 범한 사람은 무기 또는 3년 이상의 징역, 제2항 또는 제3항

의 죄를 범한 사람은 무기 또는 5년 이상의 징역
⑤ 제1항부터 제3항까지의 죄를 범하여 상관 또는 초병 외의 직무수행 중인 군인등을 상해에 이르게 한 사람은 다음 각 호의 구분에 따라 처벌한다.
   1. 적전인 경우: 무기 또는 3년 이상의 징역
   2. 그 밖의 경우: 1년 이상의 유기징역

제60조의2(직무수행 중인 군인등에 대한 상해)
상관 또는 초병 외의 직무수행 중인 군인등의 신체를 상해한 사람은 다음 각 호의 구분에 따라 처벌한다.
1. 적전인 경우: 무기 또는 3년 이상의 징역
2. 그 밖의 경우: 1년 이상의 유기징역

제60조의3(직무수행 중인 군인등에 대한 집단상해 등)
① 집단을 이루거나 흉기나 그 밖의 위험한 물건을 휴대하고 제60조의2의 죄를 범한 사람은 다음 각 호의 구분에 따라 처벌한다.
   1. 적전인 경우: 무기 또는 5년 이상의 징역
   2. 그 밖의 경우: 3년 이상의 유기징역
② 집단을 이루지 아니하고 2명 이상이 공동하여 제60조의2의 죄를 범한 경우에는 제60조의2에서 정한 형의 2분의 1까지 가중한다.

제60조의4(직무수행 중인 군인등에 대한 중상해)
제60조제5항, 제60조의2 및 제60조의3제2항의 죄를 범하여 상관 또는 초병 외의 직무수행 중인 군인등의 생명에 대한 위험을 발생하게 하거나 불구 또는 불치나 난치의 질병에 이르게 한 사람은 다음 각 호의 구분에 따라 처벌한다.
1. 적전인 경우: 무기 또는 5년 이상의 징역
2. 그 밖의 경우: 2년 이상의 유기징역

제60조의5(직무수행 중인 군인등에 대한 상해치사)
제60조의2부터 제60조의4까지의 죄를 범하여 상관 또는 초병 외의 직무수행 중인 군인등을 사망에 이르게 한 사람은 다음 각 호의 구분에 따라 처벌한다.
1. 적전인 경우: 사형, 무기 또는 5년 이상의 징역
2. 전시, 사변 시 또는 계엄지역인 경우: 제60조의2의 죄를 범한 사람은 사형, 무기 또는 3년 이상의 징역, 제60조의3 또는 제60조의4의 죄를 범한 사람은 사형, 무기 또는 5년 이상의 징역
3. 그 밖의 경우: 제60조의2의 죄를 범한 사람은 무기 또는 3년 이상의 징역, 제60조의3 또는 제60조의4의 죄를 범한 사람은 무기 또는 5년 이상의 징역

제60조의6(군인등에 대한 폭행죄, 협박죄의 특례)
군인등이 다음 각 호의 어느 하나에 해당하는 장소에서 군인등을 폭행 또는 협박한 경우에는 「형법」 제260조제3항 및 제283조제3항을 적용하지 아니한다.

1. 「군사기지 및 군사시설 보호법」 제2조제1호의 군사기지
2. 「군사기지 및 군사시설 보호법」 제2조제2호의 군사시설
3. 「군사기지 및 군사시설 보호법」 제2조제5호의 군용항공기
4. 군용에 공하는 함선

제61조(특수소요)
집단을 이루어 흉기나 그 밖의 위험한 물건을 휴대하고 폭행, 협박 또는 손괴의 행위를 한 사람은 다음 각 호의 구분에 따라 처벌한다.
1. 수괴: 3년 이상의 유기징역
2. 다른 사람을 지휘하거나, 세력을 확장 또는 유지하는 데 솔선한 사람: 1년 이상 10년 이하의 징역
3. 부화뇌동한 사람: 2년 이하의 징역

제62조(가혹행위)
① 직권을 남용하여 학대 또는 가혹한 행위를 한 사람은 5년 이하의 징역에 처한다.
② 위력을 행사하여 학대 또는 가혹한 행위를 한 사람은 3년 이하의 징역 또는 700만원 이하의 벌금에 처한다.

제63조(미수범)
제52조의2부터 제52조의4까지, 제53조제1항, 제58조의2부터 제58조의4까지, 제59조제1항, 제60조의2 및 제60조의3의 미수범은 처벌한다.

제10장 모욕의 죄

제64조(상관 모욕 등)
① 상관을 그 면전에서 모욕한 사람은 2년 이하의 징역이나 금고에 처한다.
② 문서, 도화(圖畵) 또는 우상(偶像)을 공시(公示)하거나 연설 또는 그 밖의 공연(公然)한 방법으로 상관을 모욕한 사람은 3년 이하의 징역이나 금고에 처한다.
③ 공연히 사실을 적시하여 상관의 명예를 훼손한 사람은 3년 이하의 징역이나 금고에 처한다.
④ 공연히 거짓 사실을 적시하여 상관의 명예를 훼손한 사람은 5년 이하의 징역이나 금고에 처한다.

제65조(초병 모욕)
초병을 그 면전에서 모욕한 사람은 1년 이하의 징역이나 금고에 처한다.

제11장 군용물에 관한 죄

제66조(군용시설 등에 대한 방화)
① 불을 놓아 군의 공장, 함선, 항공기 또는 전투용으로 공하는 시설, 기차, 전차, 자동차, 교량을 소훼(燒燬)한 사람은 사형, 무기 또는 10년 이상의 징역에 처한다.
② 불을 놓아 군용에 공하는 물건을 저장하는 창고를 소훼한 사람은 다음 각 호의 구분에 따라 처벌한다.

1. 군용에 공하는 물건이 현존하는 경우: 사형, 무기 또는 7년 이상의 징역
2. 군용에 공하는 물건이 현존하지 아니하는 경우: 무기 또는 5년 이상의 징역

제67조(노적 군용물에 대한 방화)
불을 놓아 노적(露積)한 병기, 탄약, 차량, 장구(裝具), 기재(器材), 식량, 피복 또는 그 밖에 군용에 공하는 물건을 소훼한 사람은 다음 각 호의 구분에 따라 처벌한다.
1. 전시, 사변 시 또는 계엄지역인 경우: 사형, 무기 또는 7년 이상의 징역
2. 그 밖의 경우: 무기 또는 3년 이상의 징역

제68조(폭발물 파열)
화약, 기관(汽罐) 또는 그 밖의 폭발성 있는 물건을 파열하게 하여 제66조와 제67조에 규정된 물건을 손괴한 사람도 제66조 및 제67조의 예에 따른다.

제69조(군용시설 등 손괴)
제66조에 규정된 물건 또는 군용에 공하는 철도, 전선 또는 그 밖의 시설이나 물건을 손괴하거나 그 밖의 방법으로 그 효용을 해한 사람은 무기 또는 2년 이상의 징역에 처한다.

제70조(노획물 훼손)
적과 싸워서 얻은 물건을 횡령하거나 소훼 또는 손괴한 사람은 1년 이상 10년 이하의 징역에 처한다.

제71조(함선·항공기의 복몰 또는 손괴)
① 취역(就役) 중에 있는 함선을 충돌 또는 좌초시키거나 위험한 곳을 항행하게 하여 함선을 복몰(覆沒) 또는 손괴한 사람은 사형, 무기 또는 5년 이상의 징역에 처한다.
② 취역 중에 있는 항공기를 추락시키거나 손괴한 사람도 제1항의 형에 처한다.
③ 제1항 또는 제2항의 죄를 범하여 사람을 사망 또는 상해에 이르게 한 사람은 사형, 무기 또는 10년 이상의 징역에 처한다.

제72조(미수범)
제66조부터 제70조까지 및 제71조제1항·제2항의 미수범은 처벌한다.

제73조(과실범)
① 과실로 인하여 제66조부터 제71조까지의 죄를 범한 사람은 5년 이하의 징역 또는 300만원 이하의 벌금에 처한다.
② 업무상 과실 또는 중대한 과실로 인하여 제1항의 죄를 범한 사람은 7년 이하의 징역 또는 500만원 이하의 벌금에 처한다.

제74조(군용물 분실)
총포, 탄약, 폭발물, 차량, 장구, 기재, 식량, 피복 또는 그 밖에 군용에 공하는 물건을 보관할 책임이 있는 사람으로서 이를 분실한 사람은 5년 이하의 징역 또는 300만원 이하의 벌금에 처한다.

제75조(군용물 등 범죄에 대한 형의 가중)
① 총포, 탄약, 폭발물, 차량, 장구, 기재, 식량, 피복 또는 그 밖에 군용에 공하는 물건 또는 군의 재산상 이익에 관하여 「형법」 제2편제38장부터 제41장까지의 죄를 범한 경우에는 다음 각

호의 구분에 따라 처벌한다.
  1. 총포, 탄약 또는 폭발물의 경우: 사형, 무기 또는 5년 이상의 징역
  2. 그 밖의 경우: 사형, 무기 또는 1년 이상의 징역
② 제1항의 경우에는 「형법」에 정한 형과 비교하여 중한 형으로 처벌한다.
③ 제1항의 죄에 대하여는 3천만원 이하의 벌금을 병과(倂科)할 수 있다.

제76조(예비, 음모)
제66조부터 제69조까지와 제71조의 죄를 범할 목적으로 예비 또는 음모를 한 사람은 7년 이하의 징역이나 금고에 처한다. 다만, 그 목적한 죄의 실행에 이르기 전에 자수한 경우에는 그 형을 감경하거나 면제한다.

제77조(외국의 군용시설 또는 군용물에 대한 행위)
이 장의 규정은 국군과 공동작전에 종사하고 있는 외국군의 군용시설 또는 군용에 공하는 물건에 대한 행위에도 적용한다.

제12장 위령(違令)의 죄

제78조(초소 침범)
초병을 속여서 초소를 통과하거나 초병의 제지에 불응한 사람은 다음 각 호의 구분에 따라 처벌한다.
1. 적전인 경우: 1년 이상 5년 이하의 징역 또는 금고
2. 전시, 사변 시 또는 계엄지역인 경우: 3년 이하의 징역 또는 금고
3. 그 밖의 경우: 1년 이하의 징역 또는 금고

제79조(무단 이탈)
허가 없이 근무장소 또는 지정장소를 일시적으로 이탈하거나 지정한 시간까지 지정한 장소에 도달하지 못한 사람은 1년 이하의 징역이나 금고 또는 300만원 이하의 벌금에 처한다.

제80조(군사기밀 누설)
① 군사상 기밀을 누설한 사람은 10년 이하의 징역이나 금고에 처한다.
② 업무상 과실 또는 중대한 과실로 인하여 제1항의 죄를 범한 경우에는 3년 이하의 징역이나 금고 또는 700만원 이하의 벌금에 처한다.

제81조(암호 부정사용)
다음 각 호의 어느 하나에 해당하는 사람은 2년 이상의 유기징역이나 유기금고에 처한다.
1. 암호를 허가 없이 발신한 사람
2. 암호를 수신(受信)할 자격이 없는 사람에게 수신하게 한 사람
3. 자기가 수신한 암호를 전달하지 아니하거나 거짓으로 전달한 사람

제13장 약탈의 죄

제82조(약탈)
① 전투지역 또는 점령지역에서 군의 위력 또는 전투의 공포를 이용하여 주민의 재물을 약취(掠取)한 사람은 무기 또는 3년 이상의 징역에 처한다.
② 전투지역에서 전사자 또는 전상병자의 의류나 그 밖의 재물을 약취한 사람은 1년 이상의 유기징역에 처한다.

제83조(약탈로 인한 치사상)
① 제82조의 죄를 범하여 사람을 살해하거나 사망에 이르게 한 사람은 사형 또는 무기징역에 처한다.
② 제82조의 죄를 범하여 사람을 상해하거나 상해에 이르게 한 사람은 무기 또는 7년 이상의 징역에 처한다.

제84조(전지 강간)
① 전투지역 또는 점령지역에서 사람을 강간한 사람은 사형에 처한다.

제85조(미수범)
이 장의 미수범은 처벌한다.

제14장 포로에 관한 죄

제86조(포로)
적에게 포로가 된 사람이 우군(友軍)부대 또는 진지로 귀환할 수 있는데도 귀환할 적절한 행동을 하지 아니하거나 다른 우군포로가 귀환하지 못하게 한 사람은 2년 이하의 징역에 처한다.

제87조(간수자의 포로 도주 원조)
포로를 간수 또는 호송하는 사람이 그 포로를 도주하게 한 경우에는 3년 이상의 유기징역에 처한다.

제88조(포로 도주 원조)
① 포로를 도주하게 한 사람은 10년 이하의 징역에 처한다.
② 포로를 도주시킬 목적으로 포로에게 기구를 제공하거나 그 밖에 그 도주를 용이하게 하는 행위를 한 사람은 7년 이하의 징역에 처한다.

제89조(포로 탈취)
포로를 탈취한 사람은 2년 이상의 유기징역에 처한다.

제90조(도주포로 비호)
도주한 포로를 숨기거나 비호한 사람은 5년 이하의 징역에 처한다.

제91조(미수범)
제87조부터 제90조까지의 미수범은 처벌한다.

제15장 강간과 추행의 죄

제92조(강간)
폭행이나 협박으로 제1조제1항부터 제3항까지에 규정된 사람을 강간한 사람은 5년 이상의 유기징역에 처한다.

제92조의2(유사강간)
폭행이나 협박으로 제1조제1항부터 제3항까지에 규정된 사람에 대하여 구강, 항문 등 신체(성기는 제외한다)의 내부에 성기를 넣거나 성기, 항문에 손가락 등 신체(성기는 제외한다)의 일부 또는 도구를 넣는 행위를 한 사람은 3년 이상의 유기징역에 처한다.

제92조의3(강제추행)
폭행이나 협박으로 제1조제1항부터 제3항까지에 규정된 사람에 대하여 추행을 한 사람은 1년 이상의 유기징역에 처한다.

제92조의4(준강간, 준강제추행)
제1조제1항부터 제3항까지에 규정된 사람의 심신상실 또는 항거불능 상태를 이용하여 간음 또는 추행을 한 사람은 제92조, 제92조의2 및 제92조의3의 예에 따른다.

제92조의5(미수범)
제92조, 제92조의2부터 제92조의4까지의 미수범은 처벌한다.

제92조의6(추행)
제1조제1항부터 제3항까지에 규정된 사람에 대하여 항문성교나 그 밖의 추행을 한 사람은 2년 이하의 징역에 처한다.

제92조의7(강간 등 상해·치상)
제92조 및 제92조의2부터 제92조의5까지의 죄를 범한 사람이 제1조제1항부터 제3항까지에 규정된 사람을 상해하거나 상해에 이르게 한 때에는 무기 또는 7년 이상의 징역에 처한다.

제92조의8(강간 등 살인·치사)
제92조 및 제92조의2부터 제92조의5까지의 죄를 범한 사람이 제1조제1항부터 제3항까지에 규정된 사람을 살해한 때에는 사형 또는 무기징역에 처하고, 사망에 이르게 한 때에는 사형, 무기 또는 10년 이상의 징역에 처한다.

제16장 그 밖의 죄

제93조(부하범죄 부진정)
부하가 다수 공동하여 죄를 범함을 알고도 그 진정(鎭定)을 위하여 필요한 방법을 다하지 아니한 사람은 3년 이하의 징역이나 금고에 처한다.

제94조(정치 관여)
① 정당이나 정치단체에 가입하거나 다음 각 호의 어느 하나에 해당하는 행위를 한 사람은 5년 이하의 징역과 5년 이하의 자격정지에 처한다.

1. 정당이나 정치단체의 결성 또는 가입을 지원하거나 방해하는 행위
2. 그 직위를 이용하여 특정 정당이나 특정 정치인에 대하여 지지 또는 반대 의견을 유포하거나, 그러한 여론을 조성할 목적으로 특정 정당이나 특정 정치인에 대하여 찬양하거나 비방하는 내용의 의견 또는 사실을 유포하는 행위
3. 특정 정당이나 특정 정치인을 위하여 기부금 모집을 지원하거나 방해하는 행위 또는 국가·지방자치단체 및 「공공기관의 운영에 관한 법률」에 따른 공공기관의 자금을 이용하거나 이용하게 하는 행위
4. 특정 정당이나 특정인의 선거운동을 하거나 선거 관련 대책회의에 관여하는 행위
5. 「정보통신망 이용촉진 및 정보보호 등에 관한 법률」에 따른 정보통신망을 이용한 제1호부터 제4호에 해당하는 행위
6. 제1조제1항부터 제3항까지에 규정된 사람이나 다른 공무원에 대하여 제1호부터 제5호까지의 행위를 하도록 요구하거나 그 행위와 관련한 보상 또는 보복으로서 이익 또는 불이익을 주거나 이를 약속 또는 고지(告知)하는 행위

② 제1항에 규정된 죄에 대한 공소시효의 기간은 「군사법원법」 제291조제1항에도 불구하고 10년으로 한다.

부칙 (생략)